建设工程法规及相关知识

历年真题+冲刺试卷

全国二级建造师执业资格考试历年真题+冲刺试卷编写委员会　编写

中国建筑工业出版社
中国城市出版社

图书在版编目（CIP）数据

建设工程法规及相关知识历年真题+冲刺试卷 / 全国二级建造师执业资格考试历年真题+冲刺试卷编写委员会编写. — 北京 ：中国城市出版社，2021. 10

2022 年版全国二级建造师执业资格考试历年真题+冲刺试卷

ISBN 978-7-5074-3396-8

Ⅰ. ①建… Ⅱ. ①全… Ⅲ. ①建筑法-中国-资格考试-习题集 Ⅳ. ①D922. 297-44

中国版本图书馆 CIP 数据核字（2021）第 182890 号

责任编辑：张国友　牛　松
责任校对：张　颖

2022 年版全国二级建造师执业资格考试历年真题+冲刺试卷

建设工程法规及相关知识历年真题+冲刺试卷

全国二级建造师执业资格考试历年真题+冲刺试卷编写委员会　编写

*

中国建筑工业出版社、中国城市出版社出版、发行(北京海淀三里河路 9 号)

各地新华书店、建筑书店经销

北京鸿文瀚海文化传媒有限公司制版

河北鹏润印刷有限公司印刷

*

开本：787 毫米×1092 毫米　1/16　印张：14½　字数：314 千字

2021 年 11 月第一版　　2021 年 11 月第一次印刷

定价：**36. 00** 元

ISBN 978-7-5074-3396-8

（904389）

前　言

众多考生的实践证明，"只看书，不做题"与"只做题，不看书"一样，是考生考试失败的重要原因之一。因此，考生在备考时应注意看书与做题相辅相成，一般应包括教材学习、章节题目练习和考前冲刺三个阶段，其中前两个阶段作为复习的基础阶段，可同步进行。第三个阶段是考生正式参加考试前的冲刺阶段，在此阶段，考生应在规定的时间做一些完整的真题和冲刺试卷，提前适应考试的题型和题量，全面检验自己的学习成果，找出学习的盲点和薄弱内容并在最后阶段进行针对性地弥补，因此，对此阶段应该给予足够的重视。本套丛书即是为满足广大二级建造师考生在考前冲刺阶段复习的需要而编写的。丛书共分7册，分别为：

《建设工程施工管理历年真题+冲刺试卷》

《建设工程法规及相关知识历年真题+冲刺试卷》

《建筑工程管理与实务历年真题+冲刺试卷》

《公路工程管理与实务历年真题+冲刺试卷》

《水利水电工程管理与实务历年真题+冲刺试卷》

《机电工程管理与实务历年真题+冲刺试卷》

《市政公用工程管理与实务历年真题+冲刺试卷》

每册图书均包括本科目2017—2021年五年真题和三套冲刺试卷。真题中的重点题目书中均给出了详细深入的解析，真题可以帮助考生快速适应考试难度，深入领会命题思路和规律。冲刺试卷紧跟近年的命题趋势，涵盖了各科目的考试重点和难点，能帮助考生迅速掌握重要知识，提高实战能力。

为了配合考生的备考复习，我们开通了答疑QQ群：700167122、532603357（加群密码：助考服务），配备了专家答疑团队，以便及时解答考生所提的问题。

希望考生在最后的复习阶段充分利用本书，顺利通过考试！

目　录

全国二级建造师执业资格考试答题方法及评分说明

全国二级建造师执业资格考试设《建设工程施工管理》《建设工程法规及相关知识》两个公共必考科目和《专业工程管理与实务》六个专业选考科目（专业科目包括建筑工程、公路工程、水利水电工程、市政公用工程、矿业工程和机电工程）。

《建设工程施工管理》《建设工程法规及相关知识》两个科目的考试试题为客观题。《专业工程管理与实务》科目的考试试题包括客观题和主观题。

一、客观题答题方法及评分说明

1. 客观题答题方法

客观题题型包括单项选择题和多项选择题。对于单项选择题来说，备选项有4个，选对得分，选错不得分也不扣分，建议考生宁可错选，不可不选。对于多项选择题来说，备选项有5个，在没有把握的情况下，建议考生宁可少选，不可多选。

在答题时，可采取下列方法：

（1）直接法。这是解常规的客观题所采用的方法，就是考生选择认为一定正确的选项。

（2）排除法。如果正确选项不能直接选出，应首先排除明显不全面、不完整或不正确的选项，正确的选项几乎是直接来自于考试教材或者法律法规，其余的干扰选项要靠命题者自己去设计，考生要尽可能多排除一些干扰选项，这样就可以提高选择出正确答案的概率。

（3）比较法。直接把各备选项加以比较，并分析它们之间的不同点，集中考虑正确答案和错误答案关键所在。仔细考虑各个备选项之间的关系。不要盲目选择那些看起来、读起来很有吸引力的错误选项，要去误求正、去伪存真。

（4）推测法。利用上下文推测词义。有些试题要从句子中的结构及语法知识推测入手，配合考生自己平时积累的常识来判断其义，推测出逻辑的条件和结论，以期将正确的选项准确地选出。

2. 客观题评分说明

客观题部分采用机读评卷，必须使用2B铅笔在答题卡上作答，考生在答题时要严格按照要求，在有效区域内作答，超出区域作答无效。每个单项选择题只有1个备选项最符合题意，就是4选1。每个多项选择题有2个或2个以上备选项符合题意，至少有1个错项，就是5选2~4，并且错选本题不得分，少选，所选的每个选项得0.5分。考生在涂卡时应注意答题卡上的选项是横排还是竖排，不要涂错位置。涂卡应清晰、厚实、完整，保持答题卡干净整洁，涂卡时应完整覆盖且不超出涂卡区域。修改答案时要先用橡皮擦将原涂卡处擦干净，再涂新答案，避免在机读评卷时产生干扰。

二、主观题答题方法及评分说明

1. 主观题答题方法

主观题题型是实务操作和案例分析题。实务操作和案例分析题是通过背景资料阐述一个项目在实施过程中所开展的相应工作，根据这些具体的工作提出若干小问题。

实务操作和案例分析题的提问方式及作答方法如下：

（1）补充内容型。一般应按照教材将背景资料中未给出的内容都回答出来。

（2）判断改错型。首先应在背景资料中找出问题并判断是否正确，然后结合教材、相关规范进行改正。需要注意的是，考生在答题时，不能完全按照工作中的实际做法来回答问题，因为根据实际做法作为答题依据得出的答案和标准答案之间可能存在很大差距，即使答了很多，得分也很低。

（3）判断分析型。这类题型不仅要求考生答出分析的结果，还需要通过分析背景资料来找出问题的突破口。需要注意的是，考生在答题时要针对问题作答。

（4）图表表达型。结合工程图及相关资料表回答图中构造名称、资料表中缺项内容。需要注意的是，关键词表述要准确，避免画蛇添足。

（5）分析计算型。充分利用相关公式、图表和考点的内容，计算题目要求的数据或结果。最好能写出关键的计算步骤，并注意计算结果是否有保留小数点的要求。

（6）简单论答型。这类题型主要考查考生记忆能力，一般情节简单、内容覆盖面较小。考生在回答这类型题时要直截了当，有什么答什么，不必展开论述。

（7）综合分析型。这类题型比较复杂，内容往往涉及不同的知识点，要求回答的问题较多，难度很大，也是考生容易失分的地方。要求考生具有一定的理论水平和实际经验，对教材知识点要熟练掌握。

2. 主观题评分说明

主观题部分评分采取网上评分的方法，为了防止出现评卷人的评分宽严度差异对不同考生产生的影响，每个评卷人员只评一道题的分数。每份试卷的每道题均由两位评卷人员分别独立评分，如果两人的评分结果相同或很相近（这种情况比例很大）就按两人的平均分为准。如果两人的评分差异较大，超过4~5分（出现这种情况的概率很小），就由评分专家再独立评分一次，然后用专家所评的分数和与专家评分接近的那个分数的平均分数为准。

主观题部分评分标准一般以准确性、完整性、分析步骤、计算过程、关键问题的判别方法、概念原理的运用等为判别核心。标准一般按要点给分，只要答出要点基本含义一般就会给分，不恰当的错误语句和文字一般不扣分。

主观题部分作答时必须使用黑色墨水笔书写作答，不得使用其他颜色的钢笔、铅笔、签字笔和圆珠笔。作答时字迹要工整、版面要清晰。因此，书写不能离密封线太近，密封后评卷人不容易看到；书写的字不能太粗、太密、太乱，最好买支极细笔，字体稍微书写大点、工整点，这样看起来工整、清晰，评卷人也愿意多给分。

主观题部分作答应避免答非所问，因此考生在考试时要答对得分点，答出一个得分点就给分，说的不完全一致，也会给分，多答不会给分的，只会按点给分。不明确用到什么规范的情况就用“强制性条文”或者“有关法规”代替，在回答问题时，只要有可能，就在答题的内容前加上这样一句话：根据有关法规或根据强制性条文，通常这些是得分点之一。

主观题部分作答应言简意赅，并多使用背景资料中给出的专业术语。考生在考试时应相信第一感觉，往往很多考生在涂改答案过程中，“把原来对的改成错的”这种情形有很多。在确定完全答对时，就不要展开论述，也不要写多余的话，能用尽量少的文字表达出正确的意思就好，这样评卷人看得舒服，考生自己也能省时间。如果答题时发现错误，不建议使用涂改液进行修改，应用笔画个框圈起来，打个“×”即可，然后再找一块干净的地方重新书写。

2017—2021 年《建设工程法规及相关知识》真题分值统计

命题点		题型	2017 年	2018 年	2019 年	2020 年	2021 年
2Z201000 建设工程基本法律知识	2Z201010 建设工程法律体系	单项选择题	1	1			
		多项选择题	2	2	2	2	2
	2Z201020 建设工程法人制度	单项选择题			1	1	1
		多项选择题	2	2			
	2Z201030 建设工程代理制度	单项选择题	1	2		1	1
		多项选择题					
	2Z201040 建设工程物权制度	单项选择题	1	1	2	1	1
		多项选择题		2	2	2	2
	2Z201050 建设工程债权制度	单项选择题			1	1	1
		多项选择题	4	2	2		2
	2Z201060 建设工程知识产权制度	单项选择题	1	1	1	1	2
		多项选择题			2	2	2
	2Z201070 建设工程担保制度	单项选择题	1	1	1	1	1
		多项选择题	2	2	2	2	2
	2Z201080 建设工程保险制度	单项选择题	1	1		1	1
		多项选择题					
	2Z201090 建设工程法律责任制度	单项选择题	1	1	1	1	1
		多项选择题					
2Z202000 施工许可法律制度	2Z202010 建设工程施工许可制度	单项选择题	2	1	2	1	1
		多项选择题					
	2Z202020 施工企业从业资格制度	单项选择题	1	1		1	1
		多项选择题				2	
	2Z202030 建造师注册执业制度	单项选择题	2	2	2	2	2
		多项选择题				2	
2Z203000 建设工程发承包法律制度	2Z203010 建设工程招标投标制度	单项选择题	7	7	8	8	8
		多项选择题	6	6	6	6	6
	2Z203020 建设工程承包制度	单项选择题	1				
		多项选择题	2	2	2		2
	2Z203030 建筑市场信用体系建设	单项选择题	3	3	2	2	3
		多项选择题					

续表

命题点		题型	2017 年	2018 年	2019 年	2020 年	2021 年
2Z204000 建设工程合同和劳动合同法律制度	2Z204010 建设工程合同制度	单项选择题	7	7	8	9	6
		多项选择题	4	4	2	2	2
	2Z204020 劳动合同及劳动者权益保护制度	单项选择题	2	2	2	2	2
		多项选择题	8	8	8	8	8
	2Z204030 相关合同制度	单项选择题	4	3	3	3	3
		多项选择题			2	2	2
2Z205000 建设工程施工环境保护、节约能源和文物保护法律制度	2Z205010 施工现场环境保护制度	单项选择题	1		1	1	1
		多项选择题	2	2	2	2	2
	2Z205020 施工节约能源制度	单项选择题	2	3	2	2	2
		多项选择题					
	2Z205030 施工文物保护制度	单项选择题	1	1	1	1	1
		多项选择题					
2Z206000 建设工程安全生产法律制度	2Z206010 施工安全生产许可证制度	单项选择题	1		1	1	2
		多项选择题					
	2Z206020 施工安全生产责任和安全生产教育培训制度	单项选择题	2	1	2	2	1
		多项选择题					
	2Z206030 施工现场安全防护制度	单项选择题	2	2	2	2	2
		多项选择题					
	2Z206040 施工安全事故的应急救援与调查处理	单项选择题	2	3	2	2	2
		多项选择题					
	2Z206050 建设单位和相关单位的建设工程安全责任制度	单项选择题	1	1	1	1	1
		多项选择题	2	2	2	2	2
2Z207000 建设工程质量法律制度	2Z207010 工程建设标准	单项选择题	1	1	1	1	1
		多项选择题					
	2Z207020 施工单位的质量责任和义务	单项选择题	2	4	3	2	3
		多项选择题					
	2Z207030 建设单位及相关单位的质量责任和义务	单项选择题	1	1	1		
		多项选择题					
	2Z207040 建设工程竣工验收制度	单项选择题	1	1	1	1	1
		多项选择题	2	2	2	2	2
	2Z207050 建设工程质量保修制度	单项选择题		1	1	1	1
		多项选择题	2	2	2	2	2
2Z208000 解决建设工程纠纷法律制度	2Z208010 建设工程纠纷主要种类和法律解决途径	单项选择题	1		1	2	1
		多项选择题					

续表

命题点		题型	2017年	2018年	2019年	2020年	2021年
2Z208000 解决建设工程纠纷法律制度	2Z208020 民事诉讼制度	单项选择题	3	2	2	2	2
		多项选择题	2	2	2	2	2
	2Z208030 仲裁制度	单项选择题	2	3	2	1	1
		多项选择题					
	2Z208040 调解与和解制度	单项选择题		1	1	1	2
		多项选择题					
	2Z208050 行政强制、行政复议和行政诉讼制度	单项选择题	1	1	1	1	1
		多项选择题					
合计		单项选择题	60	60	60	60	60
		多项选择题	40	40	40	40	40

2021 年度全国二级建造师执业资格考试

《建设工程法规及相关知识》

真题及解析

2021年度《建设工程法规及相关知识》真题

一、单项选择题（共60题，每题1分。每题的备选项中，只有1个最符合题意）

1. 关于法人在建设工程中的地位的说法，正确的是（　　）。

A. 建设单位应当具备法人资格

B. 建设工程中的法人可以不具有民事行为能力

C. 非营利法人可以成为建设单位

D. 建设单位应当独立承担民事责任

2. 建设工程代理行为终止的情形是（　　）。

A. 被代理人丧失民事行为能力　　B. 代理事项难以完成

C. 发生不可抗力　　D. 代理人辞去委托

3. 建设用地使用权自（　　）时设立。

A. 占用　　B. 登记

C. 申请　　D. 使用

4. 关于建设工程债的说法，正确的是（　　）。

A. 施工合同债是发生在建设单位和施工企业之间的债

B. 在材料设备买卖合同中，材料设备的买方只能是施工企业

C. 在施工合同中，对于完成施工任务，施工企业是债权人，建设单位是债务人

D. 在施工合同中，对于支付工程款，建设单位是债权人，施工企业是债务人

5. 下列使用注册商标的情形中，应当承担行政责任的是（　　）。

A. 自行改变注册商标的

B. 改变注册商标的注册人名称、地址或者其他注册事项的

C. 转让注册商标的

D. 连续2年停止使用注册商标的

6. 关于抵押权的说法，正确的是（　　）。

A. 以动产抵押的，抵押权自合同生效时设立

B. 抵押权可以与债权分离而单独转让

C. 同一财产向两个以上债权人抵押，抵押权未登记的，拍卖抵押财产所得的价款按照抵押合同订立的顺序清偿

D. 同一财产向两个以上债权人抵押的，拍卖抵押财产所得的价款按照登记的债权比例清偿

7. 关于保险索赔的说法，正确的是（　　）。

A. 投保人可以在保险事故发生后的任意时间向保险人提出索赔

B. 投保人仅需在保险事故发生后收集证据

C. 保险单上载明的保险财产修理费超过赔偿金额的，应当按照修理费全额赔偿

D. 一个建设工程项目同时由多家保险公司承保的，应当按照约定的比例分别向不同的

保险公司提出索赔要求

8. 下列法律责任中，属于刑事责任的是（　　）。

A. 罚款　　B. 没收违法所得

C. 没收财产　　D. 拘留

9. 在申请领取施工许可证应当具备的条件中，关于施工图纸及技术资料的说法，正确的是（　　）。

A. 有施工方案设计即可

B. 有初步设计图纸并通过初步设计审查

C. 有经审查合格的施工图设计文件

D. 有注册执业人员签章的施工图

10. 关于建筑业企业资质证书使用与延续的说法，正确的是（　　）。

A. 企业资质情况可以通过扫描建筑业企业资质证书复印件的二维码查询

B. 企业跨地区参加招标投标活动，应当提供建筑业企业资质证书原件

C. 建筑业企业资质证书有效期为 3 年

D. 延续申请应当于建筑企业资质证书有效期届满 1 个月前提出

11. 关于二级建造师执业的说法，正确的是（　　）。

A. 建造师未受聘于施工企业也可以担任该企业施工项目负责人

B. 注册建造师担任施工项目负责人期间一律不得更换

C. 注册建造师担任施工项目负责人期间一律不得变更注册到另一企业

D. 二级建造师可以在造价咨询企业执业

12. 下列情形中，注册建造师将被处以吊销执业资格证书，5 年内不予注册的是（　　）。

A. 因过错造成重大质量事故的

B. 在执业过程中实施商业贿赂的

C. 允许他人以自己的名义从事执业活动的

D. 未办理变更注册而继续执业的

13. 关于评标的说法，正确的是（　　）。

A. 招标人可以不向评标委员会提供评标所必需的信息

B. 投标文件未经投标单位盖章和单位负责人签字，评标委员会不应当直接否决其投标

C. 投标报价低于成本或者高于招标文件设定的最高投标限价时，评标委员会应当否决其投标

D. 评标过程中，评标委员会成员不能继续评标被更换后，由更换后的评标委员会成员继续进行评审

14. 关于投标人资格预审的说法，正确的是（　　）。

A. 依法必须进行招标的项目提交资格预审申请文件的时间，自资格预审文件停止发售之日起不得少于5日

B. 依法必须进行招标的项目的资格预审公告，应当在国务院住房城乡建设主管部门指定的媒介发布

C. 在不同媒介发布的同一招标项目的资格预审公告的内容可以根据特定情况存在差异

D. 指定媒介发布依法必须进行招标的项目的境内资格预审公告，可以收取适当的成本费用

15. 关于投标保证金的说法，正确的是（　　）。

A. 投标保证金有效期应当超出投标有效期

B. 投标人撤回已提交的投标文件，招标人可以不退还投标保证金

C. 投标截止后投标人撤销投标文件的，招标人可以不退还投标保证金

D. 投标保证金的上限为招标项目估算价的5%

16. 下列国有资金占控股或者主导地位的依法必须进行招标的项目，可以采取邀请招标的是（　　）。

A. 省、自治区、直辖市人民政府确定的地方重点项目

B. 由于技术复杂导致公开招标程序复杂的项目

C. 受资金条件限制，只有少量潜在投标人可供选择的项目

D. 采用公开招标方式的费用占项目合同金额的比例过大的项目

17. 关于两阶段招标的说法，正确的是（　　）。

A. 对技术复杂或者无法精确拟定技术规格的项目，招标人必须分两阶段进行招标

B. 第一阶段，投标人按照招标公告或者投标邀请书的要求提交带报价的技术建议

C. 第二阶段，投标人按照招标文件的要求提交包括最终技术方案和投标报价的投标文件

D. 招标人要求投标人提交投标保证金的，应当在第一阶段提出

18. 下列投标文件中，应当拒收的是（　　）。

A. 提前送达的投标文件

B. 投标联合体提交的未附共同投标协议的投标文件

C. 未通过资格预审的申请人提交的投标文件

D. 未提交投标保证金的投标文件

19. 招标人与投标人串通投标的情形是（　　）。

A. 招标人仅将招标文件的澄清内容通知了提问的投标人

B. 招标人间接向投标人透露评标委员会的成员信息

C. 招标人接收了未按照招标文件要求密封的投标文件

D. 与招标人存在利害关系的法人投标

20. 关于投标人的说法，正确的是（　　）。

A. 存在管理关系的不同单位，可以参加未划分标段的同一招标项目投标

B. 投标人发生合并、分立、破产等重大变化的，其投标无效

C. 单位负责人为同一人的不同单位，可以参加同一标段投标

D. 投标人不再具备资格预审文件、招标文件规定的资格条件的，其投标无效

21. 下列行为中，属于施工企业业务承揽不良行为的是（　　）。

A. 超越本单位资质等级承揽工程的

B. 允许其他单位或者个人以本单位名义承揽工程的

C. 涂改、伪造、出借、转让《建筑业企业资质证书》的

D. 不按照与招标人订立的合同履行义务，情节严重的

22. 根据《建筑市场信用管理暂行办法》，不良信用信息公开期限一般为（　　），并不得低于相关行政处罚期限。

A. 3个月至1年　　　　　　B. 6个月至3年

C. 1 年至 3 年　　　　　　　　　　D. 3 年至 5 年

23. 甲施工企业与乙钢材供应商订立钢材采购合同，合同价款为 1000 万元，约定定金为 300 万元。甲实际支付定金 100 万元，乙按照合同约定开始供货。后在合同履行过程中，双方发生争议。关于本案中定金的说法，正确的是（　　）。

A. 双方约定 300 万元的定金因为超过合同价款的 20%而无效

B. 视为变更约定的定金数额为 200 万元

C. 若甲违约，致使合同目的不能实现，则应当向乙支付 100 万元

D. 若乙违约，致使合同目的不能实现，则应当向甲返还 200 万元

24. 关于合同形式的说法，正确的是（　　）。

A. 合同可以采用书面形式、口头形式或者其他形式

B. 电子邮件不能视为书面形式

C. 书面形式仅指合同书形式

D. 默示合同是指当事人默认的合同

25. 关于欠付工程款的利息支付的说法，正确的是（　　）。

A. 机关、事业单位与中小企业订立施工合同，可以约定逾期支付工程款的利息为合同订立时 1 年期贷款市场报价利率的 50%

B. 机关、事业单位与中小企业订立施工合同未约定逾期付款利息，按照每日利率万分之三支付逾期利息

C. 当事人对工程款支付时间约定不明，建设工程未交付的，起算逾期付款利息的时间为提交竣工结算文件之日

D. 当事人对工程款支付时间没有约定，建设工程已实际交付的，起算逾期付款利息的时间为竣工验收之日

26. 关于建设工程价款优先受偿权的说法，正确的是（　　）。

A. 建设工程价款优先受偿权与抵押权效力相当，优于其他债权

B. 装饰装修工程的承包人，无权主张建设工程价款优先受偿权

C. 承包人就逾期支付建设工程价款的利息、违约金、损害赔偿金等主张优先受偿的，人民法院不予支持

D. 建设工程价款优先受偿权的起算日为建设工程竣工验收之日

27. 关于无效合同法律后果的说法，正确的是（　　）。

A. 无效合同自被确认为无效时起没有法律约束力

B. 合同无效的，不影响合同中有关解决争议方法的条款的效力

C. 无效合同的当事人因该合同取得的财产，应当折价补偿

D. 无效合同中双方都有过错的，仅需承担各自的损失

28. 根据《民法典》，下列合同的免责条款中，无效的是（　　）。

A. 因重大过失造成对方财产损失的免责条款

B. 因轻微过失违约无需承担违约责任的条款

C. 因不可抗力造成对方财产损失的免责条款

D. 因市场价格波动造成对方财产损失的免责条款

29. 关于可撤销合同的说法，正确的是（　　）。

A. 代理权终止后，代理人以被代理人的名义订立的合同，可以撤销

B. 当事人只能以提起诉讼的方式行使撤销权

C. 当事人可以放弃撤销权

D. 被撤销的合同自法院判决生效之日起失去法律约束力

30. 关于建设工程款结算的说法，正确的是（　）。

A. 对争议的工程量，承包人能够证明发包人同意其施工，但未能提供签证文件证明工程量发生的，不得按照当事人提供的其他证据确认实际发生的工程量结算工程款

B. 当事人就同一建设工程订立的数份施工合同均无效，但建设工程质量合格的，当事人可以请求参照最后订立的合同约定折价补偿承包人

C. 当事人就同一建设工程订立的数份施工合同均无效，建设工程质量不合格的，当事人可以请求参照实际履行的合同约定折价补偿承包人

D. 当事人在诉讼前已经对建设工程价款结算达成协议，诉讼中一方当事人申请对工程造价进行鉴定的，人民法院不予准许

31. 用人单位自用工之日起超过1个月不满1年未与劳动者订立书面劳动合同的，应当向劳动者每月支付（　）的工资。

A. 1倍　　B. 2倍

C. 3倍　　D. 5倍

32. 某女职工与用人单位订立劳动合同从事后勤工作，约定劳动合同期限为2年。关于该女职工权益保护的说法，正确的是（　）。

A. 公司应当定期安排该女职工进行健康检查

B. 公司可以安排该女职工在经期从事国家规定的第3级体力劳动强度的劳动

C. 若该女职工已怀孕5个月，公司不得安排夜班劳动

D. 若该女职工哺乳的孩子已满18个月，公司可以安排夜班劳动

33. 除当事人另有约定外，出卖人出卖交由承运人运输的在途标的物毁损、灭失的风险自（　）起由买受人承担。

A. 合同成立时　　B. 合同生效时

C. 标的物交付时　　D. 运输行为完成时

34. 关于借款合同利息的说法，正确的是（　）。

A. 借款合同对支付利息没有约定的，视为没有利息

B. 借款的利息可以预先在本金中扣除

C. 对支付利息的期限没有约定的，应当在返还借款时一并支付

D. 借款人提前返还借款的，应当按照借款合同约定的期间支付利息

35. 当事人未依照法律、行政法规规定办理租赁合同登记备案手续的，租赁合同（　）。

A. 有效　　B. 无效

C. 效力待定　　D. 效力不受影响

36. 根据《绿色施工导则》，力争再利用和回收率达到30%的是（　）。

A. 建筑垃圾　　B. 碎石类建筑垃圾

C. 建筑物拆除产生的废弃物　　D. 土石方类建筑垃圾

37. 根据《绿色施工导则》，关于临时用地保护的说法，正确的是（　）。

A. 优化基坑施工方案，保持对土地的扰动

B. 红线外临时占地不得占用农田和耕地

C. 施工周期无论长短，均按临时绿化处理

D. 工程完工后，及时对红线外占地恢复原地形、地貌

38. 关于用能单位法定义务的说法，正确的是（　　）。

A. 用能单位应当按照一切从简的原则，加强节能管理

B. 用能单位应当对各类能源的消费实行统一计量和统计

C. 用能单位不得对能源消费实行包费制

D. 用能单位应当建立循环经济制度

39. 根据《文物保护法》，受国家保护的文物是（　　）。

A. 古建筑

B. 近代史迹

C. 历史上工艺美术品

D. 反映历史上各民族社会制度的代表性实物

40. 关于建筑施工企业安全生产许可证的说法，正确的是（　　）。

A. 企业在安全生产许可证有效期内未发生死亡事故的，安全生产许可证自动续期

B. 安全生产许可证的有效期为5年

C. 安全生产许可证有效期满前30天可以向原颁发管理机关办理延期手续

D. 安全生产许可证遗失补办，由申请人告知资质许可机关，由资质许可机关在官网发布信息

41. 下列建筑施工条件中，属于建筑施工企业取得安全生产许可证应当具备的条件是（　　）。

A. 为职工办理了意外伤害保险

B. 保证本单位生产经营条件所需资金的投入

C. 管理人员和作业人员每年至少进行2次安全生产教育培训并考核合格

D. 依法参加工伤保险，为从业人员交纳保险费

42. 下列安全生产职责中，属于建设工程项目专职安全生产管理人员职责的是（　　）。

A. 组织制定并实施生产安全事故应急救援预案

B. 保证本单位安全生产投入的有效实施

C. 现场监督危险性较大工程安全专项施工方案实施情况

D. 督促、检查企业的安全生产工作，及时消除生产安全事故隐患

43. 根据《危险性较大的分部分项工程安全管理规定》，关于危大工程专项施工方案的说法，正确的是（　　）。

A. 危大工程实行施工总承包的，专项施工方案应当由施工总承包单位编制

B. 危大工程实行分包的，专项施工方案应当由相关专业分包单位组织编制

C. 分包单位组织编制的专项施工方案应当由分包单位负责人签字并加盖单位公章

D. 超过一定规模的危大工程，建设单位应当组织专家会议论证专项施工方案

44. 根据《关于进一步加强建设工程施工现场消防安全工作的通知》，关于施工现场消防安全的说法，正确的是（　　）。

A. 施工企业应当在施工组织设计中编制消防安全技术措施和专项施工方案

B. 禁止在施工现场动用明火

C. 施工现场的办公、生活区与作业区在满足防火要求的前提下可以混合设置

D. 不得在尚未竣工的建筑物内设置作业区

45. 下列职责中，属于施工生产安全事故调查组职责的是（　　）。

A. 查明事故发生的间接经济损失　　B. 追究责任人的法律责任

C. 提出对受伤人员的赔偿方案　　D. 提出对事故责任者的处理建议

46. 某施工现场发生了工程整体垮塌，造成 7000 万元的直接经济损失。该生产安全事故属于（　　）。

A. 一般事故　　B. 较大事故

C. 重大事故　　D. 特别重大事故

47. 根据《建设工程安全生产管理条例》，应当由施工起重机械安装单位承担法律责任的情形是（　　）。

A. 未审查拆装方案的

B. 未审查安全施工措施的

C. 未由专业技术人员现场监督的

D. 未向建设单位进行安全使用说明，办理移交手续的

48. 关于工程建设强制性标准实施的说法，正确的是（　　）。

A. 强制性国家标准发布后实施前，企业应当继续执行原强制性国家标准

B. 建设工程设计文件中可能影响建设工程质量和安全且无国家技术标准的新材料，一律不得使用

C. 工程建设中采用国际标准，而现行强制标准未作规定的，建设单位应当向省级住房城乡建设主管部门备案

D. 工程建设标准批准部门应当将强制性标准监督检查结果在一定范围内公告

49. 施工人员对涉及结构安全的试块，应当现场采样并提交检测，负责见证监督的单位是（　　）。

A. 监理单位或者建设单位　　B. 设计单位或者监理单位

C. 建设工程质量监督机构或者监理单位　D. 施工图审查机构或者建设单位

50. 关于工程质量检测的说法，正确的是（　　）。

A. 检测机构应当建立档案管理制度，并应当单独建立检测结果不合格项目台账

B. 应当由施工企业委托具有相应资质的检测机构进行检测

C. 检测机构可以监制建筑材料、构配件和设备

D. 检测报告经设计单位或者工程监理单位确认后，由建设单位归档

51. 施工合同履行中，关于设计缺陷造成的工程质量问题的说法，正确的是（　　）。

A. 设计单位应当负责返修，费用由设计单位承担

B. 施工企业应当负责返修，费用由施工企业垫付

C. 施工企业应当负责返修，费用由建设单位先行承担

D. 建设单位应当负责返修，费用由设计单位承担

52. 关于建设工程领域保证金的说法，正确的是（　　）。

A. 省级住房城乡建设主管部门有权新设保证金项目

B. 未按规定返还保证金，保证金收取方无需向建筑业企业支付逾期返还违约金

C. 保证金只能以现金方式提交

D. 工程项目竣工前，已经提交履约保证金的，建设单位不得同时预留工程质量保证金

53. 建筑节能分部工程验收的主持人应当是（　　）。

A. 施工企业项目经理

B. 设计单位节能设计负责人

C. 施工企业技术负责人

D. 总监理工程师（建设单位项目负责人）

54. 下列纠纷中，属于侵权纠纷的是（　　）。

A. 发承包双方因转包工程引起的纠纷

B. 发承包双方因工程质量问题引起的纠纷

C. 发承包双方因台风导致工期延误引起的纠纷

D. 工地塔吊倒塌造成毗邻建筑物毁损引起的纠纷

55. 关于移送管辖的说法，正确的是（　　）。

A. 移送管辖仅限于上下级法院之间

B. 移送管辖与管辖权转移的程序完全相同

C. 移送管辖是没有管辖权的法院把案件移送给有管辖权的法院审理

D. 受移送的法院认为受移送的案件不属于本院管辖的，可以再自行移送

56. 关于诉讼时效的说法，正确的是（　　）。

A. 人民法院应当主动适用诉讼时效的规定

B. 当事人对诉讼时效利益的预先放弃无效

C. 超过诉讼时效期间后权利人起诉的，人民法院不予受理

D. 诉讼时效期间届满后，义务人已经自愿履行的，可以请求返还

57. 关于仲裁协议效力确认的说法，正确的是（　　）。

A. 当事人对仲裁协议效力有异议的，应当在仲裁裁决作出前提出

B. 当事人既可以请求仲裁委员会作出决定，也可以请求人民法院裁定

C. 当事人对仲裁委员会就仲裁协议效力作出的决定不服的，可以向人民法院申请撤销该决定

D. 当事人向人民法院申请确认仲裁协议效力的案件，只能由仲裁协议约定的仲裁委员会所在地的中级人民法院管辖

58. 关于仲裁调解的说法，正确的是（　　）。

A. 仲裁裁决书的法律效力高于仲裁调解书

B. 仲裁调解达成协议的，仲裁庭应当根据协议的内容制作裁决书

C. 仲裁调解书经双方当事人签收后，即发生法律效力

D. 仲裁调解书签收前当事人反悔的，当事人应当重新申请仲裁

59. 关于人民调解的说法，正确的是（　　）。

A. 经人民调解委员会调解达成调解协议的，必须制作调解协议书

B. 经人民调解委员会调解达成的调解协议具有法律强制力

C. 调解协议的履行发生争议的，一方当事人可以向人民法院申请强制执行

D. 经人民调解委员会调解达成调解协议后，双方当事人可以共同向调解组织所在地基层人民法院申请司法确认

60. 关于行政复议决定的说法，正确的是（　　）。

A. 行政复议一律采取书面审查的办法

B. 行政复议决定作出前，申请人不得撤回行政复议申请

C. 行政复议机关决定撤销该具体行政行为的，可以责令被申请人在一定期限内重新作出具体行政行为

D. 申请人不得在申请行政复议时一并提出行政赔偿请求

二、多项选择题（共20题，每题2分。每题的备选项中，有2个或2个以上符合题意，至少有1个错项。错选，本题不得分；少选，所选的每个选项得0.5分）

61. 关于法的效力层级的说法，正确的有（　　）。

A. 自治条例依法对法律、行政法规、地方性法规作变通规定的，在本自治地方适用自治条例的规定

B. 行政法规的法律效力仅次于宪法

C. 宪法是国家的根本大法，具有最高的法律效力

D. 法律之间对同一事项的新的一般规定与旧的特别规定不一致，不能确定如何适用时，由全国人民代表大会常务委员会裁决

E. 省、自治区、直辖市的人民代表大会及其常务委员会制定的地方性法规，报全国人民代表大会常务委员会和国务院备案

62. 关于建设用地使用权的说法，正确的有（　　）。

A. 建设用地使用权可以在土地的地表、地上或者地下分别设立

B. 设立建设用地使用权，可以采取出让或者划拨等方式

C. 建设用地使用权人应当合理利用土地，不得改变土地用途

D. 建设用地使用权消灭的，该土地使用权人应当及时办理注销登记

E. 建设用地使用权只能存在于国家所有的土地上

63. 根据《民法典》，受损失的人可以请求得利人返还取得的利益的有（　　）。

A. 为履行道德义务进行的给付

B. 一方当事人按照合同约定先行给付，后该合同被确认无效

C. 债务到期之前的清偿

D. 无处分权人处分他人财产而取得利益

E. 明知无给付义务而进行的债务清偿

64. 关于商标专用权的说法，正确的有（　　）。

A. 商标专用权包括使用权和禁止权两个方面

B. 商标专用权是商标所有人对其设计的商标所享有的权利

C. 商标专用权的内容包括财产权和人身权

D. 注册商标的有效期为10年，自核准注册之日起计算

E. 商标专用权人可以将商标连同企业或者商誉同时转让，也可以将商标单独转让

65. 根据《民法典》，保证合同担保的范围包括（　　）。

A. 主债权及利息　　　　B. 定金

C. 违约金　　　　D. 损害赔偿金

E. 实现债权的费用

66. 招标人的下列行为中，属于以不合理的条件限制、排斥潜在投标人或者投标人的有（　　）。

A. 就同一招标项目向投标人提供有差别的项目信息

B. 设定与合同履行有关的资格条件

C. 以投标人的业绩、奖项作为加分条件

D. 对潜在投标人采取不同的资格审查标准

E. 指定特定的专利、商标、品牌、原产地或者供应商

67. 关于依法必须招标的项目公示中标候选人的说法，正确的有（　　）。

A. 招标人应当自收到评标报告之日起5日内公示中标候选人

B. 中标候选人公示期不得少于3日

C. 投标人对评标结果有异议的，应当在中标候选人公示期间提出

D. 招标人应当自收到对评标结果的异议之日起5日内作出答复

E. 招标人在对评标结果的异议作出答复前，可以暂停招标投标活动

68. 关于联合体投标的说法，正确的有（　　）。

A. 联合体投标一般适用于大型的或者结构复杂的建设项目

B. 联合体至少一方应当具备承担招标项目的相应能力

C. 由同一专业的单位组成的联合体，按照资质等级较高的单位确定资质等级

D. 联合体中标的，联合体各方应当共同与招标人订立合同

E. 联合体中标的，联合体各方就中标项目向招标人承担按份责任

69. 根据《房屋建筑和市政基础设施项目工程总承包管理办法》，关于工程总承包单位的说法，正确的有（　　）。

A. 工程总承包单位应当同时具有与工程规模相适应的工程设计资质和施工资质

B. 工程总承包单位可以由具有相应资质的设计单位和施工企业组成联合体

C. 工程总承包单位可以是工程总承包项目的代建单位或者造价咨询单位

D. 工程总承包单位应当具有相应的项目管理体系和项目管理能力、财务和风险承担能力

E. 工程总承包单位应当具有与发包工程相类似的设计、施工或者工程总承包业绩

70. 根据《建筑工程施工发包与承包计价管理办法》，下列情形中，属于发承包双方应当在合同中约定合同价款调整方法的有（　　）。

A. 工程造价管理机构发布价格调整信息的

B. 施工企业根据施工现场实际情况更改施工组织设计造成费用增加的

C. 市场价格发生变化的

D. 国家有关政策变化影响合同价款的

E. 经批准变更设计的

71. 关于未成年工劳动保护的说法，正确的有（　　）。

A. 用人单位在未成年工上岗前应当对其进行有关的职业安全卫生教育和培训

B. 用人单位不得安排未成年工从事矿山井下的劳动

C. 用人单位不得安排未成年工从事建设工程施工的劳动

D. 用人单位应当对未成年工定期进行健康检查

E. 用人单位不得安排未成年工从事国家规定的第4级体力劳动强度的劳动

72. 根据《劳动合同法》，劳动合同终止的情形有（　　）。
A. 用人单位营业执照到期的
B. 用人单位进入破产重整程序的
C. 劳动者开始依法享受基本养老保险待遇的
D. 劳动者死亡，或者被人民法院宣告死亡或者宣告失踪的
E. 用人单位决定提前解散的
73. 下列纠纷中，属于劳动争议范围的有（　　）。
A. 劳动者与用人单位在履行劳动合同过程中发生的纠纷
B. 劳动者请求社会保险经办机构发放社会保险金的纠纷
C. 劳动者与用人单位因住房制度改革产生的公有住房转让纠纷
D. 因除名、辞退和辞职、离职发生的纠纷
E. 劳动者退休后，与尚未参加社会保险统筹的原用人单位因追索养老金、医疗费、工伤保险待遇和其他社会保险待遇而发生的纠纷
74. 下列条款中，劳动合同应当具备的条款有（　　）。
A. 试用期　　B. 社会保险
C. 劳动合同期限　　D. 工作内容和工作地点
E. 工作方法与要求
75. 根据《民法典》，租赁合同的承租人可以随时解除合同的情形有（　　）。
A. 租赁物在承租人按照租赁合同占有期限内发生所有权变动的
B. 当事人对租赁期限没有约定或者约定不明确，依法仍不能确定的
C. 出租人不同意承租人对租赁物进行改善或者增设他物的
D. 租赁物危及承租人安全或者健康的，承租人订立合同时明知该租赁物质量不合格的
E. 租赁物被司法机关依法查封扣押的
76. 关于施工现场大气污染防治的说法，正确的有（　　）。
A. 小型工程的工程造价可以不列支防治扬尘污染的费用
B. 暂时不能开工的施工工地，施工企业应当对裸露地面进行覆盖
C. 施工合同应当明确施工企业扬尘污染防治责任
D. 工程渣土、建筑垃圾应当进行资源化处理
E. 施工工地应当公示扬尘污染防治相关信息
77. 下列责任中，建设单位的安全责任有（　　）。
A. 申请中断道路交通的批准手续
B. 向施工企业提供真实、准确和完整的有关资料
C. 确定建设工程安全作业环境及安全施工措施所需费用
D. 编制安全技术措施和安全专项施工方案
E. 总体协调总分包单位的安全生产
78. 下列情形中，属于应当重新组织建筑节能工程验收的有（　　）。
A. 隐蔽验收记录等技术档案和施工管理资料不完整的
B. 参加验收人员不具备相应资格的
C. 参加验收各方主体验收意见不一致的
D. 验收程序和执行标准不符合要求的

E. 建筑节能工程存在质量缺陷的

79. 根据《建设工程质量管理条例》，关于建设工程质量保修期的说法，正确的有（　　）。

A. 质量保修期的起始日是竣工验收合格之日

B. 建设工程在超过合理使用年限后一律不得继续使用

C. 质量保修期内，施工企业对工程的一切质量缺陷承担责任

D. 对于电气管线工程，建设单位与施工企业经平等协商可以约定 5 年的质量保修期

E. 建设单位与施工企业就景观绿化工程可以约定 1 年的质量保修期

80. 下列情形中，可以引起诉讼时效中断的有（　　）。

A. 不可抗力

B. 权利人申请仲裁

C. 义务人同意履行义务

D. 权利人向义务人提出履行请求

E. 权利人被义务人或者其他人控制

2021年度真题参考答案及解析

一、单项选择题

1. C；	2. D；	3. B；	4. A；	5. A；
6. A；	7. D；	8. C；	9. C；	10. A；
11. D；	12. A；	13. C；	14. A；	15. C；
16. D；	17. C；	18. C；	19. B；	20. D；
21. D；	22. B；	23. D；	24. A；	25. C；
26. C；	27. B；	28. A；	29. C；	30. D；
31. B；	32. D；	33. A；	34. A；	35. D；
36. A；	37. D；	38. C；	39. D；	40. D；
41. D；	42. C；	43. A；	44. A；	45. D；
46. C；	47. C；	48. D；	49. A；	50. A；
51. C；	52. D；	53. D；	54. D；	55. C；
56. B；	57. B；	58. C；	59. D；	60. C。

【解析】

1. C。本题考核的是法人在建设工程中的地位。建设单位一般也应当具有法人资格，但有时候，建设单位也可能是没有法人资格的其他组织，故A选项错误。法人在建设工程中的地位，表现在其具有民事权利能力和民事行为能力，依法独立享有民事权利和承担民事义务，故B、D选项错误。因此本题正确选项为C。

2. D。本题考核的是建设工程代理行为的终止情形。《民法典》规定，有下列情形之一的，委托代理终止：（1）代理期限届满或者代理事务完成；（2）被代理人取消委托或者代理人辞去委托；（3）代理人丧失民事行为能力；（4）代理人或者被代理人死亡；（5）作为被代理人或者代理人的法人、非法人组织终止。建设工程代理行为的终止，主要是第（1）、（2）、（5）三种情况。因此本题正确选项为D。

3. B。本题考核的是建设用地使用权的设立。建设用地使用权自登记时设立。因此本题正确选项为B。

4. A。本题考核的是施工合同债。材料设备的买方有可能是建设单位，也可能是施工单位，故B选项错误。对于完成施工任务，建设单位是债权人，施工单位是债务人；对于支付工程款，则相反，故C、D选项错误。因此本题正确选项为A。

5. A。本题考核的是使用注册商标违法的行政责任。按照《商标法》的规定，使用注册商标，有下列行为之一的，由商标局责令限期改正或者撤销其注册商标：（1）自行改变注册商标的；（2）自行改变注册商标的注册人名称、地址或者其他注册事项的；（3）自行转让注册商标的；（4）连续3年停止使用的。因此本题正确选项为A。

6. A。本题考核的是抵押权。抵押权不得与债权分离而单独转让或者作为其他债权的担保，故B选项错误。同一财产向两个以上债权人抵押的，抵押权未登记的，按照债权比例清偿，故C选项错误。同一财产向两个以上债权人抵押的，抵押权已经登记的，按照登记的时间先后确定清偿顺序，故D选项错误。因此本题正确选项为A。

7. D。本题考核的是保险索赔。投保人、被保险人或者受益人知道保险事故发生后，应当及时通知保险人，故A选项错误。投保人在日常管理中应当注意证据的收集和保存，当保险事件发生后，更应注意证据收集，故B选项错误。财产虽然没有全部毁损或者灭失，但其损坏程度已达到无法修理，或者虽然能够修理但修理费将超过赔偿金额的，也应当按照全损进行索赔，故C选项错误。因此本题正确选项为D。

8. C。本题考核的是刑事责任的承担方式。刑事责任，是指犯罪主体因违反刑法，实施了犯罪行为所应承担的法律责任。刑事责任是法律责任中最强烈的一种，其承担方式主要是刑罚，也包括一些非刑罚的处罚方法。《刑法》规定，刑罚分为主刑和附加刑。主刑的种类如下：(1) 管制；(2) 拘役；(3) 有期徒刑；(4) 无期徒刑；(5) 死刑。附加刑的种类如下：(1) 罚金；(2) 剥夺政治权利；(3) 没收财产；(4) 驱逐出境。因此本题正确选项为C。

9. C。本题考核的是施工许可证的法定批准条件。《建筑工程施工许可管理办法》进一步规定，建设单位申请领取施工许可证，应当具备下列条件，并提交相应的证明文件：(1) 依法应当办理用地批准手续的，已经办理该建筑工程用地批准手续。(2) 在城市、镇规划区的建筑工程，已经取得建设工程规划许可证。(3) 施工场地已经基本具备施工条件，需要征收房屋的，其进度符合施工要求。(4) 已经确定施工企业。(5) 有满足施工需要的技术资料，施工图设计文件已按规定审查合格。(6) 有保证工程质量和安全的具体措施。(7) 建设资金已经落实。(8) 法律、行政法规规定的其他条件。因此本题正确选项为C。

10. A。本题考核的是建筑业企业资质证书的使用与延续。为切实减轻企业负担，各有关部门和单位在对企业跨地区承揽业务监督管理、招标活动中，不得要求企业提供建筑业企业资质证书原件，企业资质情况可通过扫描建筑业企业资质证书复印件的二维码查询，故A选项正确，B选项错误。《建筑业企业资质管理规定》中规定，资质证书有效期为5年，故C选项错误。建筑业企业资质证书有效期届满，企业继续从事建筑施工活动的，应当于资质证书有效期届满3个月前，向原资质许可机关提出延续申请，故D选项错误。因此本题正确选项为A。

11. D。本题考核的是二级建造师的受聘单位和执业岗位范围。建造师担任施工单位项目负责人的，应当受聘并注册于一个具有施工资质的企业，故A选项错误。注册建造师担任施工项目负责人期间原则上不得更换，如发生下列情形之一的，应当办理书面交接手续后更换施工项目负责人：(1) 发包方与注册建造师受聘企业已解除承包合同的；(2) 发包方同意更换项目负责人的；(3) 因不可抗力等特殊情况必须更换项目负责人的。注册建造师担任施工项目负责人，在其承建的建设工程项目竣工验收或移交项目手续办结前，除以上规定的情形外，不得变更注册至另一企业。故B、C选项错误。因此本题正确选项为D。

12. A。本题考核的是建造师及建造师工作中违法行为应承担的法律责任。《建设工程质量管理条例》规定，违反本条例规定，注册建筑师、注册结构工程师、监理工程师等注册执业人员因过错造成质量事故的，责令停止执业1年；造成重大质量事故的，吊销执业资格证书，5年以内不予注册；情节特别恶劣的，终身不予注册。因此本题正确选项为A。

13. C。本题考核的是评标。招标人应当向评标委员会提供评标所必需的信息，故A选项错误。投标文件未经投标单位盖章和单位负责人签字的，评标委员会应当否决其投标，B

选项错误。《招标投标法实施条例》规定，评标过程中，评标委员会成员有回避事由、擅离职守或者因健康等原因不能继续评标的，应当及时更换。被更换的评标委员会成员作出的评审结论无效，由更换后的评标委员会成员重新进行评审，故 D 选项错误。因此本题正确选项为 C。

14. A。本题考核的是投标人资格预审。依法必须进行招标的项目的招标公告，应当通过国家指定的报刊、信息网络或者其他媒介发布，故 B 选项错误。在不同媒介发布的同一招标项目的资格预审公告或者招标公告的内容应当一致，故 C 选项错误。指定媒介发布依法必须进行招标的项目的境内资格预审公告、招标公告，不得收取费用，故 D 选项错误。因此本题正确选项为 A。

15. C。本题考核的是投标保证金。投标保证金有效期应当与投标有效期一致，故 A 选项错误。投标人撤回已提交的投标文件，招标人已收取投标保证金的，应当自收到投标人书面撤回通知之日起 5 日内退还，故 B 选项错误。投标保证金不得超过招标项目估算价的 2%，故 D 选项错误。因此本题正确选项为 C。

16. D。本题考核的是邀请招标的情形。有下列情形之一的，可以邀请招标：（1）技术复杂、有特殊要求或者受自然环境限制，只有少量潜在投标人可供选择；（2）采用公开招标方式的费用占项目合同金额的比例过大。因此本题正确选项为 D。

17. C。本题考核的是两阶段招标。对技术复杂或者无法精确拟定技术规格的项目，招标人可以分两阶段进行招标，故 A 选项错误。第一阶段，投标人按照招标公告或者投标邀请书的要求提交不带报价的技术建议。招标人根据投标人提交的技术建议确定技术标准和要求，编制招标文件，故 B 选项错误。实行两阶段招标的，招标人要求投标人提交投标保证金的，应当在第二阶段提出，故 D 选项错误。因此本题正确选项为 C。

18. C。本题考核的是投标文件的送达与签收。《招标投标法实施条例》规定，未通过资格预审的申请人提交的投标文件，以及逾期送达或者不按照招标文件要求密封的投标文件，招标人应当拒收。因此本题正确选项为 C。

19. B。本题考核的是招标人与投标人串通投标的情形。有下列情形之一的，属于招标人与投标人串通投标：（1）招标人在开标前开启投标文件并将有关信息泄露给其他投标人；（2）招标人直接或者间接向投标人泄露标底、评标委员会成员等信息；（3）招标人明示或者暗示投标人压低或者抬高投标报价；（4）招标人授意投标人撤换、修改投标文件；（5）招标人明示或者暗示投标人为特定投标人中标提供方便；（6）招标人与投标人为谋求特定投标人中标而采取的其他串通行为。因此本题正确选项为 B。

20. D。本题考核的是投标人。单位负责人为同一人或者存在控股、管理关系的不同单位，不得参加同一标段投标或者未划分标段的同一招标项目投标，故 A、C 选项错误。投标人发生合并、分立、破产等重大变化的，应当及时书面告知招标人，故 B 选项错误。因此本题正确选项为 D。

21. D。本题考核的是承揽业务不良行为的认定标准。承揽业务不良行为的认定标准包括：（1）利用向发包单位及其工作人员行贿提供回扣或者给予其他好处等不正当手段承揽业务的；（2）相互串通投标或与招标人串通投标的，以向招标人或评标委员成员行贿的手段谋取中标的；（3）以他人名义投标或以其他方式弄虚作假，骗取中标的；（4）不按照与招标人订立的合同履行义务，情节严重的；（5）将承包的工程转包或违法分包的。因此本题正确选项为 D。

22. B。本题考核的是不良信用信息的公开期限。建筑市场各方主体的信用信息公开期限为：（1）基本信息长期公开；（2）优良信用信息公开期限一般为 3 年；（3）不良信用信息公开期限一般为 6 个月至 3 年，并不得低于相关行政处罚期限。具体公开期限由不良信用信息的认定部门确定。因此本题正确选项为 B。

23. D。本题考核的是定金。定金的数额由当事人约定，但不得超过主合同标的额的 20%，超过部分不产生定金的效力。实际交付的定金数额多于或者少于约定数额的，视为变更约定的定金数额。因此本题正确选项为 D。

24. A。本题考核的是合同形式。《民法典》规定，当事人订立合同，可以采用书面形式、口头形式或者其他形式。书面形式是合同书、信件、电报、电传、传真等可以有形地表现所载内容的形式。以电子数据交换、电子邮件等方式能够有形地表现所载内容，并可以随时调取查用的数据电文，视为书面形式。可以根据当事人的行为或者特定情形推定合同的成立，也可以称之为默示合同。因此本题正确选项为 A。

25. C。本题考核的是欠付工程款的利息支付。《保障中小企业款项支付条例》规定，机关、事业单位和大型企业迟延支付中小企业款项的，应当支付逾期利息。双方对逾期利息的利率有约定的，约定利率不得低于合同订立时 1 年期贷款市场报价利率；未作约定的，按照每日利率万分之五支付逾期利息。《最高人民法院关于审理建设工程施工合同纠纷案件适用法律问题的解释（一）》规定，当事人对付款时间没有约定或者约定不明的，下列时间视为应付款时间：（1）建设工程已实际交付的，为交付之日；（2）建设工程没有交付的，为提交竣工结算文件之日；（3）建设工程未交付，工程价款也未结算的，为当事人起诉之日。因此本题正确选项为 C。

26. C。本题考核的是建设工程价款的优先受偿权。人民法院在审理房地产纠纷案件和办理执行案件中，应当认定建筑工程的承包人的优先受偿权优于抵押权和其他债权，故 A 选项错误。装饰装修工程的承包人，请求装饰装修工程价款就该装饰装修工程折价或者拍卖的价款优先受偿的，人民法院应予支持，但装饰装修工程的发包人不是该建筑物的所有权人的除外，故 B 选项错误。承包人行使建设工程价款优先受偿权的期限为 6 个月，自发包人应当给付建设工程价款之日起算，故 D 选项错误。因此本题正确选项为 C。

27. B。本题考核的是无效合同法律后果。无效的或者被撤销的民事法律行为自始没有法律约束力，故 A 选项错误。民事法律行为无效、被撤销或者确定不发生效力后，行为人因该行为取得的财产，应当予以返还；不能返还或者没有必要返还的，应当折价补偿，故 C 选项错误。无效合同中双方都有过错的，应当各自承担相应的责任，故 D 选项错误。因此本题正确选项为 B。

28. A。本题考核的是无效的免责条款。《民法典》规定，合同中的下列免责条款无效：（1）造成对方人身损害的；（2）因故意或者重大过失造成对方财产损失的。因此本题正确选项为 A。

29. C。本题考核的是可撤销合同。可撤销合同，是指因意思表示不真实，通过有撤销权的机构行使撤销权，使已经生效的意思表示归于无效的合同，故 A、B 选项错误。被撤销的民事法律行为自始没有法律约束力，故 D 选项错误。因此本题正确选项为 C。

30. D。本题考核的是工程款结算。当事人对工程量有争议的，承包人能够证明发包人同意其施工，但未能提供签证文件证明工程量发生的，可以按照当事人提供的其他证据确认实际发生的工程量，故 A 选项错误。当事人就同一建设工程订立的数份建设工程施工合同均无效，但建设工程质量合格，一方当事人请求参照实际履行的合同结算建设工程价款的，人民法院应予支持。故 B、C 选项错误。因此本题正确选项为 D。

31. B。本题考核的是劳动合同订立中违法行为应承担的法律责任。用人单位自用工之日起超过 1 个月不满 1 年未与劳动者订立书面劳动合同的，应当向劳动者每月支付 2 倍的工资。因此本题正确选项为 B。

32. D。本题考核的是女职工的特殊保护。用人单位必须为劳动者提供符合国家规定的劳动安全卫生条件和必要的劳动防护用品，对从事有职业危害作业的劳动者应当定期进行健康检查，故 A 选项错误。不得安排女职工在经期从事高处、低温、冷水作业和国家规定的第 3 级体力劳动强度的劳动，故 B 选项错误。对怀孕 7 个月以上的女职工，不得安排其延长工作时间和夜班劳动，故 C 选项错误。因此本题正确选项为 D。

33. A。本题考核的是标的物毁损灭失风险的承担。出卖人出卖交由承运人运输的在途标的物，除当事人另有约定外，毁损、灭失的风险自合同成立时起由买受人承担。因此本题正确选项为 A。

34. A。本题考核的是借款合同的利息。借款的利息不得预先在本金中扣除，利息预先在本金中扣除的，应当按照实际借款数额返还借款并计算利息，B 选项错误。借款人对支付利息的期限没有约定或者约定不明确，可以协议补充；不能达成补充协议的，按照合同有关条款或者交易习惯确定。对于不能达成补充协议，也不能按照合同有关条款或者交易习惯确定的，借款期间不满 1 年的，应当在返还借款时一并支付；借款期间 1 年以上的，应当在每届满 1 年时支付，剩余期间不满 1 年的，应当在返还借款时一并支付。故 C 选项错误。借款人提前返还借款的，除当事人另有约定外，应当按照实际借款的期间计算利息，故 D 选项错误。因此本题正确选项为 A。

35. D。本题考核的是租赁合同的效力。当事人未依照法律、行政法规规定办理租赁合同登记备案手续的，不影响合同的效力。因此本题正确选项为 D。

36. A。本题考核的是施工现场固体废物的减量化和回收再利用。《绿色施工导则》规定，加强建筑垃圾的回收再利用，力争建筑垃圾的再利用和回收率达到 30%，建筑物拆除产生的废弃物的再利用和回收率大于 40%，对于碎石类土石方类建筑垃圾，可采用地基填埋铺路等方式提高再利用率，力争再利用率大于 50%。因此本题正确选项为 A。

37. D。本题考核的是临时用地保护的规定。《绿色施工导则》关于临时用地保护作出了如下规定：(1) 应对深基坑施工方案进行优化，减少土方开挖和回填量，最大限度地减少对土地的扰动，保护周边自然生态环境。(2) 红线外临时占地应尽量使用荒地、废地，少占用农田和耕地。工程完工后，及时对红线外占地恢复原地形、地貌，使施工活动对周边环境的影响降至最低。(3) 利用和保护施工用地范围内原有绿色植被。对于施工周期较长的现场，可按建筑永久绿化的要求，安排场地新建绿化。因此本题正确选项为 D。

38. C。本题考核的是用能单位的法定义务。用能单位应当按照合理用能的原则，加强节能管理，故 A 选项错误。用能单位应当对各类能源的消费实行分类计量和统计，故 B 选项错误。用能单位应当建立节能目标责任制，故 D 选项错误。因此本题正确选项为 C。

39. D。本题考核的是国家保护文物的范围。《文物保护法》规定，在中华人民共和国境内，下列文物受国家保护：(1) 具有历史、艺术、科学价值的古文化遗址、古墓葬、古建筑、石窟寺和石刻壁画；(2) 与重大历史事件、革命运动或者著名人物有关的以及具有重要纪念意义、教育意义或者史料价值的近代现代重要史迹、实物、代表性建筑；(3) 历史上各时代珍贵的艺术品、工艺美术品；(4) 历史上各时代重要的文献资料以及具有历史、艺术、科学价值的手稿和图书资料等；(5) 反映历史上各时代、各民族社会制度、社会生产、社会生活的代表性实物。因此本题正确选项为 D。

40. D。本题考核的是施工企业安全生产许可证。企业在安全生产许可证有效期内，严格遵守有关安全生产的法律法规，未发生死亡事故的，安全生产许可证有效期届满时，经原安全生产许可证颁发管理机关同意，不再审查，安全生产许可证有效期延期 3 年，故 A 选项的表述过于片面了。安全生产许可证的有效期为 3 年，故 B 选项错误。安全生产许可证有效期满需要延期的，企业应当于期满前 3 个月向原安全生产许可证颁发管理机关办理延期手续，故 C 选项错误。因此本题正确选项为 D。

41. D。本题考核的是建筑施工企业取得安全生产许可证应具备的条件。建筑施工企业取得安全生产许可证，应当具备 12 项安全生产条件：(1) 建立、健全安全生产责任制，制定完备的安全生产规章制度和操作规程。(2) 保证本单位安全生产条件所需资金的投入。(3) 设置安全生产管理机构，按照国家有关规定配备专职安全生产管理人员。(4) 主要负责人、项目负责人、专职安全生产管理人员经建设主管部门或者其他有关部门考核合格。(5) 特种作业人员经有关业务主管部门考核合格，取得特种作业操作资格证书。(6) 管理人员和作业人员每年至少进行 1 次安全生产教育培训并考核合格。(7) 依法参加工伤保险，依法为施工现场从事危险作业的人员办理意外伤害保险，为从业人员交纳保险费。(8) 施工现场的办公、生活区及作业场所和安全防护用具、机械设备、施工机具及配件符合有关安全生产法律、法规、标准和规程的要求。(9) 有职业危害防治措施，并为作业人员配备符合国家标准或者行业标准的安全防护用具和安全防护服装。(10) 有对危险性较大的分部分项工程及施工现场易发生重大事故的部位、环节的预防、监控措施和应急预案。(11) 有生产安全事故应急救援预案、应急救援组织或者应急救援人员，配备必要的应急救援器材、设备。(12) 法律、法规规定的其他条件。因此本题正确选项为 D。

42. C。本题考核的是建设工程项目专职安全生产管理人员职责。项目专职安全生产管理人员具有以下主要职责：(1) 负责施工现场安全生产日常检查并做好检查记录。(2) 现场监督危险性较大工程安全专项施工方案实施情况。(3) 对作业人员违规违章行为有权予以纠正或查处。(4) 对施工现场存在的安全隐患有权责令立即整改。(5) 对于发现的重大安全隐患。有权向企业安全生产管理机构报告。(6) 依法报告生产安全事故情况。因此本题正确选项为 C。

43. A。本题考核的是危大工程安全专项施工方案的编制。危大工程实行分包的，专项施工方案可以由相关专业分包单位组织编制，故 B 选项错误。危大工程实行分包并由分包单位编制专项施工方案的，专项施工方案应当由总承包单位技术负责人及分包单位技术负责人共同审核签字并加盖单位公章，故 C 选项错误。对于超过一定规模的危大工程，施工单位应当组织召开专家论证会对专项施工方案进行论证，故 D 选项错误。因此本题正确选项为 A。

44. A。本题考核的是施工现场的消防安全要求。《关于进一步加强建设工程施工现场消防安全工作的通知》规定，施工单位应当在施工组织设计中编制消防安全技术措施和专项施工方案，并由专职安全管理人员进行现场监督。因此本题正确选项为 A。

45. D。本题考核的是施工生产安全事故调查组的职责。事故调查组履行下列职责：(1) 查明事故发生的经过、原因、人员伤亡情况及直接经济损失。(2) 认定事故的性质和事故责任。（3）提出对事故责任者的处理建议。（4）总结事故教训，提出防范和整改措施。（5）提交事故调查报告。因此本题正确选项为D。

46. C。本题考核的是生产安全事故等级的划分。根据生产安全事故造成的人员伤亡或者直接经济损失，事故一般分为以下等级：（1）特别重大事故，是指造成30人以上死亡，或者100人以上重伤（包括急性工业中毒，下同），或者1亿元以上直接经济损失的事故。（2）重大事故，是指造成10人以上30人以下死亡，或者50人以上100人以下重伤，或者5000万元以上1亿元以下直接经济损失的事故。（3）较大事故，是指造成3人以上10人以下死亡，或者10人以上50人以下重伤，或者1000万元以上5000万元以下直接经济损失的事故。（4）一般事故，是指造成3人以下死亡，或者10人以下重伤，或者1000万元以下直接经济损失的事故。因此本题正确选项为C。

47. C。本题考核的是施工起重机械和自升式架设设施安装、拆卸单位的安全责任。《建设工程安全生产管理条例》规定，施工起重机械和整体提升脚手架、模板等自升式架设设施安装、拆卸单位有下列行为之一的，责令限期改正，处5万元以上10万元以下的罚款；情节严重的，责令停业整顿，降低资质等级，直至吊销资质证书；造成损失的，依法承担赔偿责任：（1）未编制拆装方案、制定安全施工措施的。（2）未由专业技术人员现场监督的。（3）未出具自检合格证明或者出具虚假证明的。（4）未向施工单位进行安全使用说明，办理移交手续的。因此本题正确选项为C。

48. D。本题考核的是工程建设强制性标准的实施。强制性国家标准发布后实施前，企业可以选择执行原强制性国家标准或者新强制性国家标准，故A选项错误。建设工程勘察、设计文件中规定采用的新技术、新材料，可能影响建设工程质量和安全，又没有国家技术标准的，应当由国家认可的检测机构进行试验、论证，出具检测报告，并经国务院有关主管部门或者省、自治区、直辖市人民政府有关主管部门组织的建设工程技术专家委员会审定后方可使用，故B选项错误。工程建设中采用国际标准或者国外标准，而现行强制性标准未作规定的，建设单位应当向国务院住房城乡建设主管部门或者国务院有关主管部门备案，故C选项错误。因此本题正确选项为D。

49. A。本题考核的是施工检测的见证取样。《建设工程质量管理条例》规定，施工人员对涉及结构安全的试块、试件以及有关材料，应当在建设单位或者工程监理单位监督下现场取样，并送具有相应资质等级的质量检测单位进行检测。因此本题正确选项为A。

50. A。本题考核的是工程质量检测。质量检测业务由工程项目建设单位委托具有相应资质的检测机构进行检测，故B选项错误。检测机构和检测人员不得推荐或者监制建筑材料、构配件和设备，故C选项错误。检测报告经建设单位或者工程监理单位确认后，由施工单位归档，故D选项错误。因此本题正确选项为A。

51. C。本题考核的是建设工程的返修。返修作为施工单位的法定义务，其返修包括施工过程中出现质量问题的建设工程和竣工验收不合格的建设工程两种情形。不论是施工过程中出现质量问题的建设工程，还是竣工验收时发现质量问题的工程，施工单位都要负责返修。对于非施工单位原因造成的质量问题。施工单位也应当负责返修。但是因此而造成的损失及返修费用由责任方负责。因此本题正确选项为C。

52. D。本题考核的是建设工程质量保证金。严禁新设保证金项目，故A选项错误。未按规定或合同约定返还保证金的，保证金收取方应向建筑业企业支付逾期返还违约金，故B选项错误。转变保证金缴纳方式，推行银行保函制度，故C选项错误。因此本题正确选项为D。

53. D。本题考核的是建筑节能分部工程验收的组织。节能分部工程验收应由总监理工程师（建设单位项目负责人）主持，施工单位项目经理、项目技术负责人和相关专业的质量检查员、施工员参加，施工单位的质量或技术负责人应参加，设计单位节能设计人员应参加。因此本题正确选项为D。

54. D。本题考核的是侵权纠纷。侵权纠纷，是指因侵害民事权益产生的纠纷。因所有人、管理人、使用人或者第三人的原因，建筑物、构筑物或者其他设施倒塌、塌陷造成他人损害的，由所有人、管理人、使用人或者第三人承担侵权责任。因此本题正确选项为D。

55. C。本题考核的是移送管辖。人民法院发现受理的案件不属于本院管辖的，应当移送有管辖权的人民法院，受移送的人民法院应当受理。受移送的人民法院认为受移送的案件依照规定不属于本院管辖的，应当报请上级人民法院指定管辖，不得再自行移送。移送管辖与管辖权转移的不同表现在：（1）移送管辖是没有管辖权的法院把案件移送给有管辖权的法院审理，而管辖权转移是有管辖权的法院把案件转移给原来没有管辖权的法院审理；（2）移送管辖可能在上下级法院之间或者在同级法院间发生，而管辖权转移仅限于上下级法院之间；（3）二者在程序上不完全相同。因此本题正确选项为C。

56. B。本题考核的是诉讼时效。人民法院不得主动适用诉讼时效的规定，故A选项错误。超过诉讼时效期间权利人起诉，如果符合《民事诉讼法》规定的起诉条件，法院仍然应当受理，故C选项错误。诉讼时效期间届满后，义务人已经自愿履行的，不得请求返还，故D选项错误。因此本题正确选项为B。

57. B。本题考核的是仲裁协议的效力确认。当事人对仲裁协议效力有异议的，应当在仲裁庭首次开庭前提出，故A选项错误。仲裁机构对仲裁协议的效力作出决定后。当事人向人民法院申请确认仲裁协议效力或者申请撤销仲裁机构的决定的，人民法院不予受理，故C选项错误。当事人向人民法院申请确认仲裁协议效力的案件，由仲裁协议约定的仲裁机构所在地、仲裁协议签订地、申请人住所地、被申请人住所地的中级人民法院或者专门人民法院管辖，故D选项错误。因此本题正确选项为B。

58. C。本题考核的是仲裁调解。调解书与裁决书具有同等法律效力，故A选项错误。调解达成协议的，仲裁庭应当制作调解书或者根据协议的结果制作裁决书，故B选项错误。在调解书签收前当事人反悔的，仲裁庭应当及时作出裁决，故D选项错误。因此本题正确选项为C。

59. D。本题考核的是人民调解协议。经人民调解委员会调解达成调解协议的，可以制作调解协议书；当事人认为无需制作调解协议的，可以采取口头协议的方式，人民调解员应当记录协议内容。故A选项错误。经人民调解委员会调解达成的调解协议对当事人双方具有法律约束力，当事人应当履行。当事人就调解协议的履行或者调解协议的内容发生争议的，一方当事人可以向法院提起诉讼。故B、C选项错误。因此本题正确选项为D。

60. C。本题考核的是行政复议决定。行政复议原则上采用书面审查办法，故A选项错误。行政复议决定作出前，申请人要求撤回行政复议申请的，经说明理由，可以撤回，故B选项错误。申请人在申请行政复议时可以一并提出行政赔偿请求，故D选项错误。因此本题正确选项为C。

二、多项选择题

61. A、C、D、E；
62. A、B、C、E；
63. B、D；
64. A、D、E；
65. A、C、D、E；
66. A、D、E；
67. B、C；
68. A、D；
69. A、B、D、E；
70. A、D、E；
71. A、B、D、E；
72. C、D、E；
73. A、D、E；
74. B、C、D；
75. B、D；
76. C、D、E；
77. A、B、C；
78. B、C、D；
79. A、D、E；
80. B、C、D。

【解析】

61. A、C、D、E。本题考核的是法的效力层级。在我国法律体系中，法律的效力是仅次于宪法而高于其他法的形式，故B选项错误。因此本题正确选项为A、C、D、E。

62. A、B、C、E。本题考核的是建设用地使用权的相关规定。建设用地使用权消灭的，出让人应当及时办理注销登记，故D选项错误。因此本题正确选项为A、B、C、E。

63. B、D。本题考核的是不当得利的返还。不当得利，是指没有法律根据，有损于他人利益而自身取得利益的行为。《民法典》规定，得利人没有法律根据取得不当利益的，受损失的人可以请求得利人返还取得的利益，但是有下列情形之一的除外：（1）为履行道德义务进行的给付；（2）债务到期之前的清偿；（3）明知无给付义务而进行的债务清偿。因此本题正确选项为B、D。

64. A、D、E。本题考核的是商标专用权。商标专用权是指企业、事业单位和个体工商业者对其注册的商标依法享有的专用权，故B选项错误。商标专用权的内容只包括财产权，故C选项错误。因此本题正确选项为A、D、E。

65. A、C、D、E。本题考核的是保证担保的范围。保证担保的范围包括主债权及利息、违约金、损害赔偿金和实现债权的费用。因此本题正确选项为A、C、D、E。

66. A、D、E。本题考核的是以不合理条件限制、排斥潜在投标人或者投标人的情形。招标人有下列行为之一的，属于以不合理条件限制、排斥潜在投标人或者投标人：（1）就同一招标项目向潜在投标人或者投标人提供有差别的项目信息；（2）设定的资格、技术、商务条件与招标项目的具体特点和实际需要不相适应或者与合同履行无关；（3）依法必须进行招标的项目以特定行政区域或者特定行业的业绩、奖项作为加分条件或者中标条件；（4）对潜在投标人或者投标人采取不同的资格审查或者评标标准；（5）限定或者指定特定的专利、商标、品牌、原产地或者供应商；（6）依法必须进行招标的项目非法限定潜在投标人或者投标人的所有制形式或者组织形式；（7）以其他不合理条件限制、排斥潜在投标人或者投标人。因此本题正确选项为A、D、E。

67. B、C。本题考核的是公示中标候选人。《招标投标法实施条例》规定，依法必须进行招标的项目，招标人应当自收到评标报告之日起3日内公示中标候选人，故A选项错误。招标人应当自收到异议之日起3日内作出答复；作出答复前，应当暂停招标投标活动。故D、E选项错误。因此本题正确选项为B、C。

68. A、D。本题考核的是联合体投标。联合体各方均应当具备承担招标项目的相应能力，故B选项错误。由同一专业的单位组成的联合体，按照资质等级较低的单位确定资质等级，故C选项错误。联合体中标的，联合体各方就中标项目向招标人承担连带责任，故E选项错误。因此本题正确选项为A、D。

69. A、B、D、E。本题考核的是工程总承包项目的发包。工程总承包单位不得是工程总承包项目的代建单位、项目管理单位、监理单位、造价咨询单位、招标代理单位，故C选项错误。因此本题正确选项为A、B、D、E。

70. A、D、E。本题考核的是合同价款的调整。发承包双方应当在合同中约定，发生下列情形时合同价款的调整方法：（1）法律、法规、规章或者国家有关政策变化影响合同价款的；（2）工程造价管理机构发布价格调整信息的；（3）经批准变更设计的；（4）发包方更改经审定批准的施工组织设计造成费用增加的；（5）双方约定的其他因素。因此本题正确选项为A、D、E。

71. A、B、D、E。本题考核的是未成年工的劳动保护。《劳动法》规定，不得安排未成年工从事矿山井下、有毒有害、国家规定的第4级体力劳动强度的劳动和其他禁忌从事的劳动。用人单位应当对未成年工定期进行健康检查。《未成年工特殊保护规定》规定，用人单位应根据未成年工的健康检查结果安排其从事适合的劳动，对不能胜任原劳动岗位的，应根据医务部门的证明，予以减轻劳动量或安排其他劳动。未成年工上岗前用人单位应对其进行有关的职业安全卫生教育、培训。因此本题正确选项为A、B、D、E。

72. C、D、E。本题考核的是劳动合同的终止情形。《劳动合同法》规定，有下列情形之一的，劳动合同终止：（1）劳动合同期满的；（2）劳动者开始依法享受基本养老保险待遇的；（3）劳动者死亡，或者被人民法院宣告死亡或者宣告失踪的；（4）用人单位被依法宣告破产的；（5）用人单位被吊销营业执照、责令关闭、撤销或者用人单位决定提前解散的；（6）法律、行政法规规定的其他情形。因此本题正确选项为C、D、E。

73. A、D、E。本题考核的是劳动争议的范围。劳动争议的范围主要是：（1）因确认劳动关系发生的争议；（2）因订立、履行、变更、解除和终止劳动合同发生的争议；（3）因除名、辞退和辞职、离职发生的争议；（4）因工作时间、休息休假、社会保险、福利、培训以及劳动保护发生的争议；（5）因劳动报酬、工伤医疗费、经济补偿或者赔偿金等发生的争议；（6）劳动者与用人单位在履行劳动合同过程中发生的纠纷；（7）劳动者与用人单位之间没有订立书面劳动合同，但已形成劳动关系后发生的纠纷；（8）劳动者退休后，与尚未参加社会保险统筹的原用人单位因追索养老金、医疗费、工伤保险待遇和其他社会保险而发生的纠纷；（9）法律、法规规定的其他劳动争议。因此本题正确选项为A、D、E。

74. B、C、D。本题考核的是劳动合同的基本条款。劳动合同应当具备以下条款：（1）用人单位的名称、住所和法定代表人或者主要负责人；（2）劳动者的姓名、住址和居民身份证或者其他有效身份证件号码；（3）劳动合同期限；（4）工作内容和工作地点；（5）工作时间和休息休假；（6）劳动报酬；（7）社会保险；（8）劳动保护、劳动条件和职业危害防护；（9）法律、法规规定应当纳入劳动合同的其他事项。因此本题正确选项为B、C、D。

75. B、D。本题考核的是承租人可随时解除合同的情形。当事人对租赁期限没有约定或者约定不明确，可以协议补充；不能达成补充协议的，按照合同有关条款或者交易习惯确定。对于不能达成补充协议，也不能按照合同有关条款或者交易习惯确定的，视为不定期租赁。当事人可以随时解除合同，但应当在合理期限之前通知对方。租赁物危及承租人的安全或者健康的，即使承租人订立合同时明知该租赁物质量不合格，承租人仍然可以随时解除合同。因此本题正确选项为B、D。

76. C、D、E。本题考核的是施工现场大气污染防治的规定。建设单位应当将防治扬尘污染的费用列入工程造价，并在施工承包合同中明确施工单位扬尘污染防治责任，故A选项错误。暂时不能开工的建设用地，建设单位应当对裸露地面进行覆盖，故B选项错误。因此本题正确选项为C、D、E。

77. A、B、C。本题考核的是建设单位的安全责任。建设单位相关的安全责任包括：依法办理有关批准手续；向施工单位提供真实、准确和完整的有关资料；不得提出违法要求和随意压缩合同工期；确定建设工程安全作业环境及安全施工措施所需费用；不得要求购买、租赁和使用不符合安全施工要求的用具设备等；申领施工许可证应当提供有关安全施工措施的资料；依法进行装修工程和拆除工程。因此本题正确选项为A、B、C。

78. B、C、D。本题考核的是应重新组织建筑节能工程验收的情形。工程项目验收存在以下问题之一的，应重新组织建筑节能工程验收：(1) 验收组织机构不符合法规及规范要求的；(2) 参加验收人员不具备相应资格的；(3) 参加验收各方主体验收意见不一致的；(4) 验收程序和执行标准不符合要求的；(5) 各方提出的问题未整改完毕的。因此本题正确选项为B、C、D。

79. A、D、E。本题考核的是建设工程质量保修期。《建设工程质量管理条例》规定，建设工程在超过合理使用年限后需要继续使用的，产权所有人应当委托具有相应资质等级的勘察、设计单位鉴定，并根据鉴定结果采取加固、维修等措施，重新界定使用期，故B选项错误。施工单位在建设工程质量保修书中，应当对建设单位合理使用建设工程有所提示。如果是因建设单位或者用户使用不当或擅自改动结构、设备位置以及不当装修等造成质量问题的，施工单位不承担保修责任；由此而造成的质量受损或者其他用户损失，应当由责任人承担相应的责任。故C选项错误。因此本题正确选项为A、D、E。

80. B、C、D。本题考核的是诉讼时效中断情形。《民法典》规定，有下列情形之一的，诉讼时效中断，从中断、有关程序终结时起，诉讼时效期间重新计算：(1) 权利人向义务人提出履行请求；(2) 义务人同意履行义务；(3) 权利人提起诉讼或者申请仲裁；(4) 与提起诉讼或者申请仲裁具有同等效力的其他情形。因此本题正确选项为B、C、D。

2020年度全国二级建造师执业资格考试

《建设工程法规及相关知识》

真题及解析

2020年度《建设工程法规及相关知识》真题

一、单项选择题（共60题，每题1分。每题的备选项中，只有1个最符合题意）

1. 关于法人成立的说法，正确的是（　　）。

A. 特别法人的产生可以不经过法定的程序

B. 法人的名称不得与其他法人的名称相同或者相近

C. 法人能够独立承担民事责任

D. 法人可以不设法定代表人

2. 关于承担代理责任的做法，正确的是（　　）。

A. 代理行为的法律后果由被代理人共同承担

B. 被代理人应当知道代理人的代理行为违法未作反对表示的，由被代理人承担责任

C. 代理人不完全履行职责，造成被代理人违约的，应当承担民事责任

D. 代理人和相对人恶意串通，损害被代理人合法权益的，代理人和相对人应当承担按份责任

3. 关于土地所有权的说法，正确的是（　　）。

A. 中华人民共和国境内的全部土地属于国家所有

B. 城市郊区的土地，除由法律规定属于农民集体所有的以外，属于国家所有

C. 宅基地属于农民家庭所有

D. 自留山属于农民集体所有

4. 关于债的基本法律关系的说法，正确的是（　　）。

A. 债是不特定当事人之间的法律关系

B. 债权人可以向债务人以外的任何人主张自己的权利

C. 债权为请求特定人为特定行为作为或者不作为的权利

D. 债权是绝对权

5. 关于知识产权的期限性的说法，正确的是（　　）。

A. 期限由当事人约定　　B. 超过期限，权利经注销消灭

C. 期限的设定与社会公共利益相关　　D. 期限的设定与国家之间的利益相关

6. 下列主体中，具有保证人资格的是（　　）。

A. 公益事业单位　　B. 建筑行业协会

C. 清算中的法人　　D. 国有金融机构

7. 关于保险主体的说法，正确的是（　　）。

A. 被保险人负有支付保险费的义务　　B. 投保人可以与被保险人不一致

C. 受益人应当是被保险人　　D. 被保险人不得为两个以上

8. 施工企业在施工过程中发现设计文件和图纸有差错的，应当（　　）。

A. 及时提出意见和建议

B. 继续按照设计文件和图纸进行施工

C. 由施工企业技术负责人按照技术标准修改设计文件和图纸

D. 按照通常做法施工

9.《建设工程施工合同（示范文本）》由（　　）三部分组成。

A. 合同总则、合同分则、合同附则

B. 合同总则、通用条件、专用条件

C. 合同协议书、通用合同条款、专用合同条款

D. 合同协议书、合同条款、合同附件

10. 建设工程施工合同约定承包人垫资至基础工程完工，约定垫资利率为全国银行间同业拆借中心公布的贷款实操报价利率的 2 倍。基础工程完工后，发包人未能按约定支付垫资款项及其利息，双方发生争议。关于该项目垫资及其利息的说法，正确的是（　　）。

A. 关于垫资的约定无效

B. 约定的垫资金额过高，导致建设工程施工合同无效

C. 承包人向人民法院请求发包人按照约定支付利息的，人民法院应当全部支持

D. 承包人主张该项目垫资应当按照工程欠款进行处理的，人民法院不予支持

11. 当事人一方不履行合同义务或者履行合同义务不符合约定的，应当承担的违约责任是（　　）。

A. 继续履行、消除危险或赔偿损失

B. 返还财产、赔礼道歉或者采取补救措施

C. 继续履行、采取补救措施或者赔偿损失

D. 恢复原状、赔偿损失或者支付违约金

12. 根据《关于进一步做好建筑业工伤保险工作的意见》，关于建筑施工企业参加工伤保险的说法，正确的是（　　）。

A. 按用人单位参保的建筑施工企业应当以社会保险总额为基数缴纳工伤保险费用

B. 建设项目的工伤保险费用由施工总承包单位在项目开工前一次性代缴

C. 以建设项目为单位参保的，可以按照招标控制价的一定比例计算缴纳工伤保险费

D. 建筑施工企业应当在投标报价中将工伤保险费用单独列支，作为可竞争费

13. 根据《合同法》，关于承揽合同的说法，正确的是（　　）。

A. 承揽人可以将承揽人的主要工作交由第三人完成，承揽人无须就第三人完成的工作成果向定作人负责

B. 承揽人可以与定作人约定，承揽人使用定作人的设备完成主要工作

C. 承揽人在完成工作过程中，要接受定作人的指挥管理

D. 承揽人工作期间，定作人不得对其进行监督检验

14. 根据《民事诉讼法》，关于法院调解的说法，正确的是（　　）。

A. 调解书的效力低于判决书

B. 调解达成的所有协议，人民法院均应当制作调解书

C. 人民法院审理民事案件，在判决作出之前应当进行调解

D. 人民法院进行调解，可以邀请有关单位和个人协助

15. 关于投标文件修改的说法，正确的是（　　）。

A. 投标人不得修改已提交投标文件的实质性内容

B. 投标人在招标文件要求提交投标文件的截止时间前，可以修改已提交的投标文件

C. 投标人对已提交的投标文件，仅能修改一次

D. 投标人修改已提交的投标文件，修改的内容应当作为一个独立文件

16. 在民事诉讼执行阶段，人民法院应当裁定中止执行的是（　　）。

A. 申请人撤销强制执行申请的

B. 据以执行的法律文书被撤销的

C. 作为被执行人的公民因生活困难无力偿还借款，无收入来源，又丧失劳动能力的

D. 案外人对执行标的提出确有理由的异议的

17. 根据《绿色施工导则》，关于施工总平面布局的说法，正确的是（　　）。

A. 施工现场搅拌站、仓库等布置应当尽量远离已有交通线路

B. 施工现场围墙可以采用连续封闭的轻钢结构预制装配式活动围挡，减少建筑垃圾，保护土地

C. 施工现场道路应当尽量多布置临时道路，在施工现场形成环形道路

D. 生活区与生产区可以分开布置，并设置标准的分隔设施

18. 关于民事诉讼管辖权异议的说法，正确的是（　　）。

A. 人民法院受理案件后，当事人对管辖权有异议的，应当在法庭辩论终结前提出

B. 人民法院对当事人提出的异议，审查后认为异议成立的，裁定驳回起诉

C. 当事人未提出管辖权异议并应诉答辩的，视为受诉人民法院有管辖权

D. 对人民法院就级别管辖权异议作出的裁定，当事人不得提起上诉

19. 下列施工合同履行中的损失，应当由承包人承担的是（　　）。

A. 监理工程师未及时检查隐蔽工程造成的损失

B. 中途设计变更造成的损失

C. 自行采购不合格建筑材料造成的损失

D. 图纸不合格造成的损失

20. 关于施工许可证适用范围的说法，正确的是（　　）。

A. 工程投资额在50万元以下的建筑工程，可以不申请办理施工许可证

B. 房屋建筑配套的线路、管道施工的安装工程，无需申请办理施工许可证

C. 建筑面积超过300平方米的临时性房屋建筑需办理施工许可证

D. 实行开工报告批准制度的建设工程，不再领取施工许可证

21. 关于招标文件的说法，正确的是（　　）。

A. 招标文件不得要求或者标明特定的生产供应者以及含有倾向或者排斥潜在投标人的内容

B. 招标人对已发出的招标文件进行必要的澄清的，该澄清的内容不得再次澄清

C. 招标人对已发出的招标文件进行必要的修改的，应在招标文件要求提交投标文件截止时间至少10日前

D. 招标人对已发出的招标文件进行必要的修改的，应当以电话等即时通信方式及时通知所有获取招标文件的潜在招标人

22. 关于违约责任的说法，正确的是（　　）。

A. 违约责任主要具有惩罚性，旨在惩罚违约方的违约行为

B. 守约方需证明违约方主观上存在违约的故意，方能要求违约方承担违约责任

C. 守约方发生的经济损失大于违约金的，守约方可以要求违约方按照实际损失予以赔偿

D. 违约方违约后继续履行合同的，守约方不得再要求其支付违约金

23. 根据《建设工程质量管理条例》，建设单位应当在施工前委托原设计单位或者具有相应资质等级的设计单位提出设计方案的是涉及（　　）的装修工程。

A. 改变建筑局部使用功能　　　　B. 增加内部装饰

C. 增加投资额度　　　　D. 建筑承重结构变动

24. 根据《实施工程建设强制性标准监督规定》，对工程建设规划阶段执行强制性标准的情况实施监督的机构是（　　）。

A. 建设项目规划审查机构

B. 施工图设计文件审查单位

C. 建筑安全监督管理机构

D. 工程质量监督机构

25. 关于招标投标投诉与处理的说法，正确的是（　　）。

A. 投标人或者其他利害关系人认为招标投标活动不符合法律、行政法规规定的，可以自知道或者应当知道之日起10日内向有关行政监督部门投诉

B. 行政监督部门应当自受理投诉之日起30个工作日内作出书面处理决定，需要检验、检测、鉴定、专家评审的，所需时间计算在内

C. 投标人或者其他利害关系人没有证明材料可以提出投诉

D. 投诉人就同一事项向两个以上有权受理的行政监督部门投诉的，前述部门均应当进行处理

26. 下列全部使用国有资金投资的项目中，依法必须进行招标的项目是（　　）。

A. 重要设备、材料等货物的采购，单项合同估算价在200万元以下

B. 施工单项合同估算价在400万元以上

C. 勘察单项合同估算价在100万元以下

D. 监理单项合同估算价在50万元以上

27. 关于行政强制的说法，正确的是（　　）。

A. 尚未制定法律、行政法规，且属于地方性事务的，地方性法规可以规定冻结存款、汇款的行政强制措施

B. 法律、法规以外的其他规范性文件不得设定行政强制措施

C. 查封场所、设施或者财物属于行政强制执行

D. 排除妨碍、恢复原状属于行政强制措施

28. 关于二级建造师执业岗位的说法，正确的是（　　）。

A. 二级建造师可以担任中小型项目的项目经理

B. 二级建造师可以在设计单位担任注册结构工程师

C. 二级建造师只能受聘并注册于施工企业

D. 二级建造师执业岗位限于工程项目施工的项目经理

29. 资质许可机关应当注销建筑业企业资质的情形是（　　）。

A. 施工企业资质证书有效期届满，未依法申请延续的

B. 施工企业发生合并、分立、重组以及改制的

C. 施工企业被责令停产整顿的

D. 施工企业名称、地址、法定代表人发生变更的

30. 根据《最高人民法院关于审理建设工程施工合同纠纷案件适用法律问题的解释（二）》，关于工程价款结算的方法，正确的是（　　）。

A. 当事人就同一建设工程订立的数份建设工程施工合同均无效，建设工程质量合格，可以直接参照最后订立的合同结算建设工程价款

B. 当事人就同一建设工程订立的数份建设工程施工合同均无效，建设工程质量不合格，可以参照实际履行的合同结算建设工程价款

C. 当事人签订的建设工程施工合同与招标文件、投标文件、中标通知书载明的工程范围、建设工期、工程质量、工程价款不一致的，应当将建设工程施工合同作为结算建设工程价款的依据

D. 当事人就同一建设工程订立的数份建设工程施工合同均无效，建设工程质量合格，可以请求参照实际履行的合同结算建设工程价款

31. 关于向城镇排水设施排放污水的说法，正确的是（　　）。

A. 各类施工作业需要排水的，由施工企业申请领取排水许可证

B. 城镇排水主管部门实施排水许可不得收费

C. 施工作业排水许可证的有效期，由建设行政主管部门根据工期确定

D. 排水户应当按实际需要的排水类别、总量排放污水

32. 发包人可以解除建设工程施工合同的情形是（　　）。

A. 发包人未按约定支付工程价款，承包人停工的

B. 已经完成的建设工程质量不合格的

C. 承包人未按合同约定的期限完工的

D. 承包人将承包的工程分包给不具备相应资质的单位的

33. 根据《绿色施工导则》，关于非传统水源利用的说法，正确的是（　　）。

A. 现场机具、设备、车辆冲洗、喷洒路面、绿化浇灌等用水，优先采用非传统水源，尽量不使用市政自来水

B. 可以采用地下水搅拌、地下水养护，有条件的地区和工程应当收集雨水养护

C. 处于基坑降水阶段的工地，地下水不得作为生活用水

D. 施工中非传统水源和循环水的再利用量力争大于20%

34. 关于两阶段招标的说法，正确的是（　　）。

A. 实施两阶段招标，招标人要求投标人提交投标保证金的，应当在第一阶段提出

B. 第一阶段投标人应当提交带报价的技术建议

C. 对于无法精确拟定技术规格的项目，招标人可以分两阶段进行招标

D. 招标人应当在第一阶段之前向所有潜在投标人提供招标文件

35. 下列投标人的情形中，属于以他人名义投标的是（　　）。

A. 使用通过受让或者租赁的方式获取的资质证书投标

B. 使用伪造、变造的许可证件投标

C. 提供虚假的财务状况或者业绩投标

D. 提供虚假的信用状况投标

36. 施工作业人员在作业过程中、发现吊装预制构件未绑扎牢固而失衡摆动，即将脱落直接危及人身安全，随即停止作业并迅速躲避，该情形属于张某行使（　　）。

A. 知情权　　　　B. 拒绝违章指挥权

C. 紧急避险权　　　　D. 正当防卫权

37. 根据《城市建设档案管理规定》，建设单位应当在工程竣工验收后（　　）个月内，向城建档案馆报送一套符合规定的建设工程档案。

A. 3　　　　B. 1

C. 6　　　　D. 12

38. 根据《安全生产法》，生产安全事故发生后，生产经营单位的主要负责人的下列违法行为中，可能处以15日以下拘留的是（　　）。

A. 逃匿　　　　B. 不立即组织抢救

C. 在事故调查处理期间擅离职守　　　　D. 谎报、瞒报事故

39. 租赁合同可以约定租赁期限，租赁期限的上限为（　　）年。

A. 20　　　　B. 10

C. 25　　　　D. 30

40. 关于建设工程质量保修期限的说法，正确的是（　　）。

A. 地基基础工程的主体结构的保修期不低于50年

B. 建设工程的法定保修期限为其最低保修期限

C. 建设单位与施工企业在保修合同中约定的保修期限应当高于法定的最低保修期限

D. 建设工程超过主体结构保修期的，不得继续使用

41. 关于劳动合同履行的说法，正确的是（　　）。

A. 用人单位变更名称，原劳动合同可终止

B. 用人单位发生合并或者分立，原劳动合同解除

C. 用人单位变更投资人不影响劳动合同的履行

D. 用人单位变更法定代表人，应当重新订立劳动合同

42. 关于货运合同法律特征的说法，正确的是（　　）。

A. 货运合同是单务、有偿合同

B. 货运合同是实践合同

C. 货运合同的收货人和托运人可以是同一人，也可以不是同一人

D. 货运合同的标的是货物

43. 根据《消防法》，关于施工企业的消防安全职责的说法，正确的是（　　）。

A. 按照地方标准或者企业标准配置消防设施、器材

B. 非重点工程施工现场应当定期组织消防安全培训和消防演练

C. 对建筑消防设施每年至少进行一次全面检查，确保完好有效

D. 重点工程的施工现场应当每周至少进行一次防火巡查，并建立巡查记录

44. 关于合同解除的说法，正确的是（　　）。

A. 无效合同、可撤销合同可以导致合同解除

B. 合同解除可以视为当事人之间未发生合同关系，或者合同尚存的权利义务不再履行

C. 合同当事人不得根据自己的意愿解除合同

D. 享有合同解除权的一方无需向对方提出解除合同的意思表示，合同可以自动解除

45. 仲裁委员会就某施工合同纠纷案件进行仲裁，首席仲裁员甲认为应当裁定合同无效，仲裁员乙和丙认为应当裁定合同有效，则仲裁庭应当（　　）。

A. 按甲的意见作出裁决

B. 请示仲裁委员会主任，并按其意见作出裁决

C. 按乙和丙的意见作出裁决

D. 重新组成仲裁庭，经评议后作出裁决

46. 根据《历史文化名城名镇名村保护条例》，在历史文化名城、名镇、名村保护范围内可以进行的活动是（　　）。

A. 开山、采石、开矿等破坏传统格局和历史风貌的活动

B. 占用保护规划确定保留的道路

C. 在核心保护范围内举办大型群众性活动

D. 为响应国家扶贫政策修建生产爆炸性物品的工厂

47. 下列情形中，属于投标人相互串通投标的是（　　）。

A. 投标人之间协商投标报价等投标文件的实质性内容

B. 两个以上投标人的投标文件具有特殊标记

C. 不同投标人的投标文件在同一文印店装订

D. 不同投标人的投标保函由同一银行开具

48. 根据《生产安全事故应急条例》，应急救援队伍根据救援命令参加生产安全事故应急救援所耗费用，由（　　）承担。

A. 有关人民政府　　B. 事故责任单位

C. 应急救援队伍　　D. 事故责任个人

49. 关于公布建筑市场诚信行为的说法正确的是（　　）。

A. 优良行为记录信息的公布期限一般为 6 个月

B. 不良行为记录信息的公布期限一般为 5 年

C. 对于整改确实有实效的单位，信息发布部门可以直接取消公布不良行为

D. 对于整改不力的单位，信息发布部门可以延长其不良行为记录的公布期限

50. 关于仲裁裁决撤销的说法，正确的是（　　）。

A. 仲裁庭的组成或者仲裁的程序违反法定程序的，当事人只能申请撤销仲裁裁决，不得申请不予执行仲裁裁决

B. 当事人申请撤销仲裁裁决的，应当在收到裁决书之日起 3 个月内提出

C. 仲裁裁决被人民法院撤销后，当事人不得就该纠纷再行申请仲裁，只能向人民法院起诉

D. 当事人可以向仲裁委员会所在地的中级人民法院申请撤销仲裁裁决

51. 关于建设工程暂估价的说法，正确的是（　　）。

A. 暂估价由投标人在投标文件中自主确定

B. 工程总承包依法招标后，不免除暂估价项目的招标要求

C. 暂估价的通用范围仅包括工程和货物

D. 暂估计在招标文件中体现的是不确定的项目

52. 关于施工企业项目负责人安全生产责任的说法，正确的是（　　）。

A. 应当监控分部分项工程的安全生产情况

B. 每月带班生产时间不得少于其工作日的60%

C. 每月带班检查时间不得少于其工作日的25%

D. 应当对工程项目落实带班制度责任

53. 下列争议中，属于侵权纠纷的是（　　）。

A. 承发包双方因转包工程引起的争议

B. 承发包双方因工程质量不合格问题引起的争议

C. 构筑物倒塌造成毗邻建筑物毁损引起的争议

D. 承发包双方因台风导致工期延误引起的争议

54. 关于取得二级建造师资格证书的人员申请注册的说法，正确的是（　　）。

A. 注册不受年龄的限制

B. 可以申请在两个单位注册

C. 受到的刑事处罚与执业活动无关的，不影响注册

D. 聘用单位不符合注册单位要求的，不予注册

55. 建设工程合同无效，但已完工程验收合格，应当返还财产。关于返还财产的说法，正确的是（　　）。

A. 返还财产是指将已完工程拆除后返还施工企业

B. 折价返还应当按照建安工程费用适当下浮

C. 折价返还应当按照合同约定的价款进行

D. 折价返还应当按照当地市场价、定额量据实结算

56. 施工企业在施工中偷工减料，造成建筑工程质量不符合规定的质量标准，且情节严重。住房城乡建设主管部门对该施工企业实施的处罚不包括（　　）。

A. 责令停业整顿　　B. 降低资质等级

C. 吊销营业执照　　D. 吊销资质证书

57. 某建设工程施工合同约定的开工日期为 3 月 1 日，发包人于 3 月 10 日向承包人发出开工通知，开工通知载明的开工日期为 3 月 20 日。接到开工通知后，承包人由于人员、设备未能及时到位，3 月 30 日才正式进场施工。根据《最高人民法院关于审理建设工程施工合同纠纷案件适用法律问题的解释（二）》，该项目开工日期应当为（　　）。

A. 3 月 1 日　　B. 3 月 20 日

C. 3 月 10 日　　D. 3 月 30 日

58. 根据《全国建筑市场各方主体不良行为记录认定标准》，以他人名义投标骗取中标的，属于（　　）行为。

A. 承揽业务不良　　B. 资质不良

C. 工程质量不良　　D. 工程安全不良

59. 根据《建筑施工企业安全生产许可证管理规定》，建筑施工企业取得安全生产许可证应当具备条件的是（　　）。

A. 为职工办理意外伤害保险

B. 配备兼职安全生产管理人员

C. 有职业危害防治措施，并为安全生产管理人员配备合格的安全防护用具与防护服装

D. 特种作业人员取得特种作业操作资格证书

60. 关于劳动合同试用期的说法，正确的是（　　）。

A. 初次订立劳动合同的，可以仅约定试用期，而不约定劳动合同期限

B. 同一用人单位与同一劳动者只能约定 1 次试用期

C. 试用期不包含在劳动合同期限之内

D. 劳动合同期限不满1年的，不得约定试用期

二、多项选择题（共20题，每题2分。每题的备选项中，有2个或2个以上符合题意，至少有1个错项。错选，本题不得分；少选，所选的每个选项得0.5分）

61. 建设工程承包单位应当向建设单位出具质量保修书，其内容包括建设工程的（　　）。

A. 保修范围　　B. 工程简况和施工管理要求

C. 保修期限　　D. 保修责任

E. 超过合理使用年限继续使用的条件

62. 下列建设工程施工合同中，应当被认定无效的有（　　）。

A. 某劳务分包企业借用某建筑施工企业的施工总承包一级资质承揽工程订立的合同

B. 某使用世界银行援助资金的项目，发包人未经招标与承包人订立的合同

C. 某建设工程项目，施工总承包单位将主体结构的劳务分包给具有劳务资质的企业订立的合同

D. 某建筑施工企业，未取得施工总承包资质证书，承揽施工总承包工程订立的合同

E. 某建设工程项目，发包人未取得建设工程规划许可证与承包人订立的合同，但发包人在一审法院辩论终结前取得了建设工程规划许可证

63. 关于建设工程联合共同承包的说法，正确的有（　　）。

A. 对于中小型或者结构不复杂的工程，无须采用联合共同承包方式

B. 两个以上不同资质等级的单位实行联合共同承包的，可以按照资质等级高的单位的业务许可范围承揽工程

C. 两个以上具备承包资格的单位共同组成的联合体不具有法人资格

D. 联合共同承包的各方应当与建设单位分别订立合同

E. 联合共同承包的各方对承包合同的履行承担连带责任

64. 关于法的效力层级的说法，正确的有（　　）。

A. 宪法至上

B. 新法优于旧法

C. 一般法高于特别法

D. 任何机关和个人不得裁决法律适用情况

E. 上位法优于下位法

65. 在城市市区噪声敏感建筑物集中区域内，禁止夜间进行产生环境噪声污染的建筑施工作业，但（　　）除外。

A. 经监理单位同意的　　B. 抢修作业

C. 抢险作业　　D. 因生产工艺上要求必须连续作业的

E. 因特殊需要必须连续作业的

66. 出卖人就出卖的标的物承担权利瑕疵担保义务，下列标的物的瑕疵，属于权利瑕疵的有（　　）。

A. 出卖人对出卖的标的物没有所有权

B. 出卖人对出卖的标的物没有处分权

C. 第三人对标的物享有抵押权

D. 标的物质量不符合合同约定

E. 标的物包装不符合合同约定

67. 用人单位可以直接解除劳动合同的情形有（　　）。

A. 在试用期间被证明不符合录用条件的

B. 劳动者患病，在规定的医疗期满后不能从事原工作，也不能从事由用人单位另行安排的工作的

C. 劳动者同时与其他用人单位建立劳动关系，对完成本单位的工作任务造成严重影响的

D. 被依法追究刑事责任的

E. 劳动者不能胜任工作，经过培训或者调整工作岗位，仍不能胜任工作的

68. 财产抵押时，抵押权自抵押合同生效时设立的有（　　）。

A. 原材料　　B. 交通运输工具

C. 建设用地使用权　　D. 生产设备

E. 正在建造的建筑物

69. 根据《拖欠农民工工资"黑名单"管理暂行办法》，人力资源社会保障行政部门应当自查处违法行为并作出行政处理或者处罚决定后将其列入拖欠工资"黑名单"的情形有（　　）。

A. 克扣、无故拖欠农民工工资报酬，数额达到认定拒不支付劳动报酬罪数额标准的

B. 因拖欠农民工工资违法行为引发极端事件造成严重不良社会影响的

C. 将劳务违法分包给不具备用工主体资格的组织和个人造成拖欠农民工工资报酬的

D. 将劳务转包给不具备用工主体资格的组织和个人造成拖欠农民工工资报酬的

E. 因拖欠农民工工资违法行为引发群体性事件造成严重不良社会影响的

70. 关于投标保证金的说法，正确的有（　　）。

A. 招标人在招标文件中可以要求投标人提交投标保证金

B. 退还投标保证金时，无须退还保证金利息

C. 投标保证金有效期应当与投标有效期一致

D. 投标保证金不得超过招标项目结算价的2%

E. 中标人无正当理由不与招标人订立合同，取消其中标资格，投标保证金不予退还

71. 根据《招标投标法》，可以不进行招标的工程项目有（　　）。

A. 国有企业开发建设的商住两用的工程项目

B. 涉及国家秘密的工程项目

C. 涉及抢险救灾的工程项目

D. 利用扶贫资金实行以工代赈、需要使用农民工的工程项目

E. 涉及国家安全的工程项目

72. 关于中标的说法，正确的有（　　）。

A. 中标人确定后，招标人应当公示中标通知书

B. 中标人确定后，招标人无须将中标结果通知所有未中标的投标人

C. 在确定中标人前，招标人不得与投标人就投标价格、投标方案等实质性内容进行谈判

D. 中标人确定后，招标人应当向中标人发出中标通知书

E. 中标通知书对招标人和中标人具有法律效力

73. 下列二级建造师受聘和注册的情形中，属于"挂靠"的有（　　）。

A. 属于军队自主择业人员，受聘并注册在丙施工企业

B. 在某事业单位工作，受聘并注册在甲施工企业

C. 在丁施工企业工作，受聘并注册在丁施工企业

D. 在某监理单位工作，受聘并注册在乙施工企业

E. 某大学教师，受聘并注册在该大学所属的监理单位

74. 关于劳务派遣的说法，正确的有（ ）。

A. 劳务派遣的显著特征是劳动者的聘用与使用分离

B. 经营劳务派遣业务，应当向劳动行政部门依法申请行政许可

C. 实施劳务派遣的，由用工单位与劳动者订立劳动合同

D. 劳务派遣可以在替代性的工作岗位上实施

E. 被派遣劳动者在无工作期间，劳务派遣单位无需向其支付报酬

75. 授予专利权的发明和实用新型，应当具备的条件有（ ）。

A. 新颖性　　B. 实用性　　C. 创造性　　D. 富有美感

E. 适于工业应用

76. 下列纠纷中，属于劳动争议范围的有（ ）。

A. 家庭与家政服务人员之间的纠纷

B. 个体工匠与学徒之间的纠纷

C. 因劳动保护发生的纠纷

D. 劳动者请求社会保险经办机构发放社会保险金的纠纷

E. 劳动者与用人单位未订立书面劳动合同，但已经形成劳动关系后发生的纠纷

77. 建设工程竣工验收应当具备的条件有（ ）。

A. 已经办理工程竣工资料归档手续

B. 有完整的技术档案和施工管理资料

C. 有施工企业签署的工程保修书

D. 有工程使用的主要建筑材料的进场试验报告

E. 有勘察、设计、施工、工程监理等单位分别签署的质量合格文件

78. 物权的种类包括（ ）。

A. 所有权　　B. 占有　　C. 不当得利　　D. 担保物权

E. 用益物权

79. 根据《民法总则》，关于民事诉讼时效的说法，正确的有（ ）。

A. 向人民法院请求保护民事权利的诉讼时效期间均为 3 年

B. 超过诉讼时效期间，权利人的胜诉权消灭

C. 诉讼时效期间届满后，义务人自愿履行债务的，不得请求返还

D. 当事人违反法律规定，预先放弃诉讼时效利益的，人民法院不予认可

E. 超过诉讼时效期间，当事人起诉的，人民法院不予受理

80. 根据《建筑起重机械安全监督管理规定》，不得出租、使用的建筑起重机械有（ ）。

A. 超过安全技术标准或者制造厂家规定的使用年限的

B. 经检验达不到安全技术标准规定的

C. 属于有可能淘汰或者限制使用的

D. 没有完整安全技术档案的

E. 没有齐全有效的安全保护装置的

2020 年度真题参考答案及解析

一、单项选择题

1. C；	2. C；	3. D；	4. C；	5. C；
6. D；	7. B；	8. A；	9. C；	10. D；
11. C；	12. B；	13. B；	14. D；	15. B；
16. D；	17. B；	18. C；	19. C；	20. D；
21. A；	22. C；	23. D；	24. A；	25. A；
26. B；	27. B；	28. A；	29. A；	30. D；
31. B；	32. D；	33. A；	34. C；	35. A；
36. C；	37. A；	38. A；	39. A；	40. B；
41. C；	42. C；	43. C；	44. B；	45. C；
46. C；	47. A；	48. B；	49. D；	50. D；
51. B；	52. D；	53. C；	54. D；	55. D；
56. C；	57. B；	58. A；	59. D；	60. B。

【解析】

1. C。本题考核的是法人的成立。法人应当具备的条件包括：(1) 依法成立。法人不能自然产生，它的产生必须经过法定的程序。(2) 应当有自己的名称、组织机构、住所、财产或者经费。法人的名称是法人相互区别的标志和法人进行活动时使用的代号。(3) 能够独立承担民事责任。法人必须能够以自己的财产或者经费承担在民事活动中的债务，在民事活动中给其他主体造成损失时能够承担赔偿责任。法人以其全部财产独立承担民事责任。(4) 有法定代表人。因此本题正确选项为 C。

2. C。本题考核的是代理的相关规定。代理行为的法律后果归属于被代理人。代理人在代理权限内，以被代理人的名义同相对人进行的具有法律意义的行为，在法律上产生与被代理人自己的行为同样的后果。因而，被代理人对代理人的代理行为承担民事责任。故 A 选项错误。代理人知道被委托代理的事项违法仍然进行代理活动的，或者被代理人知道代理人的代理行为违法不表示反对的，由被代理人和代理人负连带责任，故 B 选项错误。代理人不履行职责而给被代理人造成损害的，应当承担民事责任，故 C 选项正确。代理人和相对人串通，损害被代理人的利益的，由代理人和相对人负连带责任，故 D 选项错误。因此本题正确选项为 C。

3. D。本题考核的是土地所有权的相关规定。城市市区的土地属于国家所有，故 A 选项错误。农村和城市郊区的土地，除由法律规定属于国家所有的以外，属于农民集体所有，故 B 选项错误。宅基地和自留地、自留山，属于农民集体所有。故 C 选项错误，D 选项正确。因此本题正确选项为 D。

4. C。本题考核的是债的相关规定。债的内容，是指债的主体双方间的权利与义务，即债权人享有的权利和债务人负担的义务，即债权与债务。债权为请求特定人为特定行为作为或不作为的权利。债权与物权不同，物权是绝对权，而债权是相对权。债权相对性理论的内涵，可以归纳为以下三个方面：（1）债权主体的相对性；（2）债权内容的相对性；（3）债权责任的相对性。债务是根据当事人的约定或者法律规定，债务人所负担的应为特定行为的义务。因此本题正确选项为C。

5. C。本题考核的是知识产权的期限性。知识产权仅在法律规定的期限内受到法律的保护，一旦超过法定期限，这一权利就自行消灭。该智力成果就成为整个社会的共同财富，为全人类共同所有。有形财产权没有时间限制，只要财产存在，权利就必然存在。因此本题正确选项为C。

6. D。本题考核的是保证人资格。保证人资格：具有代为清偿债务能力的法人、其他组织或者公民，可以作为保证人。但是，以下组织不能作为保证人：（1）国家机关不得为保证人，但经国务院批准为使用外国政府或者国际经济组织贷款进行转贷的除外。（2）学校、幼儿园、医院等以公益为目的的事业单位、社会团体不得为保证人。（3）企业法人的分支机构、职能部门不得为保证人。企业法人的分支机构有法人书面授权的，可以在授权范围内提供保证。任何单位和个人不得强令银行等金融机构或者企业为他人提供保证；银行等金融机构或者企业对强令其为他人提供保证的保证行为，有权拒绝。因此本题正确选项为D。

7. B。本题考核的是保险主体。投保人是指与保险人订立保险合同，并按照保险合同负有支付保险费义务的人。保险人是指与投保人订立保险合同，并承担赔偿或者给付保险金责任的保险公司。故A选项错误。受益人是指人身保险合同中由被保险人或者投保人指定的享有保险金请求权的人，投保人、被保险人可以为受益人，故C选项错误。被保险人是指其财产或者人身受保险合同保障，享有保险金请求权的人，投保人可以为被保险人，故D选项错误。因此本题正确选项为B。

8. A。本题考核的是按照工程设计图纸和施工技术标准施工的规定。《建筑法》规定，建筑施工企业必须按照工程设计图纸和施工技术标准施工，不得偷工减料。工程设计的修改由原设计单位负责，建筑施工企业不得擅自修改工程设计。《建设工程质量管理条例》进一步规定，施工单位必须按照工程设计图纸和施工技术标准施工，不得擅自修改工程设计，不得偷工减料。施工单位在施工过程中发现设计文件和图纸有差错的，应当及时提出意见和建议。因此本题正确选项为A。

9. C。本题考核的是示范文本的组成。《建设工程施工合同（示范文本）》由合同协议书、通用合同条款和专用合同条款三部分组成。因此本题正确选项为C。

10. D。本题考核的是工程垫资的处理。《最高人民法院关于审理建设工程施工合同纠纷案件适用法律问题的解释》规定，当事人对垫资和垫资利息有约定，承包人请求按照约定返还垫资及其利息的，应予支持，但是约定的利息计算标准高于中国人民银行发布的同期同类贷款利率的部分除外。当事人对垫资没有约定的，按照工程欠款处理。当事人对垫资利息没有约定，承包人请求支付利息的，不予支持。已经明确约定垫资的，按垫资处理，法院不会按欠款处理，故D选项正确。因此本题正确选项为D。（注意：《最高人民法院关于审理建设工程施工合同纠纷案件适用法律问题的解释》现已作废）

11. C。本题考核的是违约责任的承担。《合同法》规定，当事人一方不履行合同义务或者履行合同义务不符合约定，应当承担继续履行、采取补救措施或者赔偿损失等违约责任。因此本题正确选项为C。

12. B。本题考核的是针对建筑行业特点的工伤保险制度。《关于进一步做好建筑业工伤保险工作的意见》提出，针对建筑行业的特点，建筑施工企业对相对固定的职工，应按用人单位参加工伤保险；对不能按用人单位参保、建筑项目使用的建筑业职工特别是农民工，按项目参加工伤保险。按用人单位参保的建筑施工企业应以工资总额为基数依法缴纳工伤保险费。故A选项错误。以建设项目为单位参保的，可以按照项目工程总造价的一定比例计算缴纳工伤保险费，故C选项错误。建设单位要在工程概算中将工伤保险费用单独列支，作为不可竞争费，不参与竞标，并在项目开工前由施工总承包单位一次性代缴本项目工伤保险费，覆盖项目使用的所有职工，包括专业承包单位、劳务分包单位使用的农民工。故B选项正确，D选项错误。因此本题正确选项为B。

13. B。本题考核的是承揽合同。除当事人另有约定的外，承揽人应当以自己的设备、技术和劳力完成主要工作。未经定作人的同意，承揽人将承揽的主要工作交由第三人完成的，定作人可以解除合同；经定作人同意的，承揽人也应就第三人完成的工作成果向定作人负责。故B选项正确。承揽人有权将其承揽的辅助工作交由第三人完成。承揽人将承揽的辅助工作交由第三人完成的，应当就第三人完成的工作成果向定作人负责。故A选项错误。承揽人工作具有独立性，承揽人在完成工作过程中，不受定作人的指挥管理，独立承担完成合同约定的质量、数量、期限等责任，故C选项错误。承揽人在工作期间，应当接受定作人必要的监督检验，但定作人不得因监督检验妨碍承揽人的正常工作，故D选项错误。因此本题正确选项为B。

14. D。本题考核的是法院调解。法院调解书经双方当事人签收后，即具有法律效力，效力与判决书相同，故A选项错误。调解达成协议，人民法院应当制作调解书。但是，下列案件调解达成协议，人民法院可以不制作调解书：(1) 调解和好的离婚案件；(2) 调解维持收养关系的案件；(3) 能够即时履行的案件；(4) 其他不需要制作调解书的案件。对不需要制作调解书的协议，应当记入笔录，由双方当事人、审判人员、书记员签名或者盖章后，即具有法律效力。故B选项错误。人民法院审理民事案件，根据当事人自愿的原则，在事实清楚的基础上，分清是非，进行调解。因此不是应当调解，要尊重当事人自愿调解的原则进行。故C选项错误。人民法院进行调解，可以邀请有关单位和个人协助。被邀请的单位和个人，应当协助人民法院进行调解，故D选项正确。因此本题正确选项为D。

15. B。本题考核的是投标文件的修改。《招标投标法》规定，投标人在招标文件要求提交投标文件的截止时间前，可以补充、修改或者撤回已提交的投标文件，并书面通知招标人。补充、修改的内容为投标文件的组成部分。因此本题正确选项为B。

16. D。本题考核的是执行中止。执行中止是指在执行过程中，因发生特殊情况，需要暂时停止执行程序。有下列情况之一的，人民法院应裁定中止执行：(1) 申请人表示可以延期执行的；(2) 案外人对执行标的提出确有理由异议的；(3) 作为一方当事人的公民死亡，需要等待继承人继承权利或承担义务的；(4) 作为一方当事人的法人或其他组织终止，尚未确定权利义务承受人的；(5) 人民法院认为应当中止执行的其他情形，如被执行人确无财产可供执行等。中止的情形消失后，恢复执行。A、B、C选项属于执行终结的情形。因此本题正确选项为D。

17. B。本题考核的是施工总平面布局。《绿色施工导则》关于施工总平面布置的规定有：(1) 施工总平面布置应做到科学、合理，充分利用原有建筑物、构筑物、道路、管线为施工服务。(2) 施工现场搅拌站、仓库、加工厂、作业棚、材料堆场等布置应尽量靠近已有交通线路或即将修建的正式或临时交通线路，缩短运输距离。（3）临时办公和生活用房应采用经济、美观、占地面积小、对周边地貌环境影响较小，且适合于施工平面布置动态调整的多层轻钢活动板房、钢骨架水泥活动板房等标准化装配式结构。生活区与生产区应分开布置，并设置标准的分隔设施。（4）施工现场围墙可采用连续封闭的轻钢结构预制装配式活动围挡，减少建筑垃圾，保护土地。（5）施工现场道路按照永久道路和临时道路相结合的原则布置。施工现场内形成环形通路，减少道路占用土地。（6）临时设施布置应注意远近结合（本期工程与下期工程），努力减少和避免大量临时建筑拆迁和场地搬迁。因此本题正确选项为 B。

18. C。本题考核的是民事诉讼管辖权异议。人民法院受理案件后，当事人对管辖权有异议的，应当在提交答辩状期间提出，故 A 选项错误。人民法院对当事人提出的异议，应当审查。异议成立的，裁定将案件移交有管辖权的人民法院；异议不成立的，裁定驳回。注意是驳回异议，不是驳回起诉。故 B 选项错误。《民事诉讼法》还规定了应诉管辖制度，即当事人未提出管辖权异议并应诉答辩的，视为受诉人民法院有管辖权，但违反级别管辖和专属管辖规定的除外，故 C 选项正确。受诉人民法院应当在受理异议之日起 15 日内作出裁定；对人民法院就级别管辖异议作出的裁定，当事人不服提起上诉的，第二审人民法院应当依法审理并作出裁定。故 D 选项错误。因此本题正确选项为 C。

19. C。本题考核的是建设工程施工合同中的赔偿损失。发包人应当承担的赔偿损失：（1）未及时检查隐蔽工程造成的损失；（2）未按照约定提供原材料、设备等造成的损失；（3）因发包人原因致使工程中途停建、缓建造成的损失；（4）提供图纸或者技术要求不合理且怠于答复等造成的损失；（5）中途变更承揽工作要求造成的损失；（6）要求压缩合同约定工期造成的损失；（7）验收违法行为造成的损失。承包人应当承担的赔偿损失：（1）转让、出借资质证书等造成的损失；（2）转包、违法分包造成的损失；（3）偷工减料等造成的损失；（4）与监理单位串通造成的损失；（5）不履行保修义务造成的损失；（6）保管不善造成的损失；（7）合理使用期限内造成的损失。因此本题正确选项为 C。

20. D。本题考核的是施工许可证的适用。《建筑工程施工许可管理办法》规定，工程投资额在 30 万元以下或者建筑面积在 300 平方米以下的建筑工程，可以不申请办理施工许可证，故 A 选项错误。B 选项内容不属于可以不申请办理施工许可证的范围，仍然需要根据具体情况确定是否需要申请办理施工许可证，故 B 选项错误。《建筑法》规定，抢险救灾及其他临时性房屋建筑和农民自建低层住宅的建筑活动，不适用本法。鉴于上述工程的特殊性，无需办理施工许可证，故 C 选项错误。按照国务院规定的权限和程序批准开工报告的建筑工程，不再领取施工许可证，故 D 选项正确。因此本题正确选项为 D。

21. A。本题考核的是招标文件。《招标投标法》规定，招标文件不得要求或者标明特定的生产供应者以及含有倾向或者排斥潜在投标人的其他内容，故 A 选项正确。招标人对已发出的招标文件进行必要的澄清或者修改的，应当在招标文件要求提交投标文件截止时间至少 15 日前，以书面形式通知所有招标文件收受人。该澄清或者修改的内容为招标文件的组成部分。故 B、C、D 选项错误。因此本题正确选项为 A。

22. C。本题考核的是违约责任的相关规定。违约责任主要具有补偿性，即旨在弥补或补偿因违约行为造成的损害后果，故 A 选项错误。承担违约责任，首先是合同当事人发生了违约行为，即有违反合同义务的行为；其次，非违约方只需证明违约方的行为不符合合同约定，便可以要求其承担违约责任，而不需要证明其主观上是否具有过错；第三，违约方若想免于承担违约责任，必须举证证明其存在法定的或约定的免责事由，而法定免责事由主要限于不可抗力，约定的免责事由主要是合同中的免责条款。故 B 选项错误。守约方可以要求违约方停止违约行为，采取补救措施，继续履行合同约定；可以按照合同约定，要求违约方支付违约金或没收定金。如果守约方发生的经济损失大于违约金或定金的，守约方可以主张违约方按照实际损失予以赔偿。故 C 选项正确。继续履行是一种违约后的补救方式，是否要求违约方继续履行是非违约方的一项权利。继续履行可以与违约金、定金、赔偿损失并用，但不能与解除合同的方式并用，故 D 选项错误。因此本题正确选项为 C。

23. D。本题考核的是建设单位的质量责任和义务。《建筑法》规定，涉及建筑主体和承重结构变动的装修工程，建设单位应当在施工前委托原设计单位或者具有相应资质条件的设计单位提出设计方案；没有设计方案的，不得施工。同时还规定，房屋拆除应当由具备保证安全条件的建筑施工单位承担。因此本题正确选项为 D。

24. A。本题考核的是对工程建设强制性标准实施的监督管理机构。建设项目规划审查机构应当对工程建设规划阶段执行强制性标准的情况实施监督；施工图设计文件审查单位应当对工程建设勘察、设计阶段执行强制性标准的情况实施监督；建筑安全监督管理机构应当对工程建设施工阶段执行施工安全强制性标准的情况实施监督；工程质量监督机构应当对工程建设施工、监理、验收等阶段执行强制性标准的情况实施监督。因此本题正确选项为 A。

25. A。本题考核的是招标投标投诉与处理。投标人或者其他利害关系人认为招标投标活动不符合法律、行政法规规定的，可以自知道或者应当知道之日起 10 日内向有关行政监督部门投诉。故 A 选项正确。行政监督部门应当自收到投诉之日起 3 个工作日内决定是否受理投诉，并自受理投诉之日起 30 个工作日内作出书面处理决定；需要检验、检测、鉴定、专家评审的，所需时间不计算在内。故 B 选项错误。投诉应当有明确的请求和必要的证明材料，故 C 选项错误。投诉人就同一事项向两个以上有权受理的行政监督部门投诉的，由最先收到投诉的行政监督部门负责处理，故 D 选项错误。因此本题正确选项为 A。

26. B。本题考核的是建设工程必须招标的范围。《必须招标的工程项目规定》范围内的项目，其勘察、设计、施工、监理以及与工程建设有关的重要设备、材料等的采购达到下列标准之一的，必须招标：（1）施工单项合同估算价在 400 万元人民币以上；（2）重要设备、材料等货物的采购，单项合同估算价在 200 万元人民币以上；（3）勘察、设计、监理等服务的采购，单项合同估算价在 100 万元人民币以上。同一项目中可以合并进行的勘察、设计、施工、监理以及与工程建设有关的重要设备、材料等的采购，合同估算价合计达到以上规定标准的，必须招标。因此本题正确选项为 B。

27. B。本题考核的是行政强制的相关规定。行政强制措施由法律设定；尚未制定法律，且属于国务院行政管理职权事项的，行政法规可以设定除限制公民人身自由、冻结存款、汇款和应当由法律规定的行政强制措施以外的其他行政强制措施；尚未制定法律、行政法规，且属于地方性事务的，地方性法规可以设定查封场所、设施或财物和扣押财物的行政强制措施。故 A 选项错误。法律、法规以外的其他规范性文件不得设定行政强制措施，故 B 选项正确。行政强制措施包括：限制公民人身自由；查封场所、设施或者财物；扣押财物；冻结存款、汇款；其他行政强制措施。故 C 选项错误。行政强制执行包括：加处罚款或者滞纳金；划拨存款、汇款；拍卖或者依法处理查封、扣押的场所、设施或者财物；排除妨碍、恢复原状；代履行；其他强制执行方式。故 D 选项错误。因此本题正确选项为 B。

28. A。本题考核的是二级建造师的执业岗位。二级注册建造师可以承担中、小型工程施工项目负责人。二级建造师可以担任二级及以下建筑业企业资质的建设工程项目施工的项目经理。故 A 选项正确。建造师不仅可以在施工单位担任建设工程施工项目的项目经理，也可以在勘察、设计、监理、招标代理、造价咨询等单位或具有多项上述资质的单位执业，但不能以注册结构工程师等其他注册执业人员名义执业。故 B、C、D 选项错误。因此本题正确选项为 A。

29. A。本题考核的是注销建筑业企业资质的情形。有下列情形之一的，资质许可机关应当依法注销建筑业企业资质，并向社会公布其建筑业企业资质证书作废，企业应当及时将建筑业企业资质证书交回资质许可机关：(1) 资质证书有效期届满，未依法申请延续的；(2) 企业依法终止的；(3) 资质证书依法被撤回、撤销或吊销的；(4) 企业提出注销申请的；(5) 法律、法规规定的应当注销建筑业企业资质的其他情形。因此本题正确选项为 A。

30. D。本题考核的是工程价款的结算。《最高人民法院关于审理建设工程施工合同纠纷案件适用法律问题的解释（二）》规定，当事人就同一建设工程订立的数份建设工程施工合同均无效，但建设工程质量合格，一方当事人请求参照实际履行的合同结算建设工程价款的，人民法院应予支持。实际履行的合同难以确定，当事人请求参照最后签订的合同结算建设工程价款的，人民法院应予支持。当事人签订的建设工程施工合同与招标文件、投标文件、中标通知书载明的工程范围、建设工期、工程质量、工程价款不一致，一方当事人请求将招标文件、投标文件、中标通知书作为结算工程价款的依据的，人民法院应予支持。因此本题正确选项为 D。(注意:《最高人民法院关于审理建设工程施工合同纠纷案件适用法律问题的解释（二）》现已废止)

31. B。本题考核的是施工现场水污染的防治。各类施工作业需要排水的，由建设单位申请领取排水许可证，故 A 选项错误。城镇排水主管部门实施排水许可不得收费，故 B 选项正确。因施工作业需要向城镇排水设施排水的，排水许可证的有效期，由城镇排水主管部门根据排水状况确定，但不得超过施工期，故 C 选项错误。排水户应当按照排水许可证确定的排水类别、总量、时限、排放口位置和数量、排放的污染物项目和浓度等要求排放污水，故 D 选项错误。因此本题正确选项为 B。

32. D。本题考核的是建设工程施工合同的解除。《最高人民法院关于审理建设工程施工合同纠纷案件适用法律问题的解释》规定，承包人具有下列情形之一，发包人请求解除建设工程施工合同的，应予支持：(1) 明确表示或者以行为表明不履行合同主要义务的；(2) 合同约定的期限内没有完工，且在发包人催告的合理期限内仍未完工的；(3) 已经完成的建设工程质量不合格，并拒绝修复的；(4) 将承包的建设工程非法转包、违法分包的。《最高人民法院关于审理建设工程施工合同纠纷案件适用法律问题的解释》规定，发包人具有下列情形之一，致使承包人无法施工，且在催告的合理期限内仍未履行相应义务，承包人请求解除建设工程施工合同的，应予支持：(1) 未按约定支付工程价款的；(2) 提供的主要建筑材料、建筑构配件和设备不符合强制性标准的；(3) 不履行合同约定的协助义务的。因此本题正确选项为 D。(注意:《最高人民法院关于审理建设工程施工合同纠纷案件适用法律问题的解释》现已废止)

33. A。本题考核的是非传统水源利用。《绿色施工导则》关于非传统水源利用的规定如下：(1) 优先采用中水搅拌、中水养护，有条件的地区和工程应收集雨水养护。(2) 处于基坑降水阶段的工地，宜优先采用地下水作为混凝土搅拌用水、养护用水、冲洗用水和部分生活用水。（3）现场机具、设备、车辆冲洗、喷洒路面、绿化浇灌等用水，优先采用非传统水源，尽量不使用市政自来水。（4）大型施工现场，尤其是雨量充沛地区的大型施工现场建立雨水收集利用系统，充分收集自然降水用于施工和生活中适宜的部位。（5）力争施工中非传统水源和循环水的再利用量大于30%。因此本题正确选项为A。

34. C。本题考核的是两阶段招标。对技术复杂或者无法精确拟定技术规格的项目，招标人可以分两阶段进行招标。第一阶段，投标人按照招标公告或者投标邀请书的要求提交不带报价的技术建议，招标人根据投标人提交的技术建议确定技术标准和要求，编制招标文件。第二阶段，招标人向在第一阶段提交技术建议的投标人提供招标文件，投标人按照招标文件的要求提交包括最终技术方案和投标报价的投标文件。实行两阶段招标的，招标人要求投标人提交投标保证金的，应当在第二阶段提出。因此本题正确选项为C。

35. A。本题考核的是以他人名义投标行为的认定。《招标投标法》第33条规定，投标人“不得以他人名义投标或者以其他方式弄虚作假，骗取中标”。《招标投标法实施条例》进一步规定，使用通过受让或者租借等方式获取的资格、资质证书投标的，属于《招标投标法》第33条规定的以他人名义投标。A选项说法符合以他人名义投标。投标人有下列情形之一的，属于《招标投标法》第33条规定的以其他方式弄虚作假的行为：（1）使用伪造、变造的许可证件；（2）提供虚假的财务状况或者业绩；（3）提供虚假的项目负责人或者主要技术人员简历、劳动关系证明；（4）提供虚假的信用状况；（5）其他弄虚作假的行为。故B、C、D选项属于以其他方式弄虚作假的行为。因此本题正确选项为A。

36. C。本题考核的是施工作业人员享有的安全生产权利。《安全生产法》规定，从业人员发现直接危及人身安全的紧急情况时，有权停止作业或者在采取可能的应急措施后撤离作业场所。生产经营单位不得因从业人员在前款紧急情况下停止作业或者采取紧急撤离措施而降低其工资、福利等待遇或者解除与其订立的劳动合同。《建设工程安全生产管理条例》也规定，在施工中发生危及人身安全的紧急情况时，作业人员有权立即停止作业或者在采取必要的应急措施后撤离危险区域。这属于紧急避险权。因此本题正确选项为C。

37. A。本题考核的是施工单位档案资料的提交。《城市建设档案管理规定》规定，建设单位应当在工程竣工验收后3个月内，向城建档案馆报送一套符合规定的建设工程档案。凡建设工程档案不齐全的，应当限期补充。对改建、扩建和重要部位维修的工程，建设单位应当组织设计、施工单位据实修改、补充和完善原建设工程档案。因此本题正确选项为A。

38. A。本题考核的是事故报告及采取相应措施违法行为应承担的法律责任。《安全生产法》规定，生产经营单位的主要负责人在本单位发生生产安全事故时，不立即组织抢救或者在事故调查处理期间擅离职守或者逃匿的，给予降级、撤职的处分，并由安全生产监督管理部门处上一年年收入60%~100%的罚款；对逃匿的处15日以下拘留；构成犯罪的，依照刑法有关规定追究刑事责任。生产经营单位的主要负责人对生产安全事故隐瞒不报、谎报或者迟报的，依照前款规定处罚。因此本题正确选项为A。

39. A。本题考核的是租赁合同的期限。租赁合同可以约定租赁期限，但租赁期限不得超过20年。超过20年的，超过部分无效。租赁期间届满，当事人可以续订租赁合同，但约定的租赁期限自续订之日起不得超过20年。因此本题正确选项为A。

40. B。本题考核的是建设工程质量保修的期限。《建设工程质量管理条例》规定，在正常使用条件下，建设工程的最低保修期限为：（1）基础设施工程、房屋建筑的地基基础工程和主体结构工程，为设计文件规定的该工程的合理使用年限；（2）屋面防水工程、有防水要求的卫生间、房间和外墙面的防渗漏，为5年；（3）供热与供冷系统，为2个采暖期、供冷期；（4）电气管线、给水排水管道、设备安装和装修工程，为2年。其他项目的保修期限由发包方与承包方约定。故A选项错误。如果建设单位与施工单位经平等协商另行签订保修合同的，其保修期限可以高于法定的最低保修期限，但不能低于最低保修期限，否则视作无效。C选项“应当”用词不符合规定。《建设工程质量管理条例》规定，建设工程在超过合理使用年限后需要继续使用的，产权所有人应当委托具有相应资质等级的勘察、设计单位鉴定，并根据鉴定结果采取加固、维修等措施，重新界定使用期。故D选项错误。因此本题正确选项为B。

41. C。本题考核的是劳动合同的履行。用人单位如果变更名称、法定代表人、主要负责人或者投资人等事项，不影响劳动合同的履行。用人单位发生合并或者分立等情况，原劳动合同继续有效，劳动合同由承继其权利和义务的用人单位继续履行。因此本题正确选项为C。

42. C。本题考核的是货运合同的特征。货运合同具有以下法律特征：（1）货运合同是双务、有偿合同；（2）货运合同的标的是运输行为；（3）货运合同是诺成合同；（4）货运合同当事人的特殊性。货运合同的收货人和托运人可以是同一人，但在大多数情况下不是同一人。在第三人为收货人的情况下，收货人虽不是订立合同的当事人，但却是合同的利害关系人。因此本题正确选项为C。

43. C。本题考核的是施工企业的消防安全职责。机关、团体、企业、事业等单位应当履行下列消防安全职责：（1）落实消防安全责任制，制定本单位的消防安全制度、消防安全操作规程，制定灭火和应急疏散预案。（2）按照国家标准、行业标准配置消防设施、器材，设置消防安全标志，并定期组织检验、维修，确保完好有效，故A选项错误。（3）对建筑消防设施每年至少进行一次全面检测，确保完好有效，检测记录应当完整准确，存档备查，故C选项正确。（4）保障疏散通道、安全出口、消防车通道畅通，保证防火防烟分区、防火间距符合消防技术标准。（5）组织防火检查，及时消除火灾隐患。（6）组织进行有针对性的消防演练。（7）法律、法规规定的其他消防安全职责。单位的主要负责人是本单位的消防安全责任人。重点工程的施工现场多定为消防安全重点单位，按照《消防法》的规定，除应当履行所有单位都应当履行的职责外，还应当履行下列消防安全职责：（1）确定消防安全管理人，组织实施本单位的消防安全管理工作。（2）建立消防档案，确定消防安全重点部位，设置防火标志，实行严格管理。（3）实行每日防火巡查，并建立巡查记录，故D选项错误。（4）对职工进行岗前消防安全培训，定期组织消防安全培训和消防演练。对非重点工程未作特别要求，故B选项说法不准确。因此本题正确选项为C。

44. B。本题考核的是合同的解除。合同的解除，是指合同有效成立后，当具备法律规定的合同解除条件时，因当事人一方或双方的意思表示而使合同关系归于消灭的行为。合同解除具有如下特征：（1）合同的解除适用于合法有效的合同，而无效合同、可撤销合同不发生合同解除。（2）合同解除须具备法律规定的条件。非依照法律规定，当事人不得随意解除合同。我国法律规定的合同解除条件主要有约定解除和法定解除。（3）合同解除须有解除的行为。无论哪一方当事人享有解除合同的权利，其必须向对方提出解除合同的意思表示，才能达到合同解除的法律后果。（4）合同解除使合同关系自始消灭或者向将来消灭，可视为当事人之间未发生合同关系，或者合同尚存的权利义务不再履行。因此本题正确选项为B。

45. C。本题考核的是仲裁裁决的作出。仲裁裁决是由仲裁庭作出的具有强制执行效力的法律文书。独任仲裁庭审理的案件由独任仲裁员作出仲裁裁决，合议仲裁庭审理的案件由3名仲裁员集体作出仲裁裁决。裁决也可以按照多数仲裁员的意见作出，少数仲裁员的不同意见可以记入笔录或者附在裁决书后，但该少数意见不构成裁决书的组成部分。仲裁庭无法形成多数意见时，按照首席仲裁员的意见作出。仲裁实行一裁终局制度，当事人不得就已经裁决的事项再行申请仲裁，也不得就此提起诉讼；当事人申请人民法院撤销裁决的，应当依法进行。因此本题正确选项为C。

46. C。本题考核的是在历史文化名城名镇名村保护范围内从事建设活动的相关规定。《历史文化名城名镇名村保护条例》规定，在历史文化名城、名镇、名村保护范围内禁止进行下列活动：(1) 开山、采石、开矿等破坏传统格局和历史风貌的活动；(2) 占用保护规划确定保留的园林绿地、河湖水系、道路等；(3) 修建生产、储存爆炸性、易燃性、放射性、毒害性、腐蚀性物品的工厂、仓库等；(4) 在历史建筑上刻划、涂污。在历史文化名城、名镇、名村保护范围内进行下列活动，应当保护其传统格局、历史风貌和历史建筑；制订保护方案，并依照有关法律、法规的规定办理相关手续：(1) 改变园林绿地、河湖水系等自然状态的活动； (2) 在核心保护范围内进行影视摄制、举办大型群众性活动；(3) 其他影响传统格局、历史风貌或者历史建筑的活动。因此本题正确选项为C。

47. A。本题考核的是投标人相互串通投标的情形。《招标投标法实施条例》规定，禁止投标人相互串通投标。有下列情形之一的，属于投标人相互串通投标：(1) 投标人之间协商投标报价等投标文件的实质性内容；(2) 投标人之间约定中标人；(3) 投标人之间约定部分投标人放弃投标或者中标；(4) 属于同一集团、协会、商会等组织成员的投标人按照该组织要求协同投标；(5) 投标人之间为谋取中标或者排斥特定投标人而采取的其他联合行动。因此本题正确选项为A。

48. B。本题考核的是应急救援的组织实施。应急救援队伍接到有关人民政府及其部门的救援命令或者签有应急救援协议的生产经营单位的救援请求后，应当立即参加生产安全事故应急救援。应急救援队伍根据救援命令参加生产安全事故应急救援所耗费用，由事故责任单位承担；事故责任单位无力承担的，由有关人民政府协调解决。因此本题正确选项为B。

49. D。本题考核的是建筑市场各方主体的信用信息公开期限。建筑市场各方主体的信用信息公开期限为：(1) 基本信息长期公开；(2) 优良信用信息公开期限一般为3年；(3) 不良信用信息公开期限一般为6个月至3年，并不得低于相关行政处罚期限。具体公开期限由不良信用信息的认定部门确定。《建筑市场诚信行为信息管理办法》规定，省、自治区和直辖市建设行政主管部门负责审查整改结果，对整改确有实效的，由企业提出申请，经批准，可缩短其不良行为记录信息公布期限，但公布期限最短不得少于3个月，同时将整改结果列于相应不良行为记录后，供有关部门和社会公众查询；对于拒不整改或整改不力的单位，信息发布部门可延长其不良行为记录信息公布期限。因此本题正确选项为D。(此知识点已过时)

50. D。本题考核的是仲裁裁决的撤销。根据《民事诉讼法》的规定，被申请人提出证据证明裁决有下列情形之一的，经人民法院组成合议庭审查核实，裁定不予执行：(1) 当事人在合同中没有仲裁条款或者事后没有达成书面仲裁协议的；（2）裁决的事项不属于仲裁协议的范围或者仲裁机构无权仲裁的；（3）仲裁庭的组成或者仲裁的程序违反法定程序的；（4）裁决所根据的证据是伪造的；（5）对方当事人向仲裁机构隐瞒了足以影响公正裁决的证据的；（6）仲裁员在仲裁该案时有索贿受贿、徇私舞弊、枉法裁决行为的。此外，人民法院认定执行该裁决违背社会公共利益的，裁定不予执行。A 选项错误。当事人提出证据证明裁决有上述情形之一的，可以向仲裁委员会所在地的中级人民法院申请撤销裁决。故 D 选项正确。此外，人民法院认定该裁决违背社会公共利益的，应当裁定撤销。当事人申请撤销裁决的，应当在收到裁决书之日起 6 个月内提出。故 B 选项错误。仲裁裁决被人民法院依法撤销后，当事人之间的纠纷并未解决。根据《仲裁法》的规定，当事人就该纠纷可以根据双方重新达成的仲裁协议申请仲裁，也可以向人民法院起诉。故 C 选项错误。因此本题正确选项为 D。

51. B。本题考核的是建设工程暂估价。《招标投标法实施条例》规定，招标人可以依法对工程以及与工程建设有关的货物、服务全部或者部分实行总承包招标。以暂估价形式包括在总承包范围内的工程、货物、服务属于依法必须进行招标的项目范围且达到国家规定规模标准的，应当依法进行招标。以上所称暂估价，是指总承包招标时不能确定价格而由招标人在招标文件中暂时估定的工程、货物、服务的金额。因此本题正确选项为 B。

52. D。本题考核的是项目负责人的安全生产责任。项目负责人是工程项目质量安全管理的第一责任人，应对工程项目落实带班制度负责，故 D 选项正确。建筑施工企业负责人要定期带班检查，每月检查时间不少于其工作日的 25%。工程项目进行超过一定规模的危险性较大的分部分项工程施工时，建筑施工企业负责人应到施工现场进行带班检查。工程项目出现险情或发现重大隐患时，建筑施工企业负责人应到施工现场带班检查，督促工程项目进行整改，及时消除险情和隐患。A 选项属于建筑施工企业负责人的安全生产责任。项目负责人每月带班生产时间不得少于本月施工时间的 80%。故 B、C 选项错误。因此本题正确选项为 D。

53. C。本题考核的是侵权纠纷的相关知识。侵权纠纷，是指一方当事人不法侵害他人财产权或者人身权而产生的纠纷。建设工程领域常见的侵权纠纷，如施工中造成对他人财产或者人身损害而产生的侵权纠纷，未经许可使用他人的专利、工法等而造成的知识产权侵权纠纷等。故 C 选项属于侵权纠纷。合同纠纷，是指因合同的生效、解释、履行、变更、终止等行为而引起的合同当事人之间的所有争议。建设工程合同纠纷主要有工程咨询合同纠纷、工程总承包合同纠纷、工程勘察合同纠纷、工程设计合同纠纷、工程施工合同纠纷、工程监理合同纠纷、工程分包合同纠纷、材料设备采购合同纠纷等。A、B、D 选项都属于合同纠纷。因此本题正确选项为 C。

54. D。本题考核的是建造师不予注册的情形。《注册建造师管理规定》规定，申请人有下列情形之一的，不予注册：（1）不具有完全民事行为能力的；（2）申请在两个或者两个以上单位注册的；（3）未达到注册建造师继续教育要求的；（4）受到刑事处罚，刑事处罚尚未执行完毕的；（5）因执业活动受到刑事处罚，自刑事处罚执行完毕之日起至申请注册之日止不满 5 年的；（6）因前项规定以外的原因受到刑事处罚，自处罚决定之日起至申请注册之日止不满 3 年的；（7）被吊销注册证书，自处罚决定之日起至申请注册之日止不满 2 年的；（8）在申请注册之日前 3 年内担任项目经理期间，所负责项目发生过重大质量和安全事故的；（9）申请人的聘用单位不符合注册单位要求的；（10）年龄超过 65 周岁的；（11）法律、法规规定不予注册的其他情形。因此本题正确选项为D。

55. D。本题考核的是建设工程民事责任的主要承担方式。当建设工程施工合同无效、被撤销后，应当返还财产。执行返还财产的方式是折价返还，即承包人已经施工完成的工程，发包人按照“折价返还”的规则支付工程价款。主要是两种方式：一是参照无效合同中的约定价款；二是按当地市场价、定额量据实结算。因此本题正确选项为D。

56. C。本题考核的是施工企业违法行为应承担的法律责任。《建筑法》规定，建筑施工企业在施工中偷工减料的，使用不合格的建筑材料、建筑构配件和设备的，或者有其他不按照工程设计图纸或者施工技术标准施工的行为的，责令改正，处以罚款；情节严重的，责令停业整顿，降低资质等级或者吊销资质证书；造成建筑工程质量不符合规定的质量标准的，负责返工、修理，并赔偿因此造成的损失；构成犯罪的，依法追究刑事责任。吊销营业执照的权限在市场监督管理部门，住房城乡建设部门没有此权利。因此本题正确选项为C。

57. B。本题考核的是开工日期的确定。《最高人民法院关于审理建设工程施工合同纠纷案件适用法律问题的解释（二）》规定，当事人对建设工程开工日期有争议的，人民法院应当分别按照以下情形予以认定：（1）开工日期为发包人或者监理人发出的开工通知载明的开工日期；开工通知发出后，尚不具备开工条件的，以开工条件具备的时间为开工日期；因承包人原因导致开工时间推迟的，以开工通知载明的时间为开工日期。（2）承包人经发包人同意已经实际进场施工的，以实际进场施工时间为开工日期。（3）发包人或者监理人未发出开工通知，亦无相关证据证明实际开工日期的，应当综合考虑开工报告、合同、施工许可证、竣工验收报告或者竣工验收备案表等载明的时间，并结合是否具备开工条件的事实，认定开工日期。因此本题正确选项为B。（注意：《最高人民法院关于审理建设工程施工合同纠纷案件适用法律问题的解释（二）》现已废止）

58. A。本题考核的是承揽业务不良行为的认定标准。承揽业务不良行为认定标准包括：（1）利用向发包单位及其工作人员行贿、提供回扣或者给予其他好处等不正当手段承揽业务的；（2）相互串通投标或与招标人串通投标的，以向招标人或评标委员会成员行贿的手段谋取中标的；（3）以他人名义投标或以其他方式弄虚作假，骗取中标的；（4）不按照与招标人订立的合同履行义务，情节严重的；（5）将承包的工程转包或违法分包的。因此本题正确选项为A。

59. D。本题考核的是施工企业取得安全生产许可证应具备的条件。《建筑施工企业安全生产许可证管理规定》规定，建筑施工企业取得安全生产许可证，应当具备12项安全生产条件：（1）建立、健全安全生产责任制，制定完备的安全生产规章制度和操作规程；（2）保证本单位安全生产条件所需资金的投入；（3）设置安全生产管理机构，按照国家有关规定配备专职安全生产管理人员；（4）主要负责人、项目负责人、专职安全生产管理人员经建设主管部门或者其他有关部门考核合格；（5）特种作业人员经有关业务主管部门考核合格，取得特种作业操作资格证书；（6）管理人员和作业人员每年至少进行1次安全生产教育培训并考核合格；（7）依法参加工伤保险，依法为施工现场从事危险作业的人员办理意外伤害保险，为从业人员交纳保险费；（8）施工现场的办公、生活区及作业场所和安全防护用具、机械设备、施工机具及配件符合有关安全生产法律、法规、标准和规程的要求；（9）有职业危害防治措施，并为作业人员配备符合国家标准或者行业标准的安全防护用具和安全防护服装；（10）有对危险性较大的分部分项工程及施工现场易发生重大事故的部位、环节的预防、监控措施和应急预案；（11）有生产安全事故应急救援预案、应急救援组织或者应急救援人员，配备必要的应急救援器材、设备；（12）法律、法规规定的其他条件。因此本题正确选项为 D。

60. B。本题考核的是劳动合同试用期。以完成一定工作任务为期限的劳动合同或者劳动合同期限不满 3 个月的，不得约定试用期。试用期包含在劳动合同期限内。劳动合同仅约定试用期的，试用期不成立，该期限为劳动合同期限。故 A、C 选项错误。劳动合同期限 3 个月以上不满 1 年的，试用期不得超过 1 个月，故 D 选项错误。劳动合同期限 1 年以上不满 3 年的，试用期不得超过 2 个月；3 年以上固定期限和无固定期限的劳动合同，试用期不得超过 6 个月。同一用人单位与同一劳动者只能约定 1 次试用期。故 B 选项正确。因此本题正确选项为 B。

二、多项选择题

61. A、C、D；	62. A、B、D、E；	63. A、C、E；
64. A、B、E；	65. B、C、D、E；	66. A、B、C；
67. A、C、D；	68. A、B、D；	69. A、B、E；
70. A、C、E；	71. B、C、D、E；	72. C、D、E；
73. B、D；	74. A、B、D；	75. A、B、C；
76. C、E；	77. B、C、D、E；	78. A、D、E；
79. B、C、D；	80. A、B、D、E。	

【解析】

61. A、C、D。本题考核的是质量保修书的内容。《建设工程质量管理条例》规定，建设工程承包单位在向建设单位提交工程竣工验收报告时，应当向建设单位出具质量保修书。质量保修书中应当明确建设工程的保修范围、保修期限和保修责任等。因此本题正确选项为 A、C、D。

62. A、B、D、E。本题考核的是建设工程无效施工合同的主要情形。《最高人民法院关于审理建设工程施工合同纠纷案件适用法律问题的解释》规定，建设工程施工合同具有下列情形之一的，应当根据《合同法》第 52 条第 5 项的规定（即违反法律、行政法规的强制性规定），认定无效：（1）承包人未取得建筑施工企业资质或者超越资质等级的；（2）没有资质的实际施工人借用有资质的建筑施工企业名义的；（3）建设工程必须进行招标而未招标或者中标无效的。承包人非法转包、违法分包建设工程或者没有资质的实际施工人借用有资质的建筑施工企业名义与他人签订建设工程施工合同的行为无效。因此本题正确选项为 A、B、D、E。（注意：《最高人民法院关于审理建设工程施工合同纠纷案件适用法律问题的解释》现已废止）

63. A、C、E。本题考核的是共同承包。《建筑法》规定，大型建筑工程或者结构复杂的建筑工程，可以由两个以上的承包单位联合共同承包。中小型或结构不复杂的工程，则无需采用共同承包方式，完全可由一家承包单位独立完成。故 A 选项正确。《建筑法》规定，两个以上不同资质等级的单位实行联合共同承包的，应当按照资质等级低的单位的业务许可范围承揽工程，故 B 选项错误。共同承包是指由两个以上具备承包资格的单位共同组成非法人的联合体，以共同的名义对工程进行承包的行为，故 C 选项正确。《招标投标法》规定，联合体中标的，联合体各方应当共同与招标人签订合同，就中标项目向招标人承担连带责任，故D选项错误。《建筑法》也规定，共同承包的各方对承包合同的履行承担连带责任，故E选项正确。因此本题正确选项为A、C、E。

64. A、B、E。本题考核的是法的效力层级。法的效力层级包括：（1）宪法至上；（2）上位法优于下位法；（3）特别法优于一般法；（4）新法优于旧法；（5）需要由有关机关裁决适用的特殊情况。因此本题正确选项为A、B、E。

65. B、C、D、E。本题考核的是禁止夜间进行产生环境噪声污染施工作业的规定。在城市市区噪声敏感建筑物集中区域内，禁止夜间进行产生环境噪声污染的建筑施工作业，但抢修、抢险作业和因生产工艺上要求或者特殊需要必须连续作业的除外。因特殊需要必须连续作业的，必须有县级以上人民政府或者其有关主管部门的证明。以上规定的夜间作业，必须公告附近居民。因此本题正确选项为B、C、D、E。

66. A、B、C。本题考核的是买卖合同中标的物的瑕疵担保。出卖人的瑕疵担保义务，可分为权利瑕疵担保义务和物的瑕疵担保义务。（1）权利瑕疵担保义务：《合同法》规定，出卖人就交付的标的物负有保证第三人不向买受人主张任何权利的义务，但法律另有规定的除外。如果出卖人对于出卖的标的物没有所有权或处分权，或者没有完全的所有权或处分权，或者其处分涉及第三人的物权、知识产权等权益，则称其标的物存在权利瑕疵，出卖人因此应当承担权利瑕疵担保责任。A、B、C选项属于权利瑕疵担保义务。（2）物的瑕疵担保义务：物的瑕疵担保义务，是指出卖人就其所交付的标的物具备约定或法定品质所负有的担保义务。出卖人必须保证标的物转移于买受人之后，具有约定或法定的品质。就是说，出卖人应当按照约定的质量要求交付标的物。D、E选项属于物的瑕疵担保义务。因此本题正确选项为A、B、C。

67. A、C、D。本题考核的是劳动合同的解除。《劳动合同法》第39条规定，劳动者有下列情形之一的，用人单位可以解除劳动合同：（1）在试用期间被证明不符合录用条件的；（2）严重违反用人单位的规章制度的；（3）严重失职，营私舞弊，给用人单位造成重大损害的；（4）劳动者同时与其他用人单位建立劳动关系，对完成本单位的工作任务造成严重影响，或者经用人单位提出，拒不改正的；（5）因《劳动合同法》第26条第1款第1项规定的情形致使劳动合同无效的；（6）被依法追究刑事责任的。A、C、D选项属于用人单位可以直接解除的情形。《劳动合同法》第40条规定，有下列情形之一的，用人单位提前30日以书面形式通知劳动者本人或者额外支付劳动者1个月工资后，可以解除劳动合同：（1）劳动者患病或者非因工负伤，在规定的医疗期满后不能从事原工作，也不能从事由用人单位另行安排的工作的；（2）劳动者不能胜任工作，经过培训或者调整工作岗位，仍不能胜任工作的；（3）劳动合同订立时所依据的客观情况发生重大变化，致使劳动合同无法履行，经用人单位与劳动者协商，未能就变更劳动合同内容达成协议的。B、E选项属于需要提前通知或者额外支付工资后才能解除的情形。因此本题正确选项为A、C、D。

68. A、B、D。本题考核的是抵押权的设立。当事人以下列财产抵押的，应当办理抵押登记，抵押权自登记时设立：（1）建筑物和其他土地附着物；（2）建设用地使用权；（3）以招标、拍卖、公开协商等方式取得的荒地等土地承包经营权；（4）正在建造的建筑物。C、E选项属于应当办理抵押登记，抵押权自登记时设立的情形。当事人以下列财产抵押的，抵押权自抵押合同生效时设立，未经登记，不得对抗善意第三人：（1）生产设备、原材料、半成品、产品；（2）交通运输工具；（3）正在建造的船舶、航空器。A、B、D选项属于自抵押合同生效时设立的情形。因此本题正确选项为A、B、D。

69. A、B、E。本题考核的是列入拖欠工资“黑名单”的情形。《拖欠农民工工资“黑名单”管理暂行办法》规定，用人单位存在下列情形之一的，人力资源社会保障行政部门应当自查处违法行为并作出行政处理或处罚决定之日起20个工作日内，按照管辖权限将其列入拖欠工资“黑名单”：(1) 克扣、无故拖欠农民工工资报酬，数额达到认定拒不支付劳动报酬罪数额标准的；(2) 因拖欠农民工工资违法行为引发群体性事件、极端事件造成严重不良社会影响的。将劳务违法分包、转包给不具备用工主体资格的组织和个人造成拖欠农民工工资且符合前款规定情形的，应将违法分包、转包单位及不具备用工主体资格的组织和个人一并列入拖欠工资“黑名单”。注意C、D选项需要达到“违法行为引发群体性事件、极端事件造成严重不良社会影响的”才可以列入“黑名单”。因此本题正确选项为A、B、E。

70. A、C、E。本题考核的是投标保证金。《招标投标法实施条例》规定，招标人在招标文件中要求投标人提交投标保证金的，投标保证金不得超过招标项目估算价的2%。投标保证金有效期应当与投标有效期一致。招标人不得挪用投标保证金。《工程建设项目施工招标投标办法》进一步规定，投标保证金不得超过项目估算价的2%，但最高不得超过80万元人民币。招标人终止招标，已经收取投标保证金的，招标人应当及时退还所收取的投标保证金及银行同期存款利息。投标人撤回已提交的投标文件，招标人已收取投标保证金的，应当自收到投标人书面撤回通知之日起5日内退还。投标截止后投标人撤销投标文件的，招标人可以不退还投标保证金。招标人最迟应当在书面合同签订后5日内向中标人和未中标的投标人退还投标保证金及银行同期存款利息。因此本题正确选项为A、C、E。

71. B、C、D、E。本题考核的是可以不进行招标的建设工程项目。《招标投标法》规定，涉及国家安全、国家秘密、抢险救灾或者属于利用扶贫资金实行以工代赈、需要使用农民工等特殊情况，不适宜进行招标的项目，按照国家有关规定可以不进行招标。《招标投标法实施条例》还规定，除《招标投标法》规定可以不进行招标的特殊情况外，有下列情形之一的，可以不进行招标：(1) 需要采用不可替代的专利或者专有技术；(2) 采购人依法能够自行建设、生产或者提供；(3) 已通过招标方式选定的特许经营项目投资人依法能够自行建设、生产或者提供；(4) 需要向原中标人采购工程、货物或者服务，否则将影响施工或者功能配套要求；(5) 国家规定的其他特殊情形。因此本题正确选项为B、C、D、E。

72. C、D、E。本题考核的是中标。《招标投标法实施条例》规定，依法必须进行招标的项目，招标人应当自收到评标报告之日起3日内公示中标候选人，公示期不得少于3日。故A选项错误。中标人确定后，招标人应当向中标人发出中标通知书，并同时将中标结果通知所有未中标的投标人。故B选项错误，D选项正确。在确定中标人前，招标人不得与投标人就投标价格、投标方案等实质性内容进行谈判。故C选项正确。中标通知书对招标人和中标人具有法律效力。中标通知书发出后，招标人改变中标结果的，或者中标人放弃中标项目的，应当依法承担法律责任。故E选项正确。因此本题正确选项为C、D、E。

73. B、D。本题考核的是“挂证”行为的认定。《关于做好工程建设领域专业技术人员职业资格“挂证”等违法违规行为专项整治工作的补充通知》规定，对实际工作单位与注册单位一致，但社会保险缴纳单位与注册单位不一致的人员，以下6类情形，原则上不认定为“挂证”行为：(1) 达到法定退休年龄正式退休和依法提前退休的；(2) 因事业单位改制等原因保留事业单位身份，实际工作单位为所在事业单位下属企业，社会保险由该事业单位缴纳的；（3）属于大专院校所属勘察设计、工程监理、工程造价单位聘请的本校在职教师或科研人员，社会保险由所在院校缴纳的；（4）属于军队自主择业人员的；（5）因企业改制、征地拆迁等买断社会保险的；（6）有法律法规、国家政策依据的其他情形。因此本题正确选项为 B、D。

74. A、B、D。本题考核的是劳务派遣。劳务派遣（又称劳动力派遣、劳动派遣或人才租赁），是指依法设立的劳务派遣单位与劳动者订立劳动合同，依据与接受劳务派遣单位（即实际用工单位）订立的劳务派遣协议，将劳动者派遣到实际用工单位工作，由派遣单位向劳动者支付工资、福利及社会保险费用，实际用工单位提供劳动条件并按照劳务派遣协议支付用工费用的新型用工方式。其显著特征是劳动者的聘用与使用分离。故 A 选项正确。经营劳务派遣业务，应当向劳动行政部门依法申请行政许可；经许可的，依法办理相应的公司登记。未经许可，任何单位和个人不得经营劳务派遣业务。故 B 选项正确。劳务派遣用工是补充形式，只能在临时性、辅助性或者替代性的工作岗位上实施。故 D 选项正确。劳务派遣单位与被派遣劳动者应当订立劳动合同。故 C 选项错误。劳务派遣单位应当与被派遣劳动者订立 2 年以上的固定期限劳动合同，按月支付劳动报酬；被派遣劳动者在无工作期间，劳务派遣单位应当按照所在地人民政府规定的最低工资标准，向其按月支付报酬。故 E 选项错误。因此本题正确选项为 A、B、D。

75. A、B、C。本题考核的是授予专利权的发明和实用新型应当具备的条件。授予专利权的发明和实用新型，应当具备新颖性、创造性和实用性。新颖性是指该发明或者实用新型不属于现有技术，也没有任何单位或者个人就同样的发明或者实用新型在申请日以前向国务院专利行政主管部门提出过申请，并记载在申请日以后公布的专利申请文件或者公告的专利文件中。创造性是指与现有技术相比，该发明或者该实用新型具有突出的实质性特点和显著的进步。所谓现有技术，是指申请日以前在国内外为公众所知的技术。实用性是指该发明或者实用新型能够制造或者使用，并且能够产生积极效果。取得专利权的发明或者实用新型必须是能够应用于生产领域的，而不能是纯理论的。因此本题正确选项为 A、B、C。

76. C、E。本题考核的是劳动争议范围。《最高人民法院关于审理劳动争议案件适用法律若干问题的解释（二）》规定，下列纠纷不属于劳动争议：（1）劳动者请求社会保险经办机构发放社会保险金的纠纷；（2）劳动者与用人单位因住房制度改革产生的公有住房转让纠纷；（3）劳动者对劳动能力鉴定委员会的伤残等级鉴定结论或者对职业病诊断鉴定委员会的职业病诊断鉴定结论的异议纠纷；（4）家庭或者个人与家政服务人员之间的纠纷；（5）个体工匠与帮工、学徒之间的纠纷；（6）农村承包经营户与受雇人之间的纠纷。因此本题正确选项为 C、E。（注意：《最高人民法院关于审理劳动争议案件适用法律若干问题的解释（二）》现已废止）

77. B、C、D、E。本题考核的是建设工程竣工验收应具备的条件。建设工程竣工验收应当具备下列条件：（1）完成建设工程设计和合同约定的各项内容；（2）有完整的技术档案和施工管理资料；（3）有工程使用的主要建筑材料、建筑构配件和设备的进场试验报告；（4）有勘察、设计、施工、工程监理等单位分别签署的质量合格文件；（5）有施工单位签署的工程保修书。建设工程经验收合格的，方可交付使用。因此本题正确选项为 B、C、D、E。

78. A、D、E。本题考核的是物权的种类。物权包括所有权、用益物权和担保物权。因此本题正确选项为 A、D、E。

79. B、C、D。本题考核的是诉讼时效期间。诉讼时效期间种类有：（1）普通诉讼时效，即向人民法院请求保护民事权利的期间。普通诉讼时效期间通常为 3 年。（2）特殊诉讼时效。（3）权利的最长保护期限。故 A 选项错误。超过诉讼时效期间，在法律上发生的效力是权利人的胜诉权消灭。故 B 选项正确。诉讼时效期间届满后，义务人同意履行的，不得以诉讼时效期间届满为由抗辩；义务人已自愿履行的，不得请求返还。人民法院不得主动适用诉讼时效的规定。故 C 选项正确。当事人未提出诉讼时效抗辩，法院不应对诉讼时效问题进行释明及主动适用诉讼时效的规定进行裁判。当事人违反法律规定，约定延长或者缩短诉讼时效期间、预先放弃诉讼时效利益的，法院不予认可故。D 选项正确。超过诉讼时效期间权利人起诉，如果符合《民事诉讼法》规定的起诉条件，法院仍然应当受理。如果法院经受理后查明无中止、中断、延长事由的，裁定驳回诉讼请求。故 E 选项错误。因此本题正确选项为 B、C、D。

80. A、B、D、E。本题考核的是不得出租、使用的建筑起重机械。有下列情形之一的建筑起重机械，不得出租、使用：（1）属国家明令淘汰或者禁止使用的；（2）超过安全技术标准或者制造厂家规定的使用年限的；（3）经检验达不到安全技术标准规定的；（4）没有完整安全技术档案的；（5）没有齐全有效的安全保护装置的。因此本题正确选项为 A、B、D、E。

2019 年度全国二级建造师执业资格考试

《建设工程法规及相关知识》

真题及解析

2019年度《建设工程法规及相关知识》真题

一、单项选择题（共60题，每题1分。每题的备选项中，只有1个最符合题意）

1. 关于法人应当具备条件的说法，正确的是（　　）。

A. 须经有关机关批准　　B. 有技术负责人

C. 承担有限民事责任　　D. 应当有自己的名称和组织机构

2. 甲施工企业与乙签订了机动车买卖合同，该车辆所有权自（　　）时发生移转。

A. 交付　　B. 合同成立

C. 合同生效　　D. 车辆完成登记

3. 关于建设用地使用权的说法，正确的是（　　）。

A. 建设用地使用权存在于国家所有和集体所有的土地上

B. 建设用地使用权的设立可以采取转让方式

C. 建设用地使用权流转时，附着于该土地上的建筑物、构筑物及附属设施应一并处分

D. 建设用地使用权期间届满的，自动续期

4. 在施工合同中，就施工行为而言，债权人是（　　）。

A. 建设单位　　B. 设计单位

C. 施工企业　　D. 监理单位

5. 关于商标专用权的说法，正确的是（　　）。

A. 商标专用权是一种有形财产权

B. 转让注册商标的，由转让人向商标局提出申请

C. 注册商标的有效期为10年

D. 商标专用权的有效期自提出申请之日起计算

6. 某企业以依法可以转让的股份作为担保向某银行贷款，确保按期还贷。此担保方式属于（　　）担保。

A. 保证　　B. 质押

C. 抵押　　D. 留置

7. 某建设单位与某施工企业签订了施工合同，约定开工日期为2018年5月10日，并于5月15日与保险公司签订了建筑工程一切险保险合同。同年7月20日施工企业将建筑材料运至工地。实际开工日期为同年8月10日。该建筑工程一切险保险责任的起始日期为（　　）。

A. 2018年5月10日　　B. 2018年5月15日

C. 2018年7月20日　　D. 2018年8月10日

8. 关于效力待定合同的说法，正确的是（　　）。

A. 善意相对人对合同有追认权

B. 限制民事行为能力人签订的纯获利益的合同，无需追认

C. 权利人有撤销的权利

D. 撤销应当向人民法院或仲裁机构申请

9. 下列可视为投标人相互串通投标的是（　　）。

A. 投标人之间约定中标人

B. 投标人之间约定部分投标人放弃投标

C. 不同投标人的投标文件相互混装

D. 投标人以弄虚作假方式骗取中标

10. 关于建筑施工企业安全生产许可证的说法，正确的是（　　）。

A. 建筑施工企业变更法定代表人，应当办理安全生产许可证的变更手续

B. 安全生产许可证有效期可以自动延期

C. 安全生产许可证延期后的有效期短于原有效期

D. 建筑施工企业变更地址，安全生产许可证无须办理变更手续

11. 负有安全生产监督管理职责的部门依法采取停止供电措施，除有危及生产安全的紧急情形外，应当提前（　　）通知生产经营单位。

A. 12 小时　　B. 36 小时

C. 24 小时　　D. 48 小时

12. 某施工企业的下列工作人员中，有权要求公司签订无固定期限合同的是（　　）。

A. 张某在该企业连续工作满 8 年

B. 李某与该企业已经连续订立 2 次固定期限劳动合同，但因工负伤不能从事原工作

C. 王某到该企业工作 2 年，并被董事会任命为总经理

D. 赵某在该企业累计工作了 12 年，但中间曾离开过企业

13. 某建设工程承包人在工程完工后于 2 月 1 日提交了竣工验收报告，发包人未组织验收；3 月 1 日工程由发包人接收；4 月 1 日承包人提交了结算文件，发包人迟迟未予结算；6 月 1 日，承包人起诉至人民法院。该工程应付款时间为（　　）。

A. 3 月 1 日　　B. 2 月 1 日

C. 4 月 1 日　　D. 6 月 1 日

14. 施工合同当事人向人民法院主张的诉讼请求中，可以得到支持的是（　　）。

A. 解除合同并赔偿损失　　B. 继续履行并解除合同

C. 支付违约金和双倍返还定金　　D. 确认合同无效并支付违约金

15. 关于建设工程见证取样的说法，正确的是（　　）。

A. 施工人员对工程涉及结构安全的试块、试件和材料，应当在建设单位或工程监理单位监督下现场取样

B. 取样人员和见证人员应当在试样或其包装上作出标识、封志

C. 墙体保温材料应当根据建设单位的实际需要决定是否实施见证取样和送检

D. 见证人员应当由施工企业中具备施工试验知识的专业技术人员担任

16. 某施工企业对某市辖区建筑工程质量监督站以该区建设行政主管部门名义作出的通报批评结果不服而申请复议，该复议可以向（　　）提出。

A. 市质量监督站　　B. 区质量监督站

C. 市建设行政主管部门　　D. 区建设行政主管部门

17. 关于工程质量检测的说法，正确的是（　　）。

A. 检测机构是具有独立法人资格的非营利中介机构

B. 检测机构不得与建设单位有隶属关系

C. 检测人员可以同时受聘于两个或两个以上的检测机构

D. 检测人员、检测机构法定代表人或其授权签字人都必须在检测报告上签字

18. 根据《生产安全事故报告和调查处理条例》，事故发生后，因特殊情况需要移动安全事故现场物件，应当符合的条件是（　　）。

A. 经现场物件所有权人同意　　B. 记忆现场物件的位置信息

C. 防止事故扩大的需要　　D. 不造成任何其他损失

19. 关于有效投标价格的说法，正确的是（　　）。

A. 投标报价低于成本　　B. 投标报价高于最高投标限价

C. 投标人提供备选价格　　D. 投标报价高于其他投标人报价

20. 某政府工程建设项目发、承包双方围绕工程结算款经多次协商也未能达成一致意见，承包人诉诸法院，上述纠纷属于（　　）。

A. 行政纠纷　　B. 民事纠纷

C. 刑事纠纷　　D. 程序纠纷

21. 关于注册建造师延续注册的说法，正确的是（　　）。

A. 延续注册有效期为 3 年

B. 延续注册申请应当在注册有效期满前 3 个月内提出

C. 申请延续注册只需要提供原注册证书

D. 延续注册执业期间不能申请变更注册

22. 根据《房屋建筑工程和市政基础设施工程实行见证取样和送检的规定》，涉及结构安全的试块、试件和材料见证取样和送检的最低比例是有关技术标准中规定应取样数量的（　　）。

A. 20%　　B. 30%

C. 25%　　D. 40%

23. 关于货运中的多式联运的说法，正确的是（　　）。

A. 多式联运经营人对全程运输承担义务

B. 指两个以上承运人以同一运输方式联运

C. 多式联运单据不可以转让

D. 区段承运人与订立合同的承运人对区段运输负连带责任

24. 甲与某施工企业于 2018 年 6 月 1 日签订了 3 年的劳动合同，其中约定试用期 3 个月，次日合同开始履行。2018 年 10 月 12 日，甲拟解除劳动合同，则（　　）。

A. 必须取得用人单位同意

B. 口头通知用人单位即可

C. 应当提前 30 日以书面形式通知用人单位

D. 应当报请劳动行政主管部门同意后以书面形式通知用人单位

25. 最高额抵押的主合同债权不得转让，这属于（　　）。

A. 法律规定不得转让　　B. 因未办理相应手续而不发生法律效力

C. 从权利随同主权利转让　　D. 抗辩权的行使

26. 合同债权人免除对方的债务，可以导致合同（　　）。

A. 解除　　B. 被追认

C. 未成立　　　　　　　　　　　　D. 权利义务终止

27. 下列不良行为中，属于施工企业资质不良行为的是（　　）。

A. 不按照与招标人订立的合同履行义务，情节严重的

B. 将承包的工程转包或违法分包的

C. 允许其他单位或个人以本企业名义承揽工程

D. 未按照节能设计进行施工的

28. 根据《绿色施工导则》，四节一环保中的“四节”是指（　　）。

A. 节工、节材、节机、节能　　　　B. 节水、节电、节气、节时

C. 节电、节材、节工、节水　　　　D. 节能、节地、节水、节材

29. 因设计优化使得施工总承包项目现场暂时停止施工的，增加的现场防护费用由（　　）承担。

A. 建设单位　　　　　　　　　　B. 设计单位

C. 总承包单位　　　　　　　　　D. 分包单位

30. 在买卖合同中，标的物在订立合同之前已为买受人占有，合同生效即视为完成交付的方式，称为（　　）。

A. 拟制交付　　　　　　　　　　B. 简易交付

C. 占有改定　　　　　　　　　　D. 现实交付

31. 根据《建筑工程施工质量验收统一标准》，关于建筑节能分部工程验收的说法，正确的是（　　）。

A. 节能工程的检验批验收应当由总监理工程师主持，施工企业相关专业的质量检查员与施工员参加

B. 工程使用的建筑构配件未提供相关节能性检测报告的，监理单位不得组织节能工程验收

C. 节能分部工程验收应当由监理工程师主持，施工企业的项目经理、项目技术负责人参加

D. 参加验收各方主体验收意见不一致的，建筑节能工程验收以监理单位的意见为准

32. 关于可撤销合同撤销权的说法，正确的是（　　）。

A. 因欺诈致使对方意思不真实，构成撤销事由

B. 可以使尚未成立的合同归于无效

C. 撤销权的行使应当以通知的方式作出

D. 当事人不得自行放弃撤销权

33. 合同权利转让未通知债务人，则（　　）。

A. 转让合同无效　　　　　　　　B. 对债务人不发生效力

C. 推定为未转让　　　　　　　　D. 抗辩权发生转移

34. 关于建设工程依法实行工程监理的说法，正确的是（　　）。

A. 建设单位应当委托该工程的设计单位进行工程监理

B. 工程监理单位不能与建设单位有隶属关系

C. 工程监理单位不能与该工程的设计单位有利害关系

D. 建设单位应当委托具有相应资质等级的工程监理单位进行监理

35. 建设工程应当自领取施工许可证之日起（　　）个月内开工。

A. 1　　　　　　　　　　　　　B. 2

C. 3　　　　　　　　　　　　　D. 6

36. 根据《建筑业企业资质管理规定》，建筑业企业资质分为（　　）三个序列。

A. 特级、一级、二级

B. 施工总承包、专业承包、施工劳务资质

C. 工程总承包、施工总承包、施工分包承包资质

D. 甲级、乙级、丙级

37. 根据《建筑施工企业负责人及项目负责人施工现场带班暂行办法》，属于建筑施工企业负责人的是（　　）。

A. 实际控制人　　B. 副总工程师

C. 主管经营的副总经理　　D. 项目经理

38. 根据《生产安全事故应急预案管理办法》，关于应急预案评审的说法，正确的是（　　）。

A. 建设单位应当对施工企业编制的应急预案进行评审

B. 评审人员由经济、技术方面的专家组成

C. 施工企业专职安全管理人员可作为评审人员

D. 评审活动应当形成书面评审纪要

39. 在建设工程施工过程中，关于施工节材的说法，正确的是（　　）。

A. 应当使用散装水泥　　B. 应当使用预拌混凝土

C. 禁止损毁耕地烧砖　　D. 禁止远距离采购建筑材料

40. 下列管辖不是《民事诉讼法》规定的民事案件管辖的是（　　）。

A. 级别管辖　　B. 地域管辖　　C. 仲裁管辖　　D. 移送管辖

41. 在施工合同中，当事人对垫资利息未作约定，则（　　）。

A. 按照年利率24%计息

B. 利息不予支持

C. 按照中国人民银行同期同类贷款利率计息

D. 垫资不予返还

42. 根据《建筑施工企业主要负责人、项目负责人和专职安全生产管理人员安全生产管理规定》，属于项目负责人安全生产职责的是（　　）。

A. 建立项目安全生产管理体系　　B. 建立安全生产管理制度

C. 监控分部分项工程　　D. 及时报告质量问题

43. 根据《刑法》，下列刑事责任中，属于主刑的是（　　）。

A. 罚金　　B. 没收财产

C. 拘役　　D. 驱除出境

44. 关于履约保证金的说法，正确的是（　　）。

A. 履约保证金不得低于中标合同金额的10%

B. 中标人不履行与招标人订立的合同的，履约保证金不予退还，给招标人造成的损失超过履约保证金数额的，对超过部分不予赔偿

C. 施工企业不得以银行保函或担保公司保函的形式，向建设单位提供履约担保

D. 招标文件要求中标人提交履约保证金的，中标人应当提交

45. 采取弄虚作假等手段取得《注册建造师继续教育证书》的，一经发现，立即（　　）。

A. 取消当事人继续教育记录，记入不良信用记录，对社会公布

B. 撤销当事人注册证书

C. 撤销当事人建造师资格证书

D. 处以罚款

46. 根据《文物保护法》，属于受国家保护的文物的是（　　）。

A. 与历史事件有关的史迹　　B. 具有历史价值的壁画

C. 古脊椎动物化石　　D. 古人类化石

47. 关于工程建设国家标准的说法，正确的是（　　）。

A. 工程建设推荐性国家标准由国务院建设行政主管部门制定

B. 工程建设强制性标准包括地方标准

C. 工程建设强制性国家标准的立项由国务院标准化行政主管部门负责

D. 工程建设强制性国家标准只能由国务院批准发布

48. 当事人对于仲裁协议的效力有异议，一方请求仲裁委员会作出决定，另一方请求人民法院作出裁定的，则该仲裁协议的效力由（　　）。

A. 仲裁协议约定的仲裁委员会所在地的中级人民法院裁定

B. 仲裁协议约定的仲裁委员会决定

C. 仲裁协议约定的仲裁委员会所在地的基层人民法院裁定

D. 申请人住所地的基层人民法院裁定

49. 中标候选人的经营、财务状况发生较大变化，招标人认为可能影响其履约能力的，应当在发出中标通知书前由（　　）按照招标文件规定的标准和方法审查确认。

A. 招标人　　B. 招标人授权的招标代理机构

C. 重新组成的评标委员会　　D. 原评标委员会

50. 有效仲裁协议的内容不包括（　　）。

A. 请求仲裁的意思表示　　B. 仲裁事项

C. 选定的仲裁委员会　　D. 具体的仲裁事实、理由

51. 根据《招标投标法》，关于投标人提交投标文件的说法，正确的是（　　）。

A. 在招标文件要求提交投标文件的截止时间后送达的投标文件，招标人可以拒收

B. 投标截止后，投标人撤销投标文件的，招标人可以不退还投标保证金

C. 投标人少于5个的，招标人应当重新招标

D. 招标人收到投标文件后，应当开启检查并签收保存

52. 关于委托合同法律特征的说法，正确的是（　　）。

A. 应当是有偿合同　　B. 委托事务只能是法律行为

C. 受托人不得转委托　　D. 是一种典型的提供劳务的合同

53. 根据《建筑市场诚信行为信息管理办法》，关于建筑市场诚信行为记录信息的公布期限的说法，正确的是（　　）。

A. 建筑市场诚信行为记录的公布期限一般为6个月至3年

B. 对整改确有实效的，经企业申请、审批，可缩短其不良行为记录信息公布期限，但公布期限最短不得少于6个月

C. 对招标投标违法行为记录公告期限为1年

D. 行政处理决定认定对招标投标当事人资质限制期限短于6个月的，公告期限从其决定

54. 暂时不能开工的建设用地，超过（　　）的，应当进行绿化、铺装或者遮盖。

A. 1个月　　B. 3个月

C. 2个月　　D. 6个月

55. 人民法院确定举证期限，当事人提供新的证据的第二审案件不得少于（　　）。

A. 15日　　B. 20日

C. 30日　　D. 10日

56. 关于和解的说法，正确的是（　　）。

A. 和解达成的协议不具有法律效力　　B. 和解协议必须采用书面形式

C. 和解达成的协议不具有强制执行力　　D. 达成和解后当事人不得再行起诉

57. 关于开标的说法，正确的是（　　）。

A. 开标应当在招标文件确定的提交投标文件截止时间之后公开进行

B. 开标地点不必为招标文件中预先确定的地点

C. 开标由招标人以外的人主持，邀请所有投标人参加

D. 开标过程应当记录，并存档备查

58. 关于招标人终止招标要求的说法，正确的是（　　）。

A. 以口头形式通知被邀请的或者已经获取资格预审文件、招标文件的潜在投标人

B. 已经发售的资格预审文件、招标文件，招标人无须退还所收取的资格预审文件、招标文件的费用

C. 已经收取投标保证金的，应当及时退还投标保证金，但不必退还银行同期存款利息

D. 应当及时发布公告

59. 施工企业必须为职工办理的保险是（　　）。

A. 意外伤害险　　B. 职业责任险

C. 工伤保险　　D. 财产险

60. 根据《招标投标法实施条例》，关于联合体投标的说法，正确的是（　　）。

A. 招标人应当在资格预审公告、招标公告或者投标邀请书中载明是否接受联合体投标

B. 招标人接受联合体投标并进行资格预审的，联合体可以在资格预审后组成

C. 资格预审后联合体增减、更换成员的，应当书面通知招标人

D. 联合体各方在同一招标项目中可以以自己名义单独投标

二、多项选择题（共20题，每题2分。每题的备选项中，有2个或2个以上符合题意，至少有1个错项。错选，本题不得分；少选，所选的每个选项得0.5分）

61. 建设工程债的产生根据有（　　）。

A. 合同　　B. 公证

C. 侵权　　D. 无因管理

E. 不当得利

62. 在租赁合同中属于承租人义务的是（　　）。

A. 维修租赁物　　B. 权利瑕疵担保

C. 第三人主张权利通知　　D. 妥善保管租赁物

E. 转租

63. 根据《必须招标的工程项目规定》，下列项目属于必须进行招标的有（　　）。

A. 使用国有企业资金，并且该资金占控股或者主导地位的项目

B. 使用世界银行、亚洲开发银行等国际组织贷款、援助资金的项目

C. 使用外国政府及其机构贷款、援助资金的项目

D. 使用财政预算资金 200 万元以上，并且该资金占投资额 10%以上的项目

E. 使用有限公司资金的项目

64. 下列情形中，用人单位不得解除劳动合同的有（　　）。

A. 在本单位患职业病或者因工负伤并被确认丧失或者部分丧失劳动能力的

B. 劳动者被依法追究刑事责任的

C. 患病或者非因工负伤，在规定的医疗期内的

D. 劳动者不能胜任工作，经过培训，仍不能胜任工作的

E. 女职工在孕期、产期、哺乳期的

65. 下列属于建设工程竣工验收应当具备的条件有（　　）。

A. 有完整的技术档案和施工管理资料

B. 有勘察、设计、施工、工程监理等单位分别签署的质量合格文件

C. 已完成建设工程设计和合同约定的主要内容

D. 有施工企业签署的工程保修书

E. 有工程使用的主要建筑材料、建筑构配件和设备的进场试验报告

66. 招标人有下列情形之一的，可以对单位直接负责的主管人员和其他直接责任人员依法给予处分的是（　　）。

A. 依法应当公开招标而采用邀请招标

B. 确定的提交资格预审申请文件、投标文件的时限不符合《招标投标法》和《招标投标实施条例》的规定

C. 接受应当拒收的投标文件

D. 接受未通过资格预审的单位或者个人参加投标

E. 招标文件的发售、澄清、修改的时限不符合《招标投标法》和《招标投标实施条例》的规定

67. 根据《拖欠农民工工资“黑名单”管理暂行办法》，下列情形中，人力资源社会保障行政部门按照管辖权限应当将用人单位列入拖欠工资“黑名单”的有（　　）。

A. 克扣、无故拖欠农民工工资报酬，数额达到认定拒不支付劳动报酬罪数额标准的

B. 因拖欠农民工工资违法行为引发群体性事件、极端事件造成严重不良社会影响的

C. 将劳务违法分包给不具备用工主体资格的组织的

D. 将劳务转包给不具备用工主体资格的个人的

E. 没有在工程项目所在地银行开设农民工工资专用账户的

68. 关于工程总承包企业的说法，正确的有（　　）。

A. 工程总承包企业可以根据合同约定或者经建设单位同意，直接将工程项目的设计或者施工业务择优分包给具有相应资质的企业

B. 工程总承包企业不得将工程总承包项目转包

C. 仅具有施工资质的企业不可以承接工程总承包项目

D. 工程总承包企业不得将工程总承包项目中设计和施工业务一并或者分别发包给其他单位

E. 分包单位只按照分包合同的约定对总承包单位负责

69. 专利法的保护对象包括（　　）。

A. 发明　　B. 实用新型

C. 科学发现　　D. 图形作品

E. 外观设计

70. 关于合同解除的说法，正确的有（　　）。

A. 合同解除适用于可撤销合同

B. 当事人对合同解除的异议期限有约定的依照约定，没有约定的，最长期 3 个月

C. 对解除有异议的，可以申请人民法院确认解除的效力

D. 合同解除仅使合同关系自始消灭

E. 合同解除须有解除的行为

71. 关于劳动者延长工作时间的说法，正确的有（　　）。

A. 延长工作时间一般每日不得超过 1 小时

B. 用人单位由于生产经营需要，经工会同意即可延长工作时间

C. 发生自然灾害需要紧急处理的，延长工作时间每月不得超过 36 小时

D. 法定节假日安排劳动者工作的用人单位，支付不低于工资 200%的工资报酬

E. 安排延长工作时间的，用人单位支付不低于工资 150%的工资报酬

72. 根据《建设工程质量保证金管理办法》，关于缺陷责任期确定的说法，正确的有（　　）。

A. 缺陷责任期一般为 1 年，最长不超过 2 年

B. 缺陷责任期的期限由法律直接规定

C. 缺陷责任期从工程通过竣工验收之日起计

D. 由于承包人原因导致工程无法按规定期限进行竣工验收的，缺陷责任期从实际通过竣工验收之日起计

E. 由于发包人原因导致工程无法按规定期限进行竣工验收的，在承包人提交竣工验收报告 90 天后，工程自动进入缺陷责任期

73. 关于不动产物权设立的说法，正确的有（　　）。

A. 不动产物权的设立属自愿登记

B. 不动产物权变动未经登记，不影响当事人之间订立的消灭不动产物权合同的效力

C. 依法属于国家所有的自然资源，所有权可以不登记

D. 不动产物权登记由不动产所在地的登记机构办理

E. 不动产物权自合同成立时设立

74. 关于担保的说法，正确的有（　　）。

A. 担保是用益物权的一种

B. 担保的目的是保障特定债权的实现

C. 主合同无效，担保合同可以另外约定有效

D. 主合同有效，担保合同有效

E. 反担保不适用《担保法》的规定

75. 合同双方当事人可以在书面合同中协议选择（　　）人民法院，以解决双方争议纠纷。

A. 被告住所地　　B. 合同备案地

C. 合同签订地　　　　　　　　　　　D. 合同履行地

E. 原告住所地

76. 某单位如下工作安排中，符合《劳动法》劳动保护规定的有（　　）。

A. 安排女工赵某在经期从事冷水作业

B. 批准女工孙某休产假 80 天

C. 安排 15 岁的周某担任仓库管理员

D. 安排怀孕 6 个月的女工钱某从事夜班工作

E. 安排 17 岁的李某担任矿井安检员

77. 下列情形中，需要由全国人民代表大会常务委员会裁决的有（　　）。

A. 行政法规之间对同一事项的新的一般规定与旧的特别规定不一致，不能确定如何适用

B. 法律之间对同一事项的新的一般规定与旧的特别规定不一致，不能确定如何适用

C. 地方性法规与部门规章之间对同一事项的规定不一致，不能确定如何适用

D. 部门规章之间对同一事项的规定不一致，不能确定如何适用

E. 根据授权制定的法规与法律规定不一致，不能确定如何适用

78. 关于施工项目投标保证金的说法，正确的有（　　）。

A. 招标人在招标文件中可以要求投标人提交投标保证金

B. 投标保证金有效期应当与投标有效期一致

C. 中标人无正当理由不与招标人订立合同，取消其中标资格，投标保证金不予退还

D. 两阶段进行招标的项目，投标保证金应当在第一阶段提出

E. 投标保证金不得超过招标项目估算价的 2%，但最高不得超过 80 万元人民币

79. 下列安全责任中，属于建设单位应当承担的有（　　）。

A. 足额使用安全施工措施所需费用

B. 提供施工现场及毗邻区域内地下管线资料

C. 不得租赁不符合安全施工要求的用具设备

D. 不得随意压缩合同工期

E. 提出防范生产安全事故的指导意见和措施建议

80. 根据《环境噪声污染防治法》，下列情形中，必须公告附近居民的夜间作业有（　　）。

A. 抢修作业　　　　　　　　　　　　B. 抢险作业

C. 因生产工艺上要求必须连续作业的　D. 因特殊需求必须连续作业的

E. 赶工作业

2019年度真题参考答案及解析

一、单项选择题

1. D；	2. A；	3. C；	4. A；	5. C；
6. B；	7. C；	8. B；	9. C；	10. A；
11. C；	12. B；	13. A；	14. A；	15. A；
16. C；	17. D；	18. C；	19. D；	20. B；
21. A；	22. B；	23. A；	24. C；	25. A；
26. D；	27. C；	28. D；	29. A；	30. B；
31. B；	32. A；	33. B；	34. D；	35. C；
36. B；	37. B；	38. D；	39. C；	40. C；
41. B；	42. A；	43. C；	44. D；	45. A；
46. B；	47. C；	48. A；	49. D；	50. D；
51. B；	52. D；	53. A；	54. B；	55. D；
56. C；	57. D；	58. D；	59. C；	60. A。

【解析】

1. D。本题考核的是法人应当具备的条件。法人应当具备的条件：依法成立，应当有自己的名称、组织机构、住所、财产或者经费，能够独立承担民事责任，有法定代表人。因此本题正确选项为D。

2. A。本题考核的是动产物权的设立。动产物权以占有和交付为公示手段。动产物权的设立和转让，应当依照法律规定交付。动产物权的设立和转让，自交付时发生效力，但法律另有规定的除外。船舶、航空器和机动车等物权的设立、变更、转让和消灭，未经登记，不得对抗善意第三人。因此本题正确选项为A。

3. C。本题考核的是建设用地使用权。建设用地使用权只能存在于国家所有的土地上，不包括集体所有的农村土地，故A选项错误。设立建设用地使用权，可以采取出让或者划拨等方式，故B选项错误。建设用地使用权人将建设用地使用权转让、互换、出资、赠与或者抵押，应当符合以下规定：（1）当事人应当采取书面形式订立相应的合同。使用期限由当事人约定，但不得超过建设用地使用权的剩余期限。（2）应当向登记机构申请变更登记。（3）附着于该土地上的建筑物、构筑物及其附属设施一并处分。故C选项正确。住宅建设用地使用权期间届满的，自动续期。非住宅建设用地使用权期间届满后的续期，依照法律规定办理，故D选项错误。因此本题正确选项为C。

4. A。本题考核的是债权人。施工合同债是发生在建设单位和施工单位之间的债。施工合同的义务主要是完成施工任务和支付工程款。对于完成施工任务，建设单位是债权人，施工单位是债务人；对于支付工程款，则相反。因此本题正确选项为A。

5. C。本题考核的是商标专用权。商标专用权是一种无形财产权，是一种知识产权，是权利人对其创造的智力成果依法享有的权利，故A选项错误。注册商标的转让是指商标专用人将其所有的注册商标依法转移给他人所有并由其专用的法律行为。转让注册商标的，转让人和受让人应当共同向商标局提出申请，故 B 选项错误。注册商标的有效期为 10 年，自核准注册之日起计算。故 C 选项正确，D 选项错误。因此本题正确选项为 C。

6. B。本题考核的是质押。质押是指债务人或者第三人将其动产或权利移交债权人占有，将该动产或权利作为债权的担保。债务人不履行债务时，债权人有权依照法律规定以该动产或权利折价或者以拍卖、变卖该动产或权利的价款优先受偿。质权是一种约定的担保物权，以转移占有为特征。质押分为动产质押和权利质押。权利质押一般是将权利凭证交付质押人的担保。可以质押的权利包括：（1）汇票、支票、本票、债券、存款单、仓单、提单；（2）依法可以转让的股份、股票；（3）依法可以转让的商标专用权、专利权、著作权中的财产权；（4）依法可以质押的其他权利。因此本题正确选项为 B。

7. C。本题考核的是建筑工程一切险的保险责任的起始时间。建筑工程一切险是承保各类民用、工业和公用事业建筑工程项目，包括道路、桥梁、水坝、港口等，在建造过程中因自然灾害或意外事故而引起的一切损失的险种。建筑工程一切险的保险责任自保险工程在工地动工或用于保险工程的材料、设备运抵工地之时起始，至工程所有人对部分或全部工程签发完工验收证书或验收合格，或工程所有人实际占用或使用或接收该部分或全部工程之时终止，以先发生者为准。但在任何情况下，保险期限的起始或终止不得超出保险单明细表中列明的保险生效日或终止日。因此本题正确选项为 C。

8. B。本题考核的是效力待定合同。效力待定合同是指合同虽然已经成立，但因其不完全符合有关生效要件的规定，其合同效力能否发生尚未确定，一般须经有权人表示承认才能生效。无权代理人订立的合同，相对人可以催告被代理人在 1 个月内予以追认。被代理人未作表示的，视为拒绝追认。合同被追认之前，善意相对人有撤销的权利。撤销应当以通知的方式作出。故 A 选项错误。《合同法》规定，限制民事行为能力人订立的合同，经法定代理人追认后，该合同有效，但纯获利益的合同或者与其年龄、智力、精神健康状况相适应而订立的合同，不必经法定代理人追认。故 B 选项正确。相对人可以催告法定代理人在 1 个月内予以追认。法定代理人未作表示的，视为拒绝追认。合同被追认之前，善意相对人有撤销的权利。撤销应当以通知的方式作出。故 C、D 选项错误。因此本题正确选项为 B。

9. C。本题考核的是视为投标人相互串通投标的情形。有下列情形之一的，视为投标人相互串通投标：（1）不同投标人的投标文件由同一单位或者个人编制；（2）不同投标人委托同一单位或者个人办理投标事宜；（3）不同投标人的投标文件载明的项目管理成员为同一人；（4）不同投标人的投标文件异常一致或者投标报价呈规律性差异；（5）不同投标人的投标文件相互混装；（6）不同投标人的投标保证金从同一单位或者个人的账户转出。因此本题正确选项为 C。

10. A。本题考核的是建筑施工企业的安全生产许可证。安全生产许可证的有效期为 3 年。安全生产许可证有效期满需要延期的，企业应当于期满前 3 个月向原安全生产许可证颁发管理机关办理延期手续。企业在安全生产许可证有效期内，严格遵守有关安全生产的法律法规，未发生死亡事故的，安全生产许可证有效期届满时，经原安全生产许可证颁发管理机关同意，不再审查，安全生产许可证有效期延期 3 年。故 B、C 选项错误。建筑施工企业变更名称、地址、法定代表人等，应当在变更后 10 日内，到原安全生产许可证颁发管理机关办理安全生产许可证变更手续。故 A 选项正确，D 选项错误。因此本题正确选项为 A。

11. C。本题考核的是政府主管部门实施安全生产行政执法工作的法定职权。生产经营单位拒不执行，有发生生产安全事故的现实危险的，在保证安全的前提下，经本部门主要负责人批准，负有安全生产监督管理职责的部门可以采取通知有关单位停止供电、停止供应民用爆炸物品等措施，强制生产经营单位履行决定。通知应当采用书面形式，有关单位应当予以配合。负有安全生产监督管理职责的部门依照前款规定采取停止供电措施，除有危及生产安全的紧急情形外，应当提前二十四小时通知生产经营单位。因此本题正确选项为 C。

12. B。本题考核的是可以订立无固定期限劳动合同的情形。用人单位与劳动者协商一致，可以订立无固定期限劳动合同。有下列情形之一，劳动者提出或者同意续订、订立劳动合同的，除劳动者提出订立固定期限劳动合同外，应当订立无固定期限劳动合同：（1）劳动者在该用人单位连续工作满 10 年的；（2）用人单位初次实行劳动合同制度或者国有企业改制重新订立劳动合同时，劳动者在该用人单位连续工作满 10 年且距法定退休年龄不足 10 年的；（3）连续订立 2 次固定期限劳动合同，且劳动者没有《劳动合同法》第 39 条和第 40 条第 1 项、第 2 项规定的情形，续订劳动合同的。需要注意的是，用人单位自用工之日起满 1 年不与劳动者订立书面劳动合同的，则视为用人单位与劳动者已订立无固定期限劳动合同。因此本题正确选项为 B。

13. A。本题考核的是工程价款付款时间的确定。当事人对付款时间没有约定或者约定不明的，下列时间视为应付款时间：（1）建设工程已实际交付的，为交付之日；（2）建设工程没有交付的，为提交竣工结算文件之日；（3）建设工程未交付，工程价款也未结算的，为当事人起诉之日。因此本题正确选项为 A。

14. A。本题考核的是违约责任的承担。合同当事人违反合同义务，承担违约责任的种类主要有：继续履行、采取补救措施、停止违约行为、赔偿损失、支付违约金或定金等。继续履行是一种违约后的补救方式，是否要求违约方继续履行是非违约方的一项权利。继续履行可以与违约金、定金、赔偿损失并用，但不能与解除合同的方式并用。故 A 选项正确，B 选项错误。当事人既约定违约金，又约定定金的，一方违约时，对方可以选择适用违约金或者定金条款，故 C 选项错误。因此本题正确选项为 A。

15. A。本题考核的是施工检测的见证取样和送检制度。B 选项的正确表述为：取样人员应在试样或其包装上作出标识、封志。墙体保温材料不需要见证取样，故 C 选项错误。见证人员应由建设单位或该工程的监理单位中具备施工试验知识的专业技术人员担任，故 D 选项错误。因此本题正确选项为 A。

16. C。本题考核的是行政复议的申请。对于行政复议，应当按照《行政复议法》的规定向有权受理的行政机关申请，如“对县级以上地方各级人民政府工作部门的具体行政行为不服的，由申请人选择，可以向该部门的本级人民政府申请行政复议，也可以向上一级主管部门申请行政复议”。因此本题正确选项为 C。

17. D。本题考核的是工程质量检测机构及人员。工程质量检测机构是具有独立法人资格的中介机构，故 A 选项错误。检测机构不得与行政机关，法律、法规授权的具有管理公共事务职能的组织以及所检测工程项目相关的设计单位、施工单位、监理单位有隶属关系或者其他利害关系，故 B 选项错误。检测人员不得同时受聘于两个或者两个以上的检测机构，故 C 选项错误。检测报告经检测人员签字、检测机构法定代表人或者其授权的签字人签署，并加盖检测机构公章或者检测专用章后方可生效，故D选项正确。因此本题正确选项为D。

18. C。本题考核的是发生施工生产安全事故后应采取的措施。《建设工程安全生产管理条例》规定，发生生产安全事故后，施工单位应当采取措施防止事故扩大，保护事故现场。需要移动现场物品时，应当做出标记和书面记录，妥善保管有关证物。因此本题正确选项为C。

19. D。本题考核的是有效投标价格。中标人的投标应当符合下列条件之一：（1）能够最大限度地满足招标文件中规定的各项综合评价标准；（2）能够满足招标文件的实质性要求，并且经评审的投标价格最低，但是投标价格低于成本的除外。此外要注意投标限价是拦标价，投标报价高于最高投标限价，报价无效。因此本题正确选项为D。

20. B。本题考核的是民事纠纷。建设工程民事纠纷，是在建设工程活动中平等主体之间发生的以民事权利义务法律关系为内容的争议。民事纠纷主要是因为违反了民事法律规范或者合同约定而引起的。民事纠纷可分为两大类：一类是财产关系方面的民事纠纷，如合同纠纷、损害赔偿纠纷等；另一类是人身关系方面的民事纠纷，如名誉权纠纷、继承权纠纷等。因此本题正确选项为B。

21. A。本题考核的是注册建造师的延续注册。注册证书和执业印章是注册建造师的执业凭证，由注册建造师本人保管、使用。注册证书与执业印章有效期为3年。注册有效期满需继续执业的，应当在注册有效期届满30日前，按照规定申请延续注册。延续注册的，有效期为3年。申请延续注册的，应当提交下列材料：（1）注册建造师延续注册申请表；（2）原注册证书；（3）申请人与聘用单位签订的聘用劳动合同复印件或其他有效证明文件；（4）申请人注册有效期内达到继续教育要求的证明材料。在注册有效期内，注册建造师变更执业单位，应当与原聘用单位解除劳动关系，并按照规定办理变更注册手续，变更注册后仍延续原注册有效期。因此本题正确选项为A。

22. B。本题考核的是涉及结构安全的试块、试件和材料见证取样和送检的比例。涉及结构安全的试块、试件和材料见证取样和送检的比例不得低于有关技术标准中规定应取样数量的30%。因此本题正确选项为B。

23. A。本题考核的是多式联运。多式联运，是指由两种及其以上的交通工具相互衔接、转运而共同完成的运输过程。多式联运经营人负责履行或者组织履行多式联运合同，对全程运输享有承运人的权利，承担承运人的义务。多式联运经营人收到托运人交付的货物时，应当签发多式联运单据。按照托运人的要求，多式联运单据可以是可转让单据，也可以是不可转让单据。多式联运经营人可以与参加多式联运的各区段承运人就多式联运合同的各区段运输约定相互之间的责任，但该约定不影响多式联运经营人对全程运输承担的义务。因托运人托运货物时的过错造成多式联运经营人损失的，即使托运人已经转让多式联运单据，托运人仍然应当承担损害赔偿责任。因此本题正确选项为A。

24. C。本题考核的是劳动合同的解除。劳动者提前30日以书面形式通知用人单位，可以解除劳动合同。劳动者在试用期内提前3日通知用人单位，可以解除劳动合同。本题中试用期已过，应当按照提前30日要求解除，因此本题正确选项为C。

25. A。本题考核的是合同权利的转让范围。我国一些法律中对某些权利的转让作出了禁止性规定。如《担保法》第61条规定，“最高额抵押的主合同债权不得转让。”对于这些规定，当事人应当严格遵守，不得擅自转让法律禁止转让的权利。这属于依照法律规定不得转让的权利。因此本题正确选项为A。

26. D。本题考核的是合同的终止。有下列情形之一的，合同的权利义务终止：(1) 债务已经按照约定履行；(2) 合同解除；(3) 债务相互抵消；(4) 债务人依法将标的物提存；(5) 债权人免除债务；(6) 债权债务同归于一人；(7) 法律规定或者当事人约定终止的其他情形。因此本题正确选项为D。

27. C。本题考核的是施工企业的资质不良行为。资质不良行为认定标准：(1) 未取得资质证书承揽工程的，或超越本单位资质等级承揽工程的；(2) 以欺骗手段取得资质证书承揽工程的；(3) 允许其他单位或个人以本单位名义承揽工程的；(4) 未在规定期限内办理资质变更手续的；(5) 涂改、伪造、出借、转让《建筑业企业资质证书》的；(6) 按照国家规定需要持证上岗的技术工种的作业人员未经培训、考核，未取得证书上岗，情节严重的。A、B选项属于承揽业务不良行为认定标准，D选项属于工程质量不良行为认定标准。因此本题正确选项为C。

28. D。本题考核的是施工节能。绿色施工是指工程建设中，在保证质量、安全等基本要求的前提下，通过科学管理和技术进步，最大限度地节约资源与减少对环境负面影响的施工活动，实现四节一环保（节能、节地、节水、节材和环境保护）。因此本题正确选项为D。

29. A。本题考核的是施工现场安全防护。施工现场暂时停止施工的，施工单位应当做好现场防护，所需费用由责任方承担，或者按照合同约定执行。因为设计优化而暂停施工增加的现场防护费用，由施工合同的责任方即建设单位承担该费用。因此本题正确选项为A。

30. B。本题考核的是简易交付。现实交付是指标的物由出卖人直接交付给买受人。普通发票可以作为买受人付款和履行付款义务的凭证，但有相反证据足以推翻的除外。简易交付是指标的物在订立合同之前已为买受人占有，合同生效即视为完成交付。占有改定是指买卖双方特别约定，合同生效后标的物仍然由出卖人继续占有，但其所有权已完成法律上的转移。指示交付是指合同成立时，标的物为第三人合法占有，买受人取得了返还标的物请求权。拟制交付是指出卖人将标的物的权利凭证（如仓单、提单）交给买受人，以代替标的物的现实交付。出卖人仅以增值税专用发票及税款抵扣资料证明其已履行交付标的物义务，买受人不认可的，出卖人应当提供其他证据证明交付标的物的事实。因此本题正确选项为B。

31. B。本题考核的是建筑节能分部工程验收。(1) 节能工程的检验批验收和隐蔽工程验收应由监理工程师主持，施工单位相关专业的质量检查员与施工员参加，故A选项错误。(2) 工程项目存在以下问题之一的，监理单位不得组织节能工程验收：①未完成建筑节能工程设计内容的；②隐蔽验收记录等技术档案和施工管理资料不完整的；③工程使用的主要建筑材料、建筑构配件和设备未提供进场检验报告的，未提供相关的节能性检测报告的；④工程存在违反强制性条文的质量问题而未整改完毕的；⑤对监督机构发出的责令整改内容未整改完毕的；⑥存在其他违反法律、法规行为而未处理完毕的，故B选项正确。(3) 节能分部工程验收应由总监理工程师（建设单位项目负责人）主持，施工单位项目经理、项目技术负责人和相关专业的质量检查员、施工员参加，施工单位的质量或技术负责人应参加，设计单位节能设计人员应参加，故C选项错误。(4) 工程项目验收存在以下问题之一的，应重新组织建筑节能工程验收：①验收组织机构不符合法规及规范要求的；

②参加验收人员不具备相应资格的；③参加验收各方主体验收意见不一致的；④验收程序和执行标准不符合要求的；⑤各方提出的问题未整改完毕的，故 D 选项错误。因此本题正确选项为 B。

32. A。本题考核的是可撤销合同。可撤销合同的种类包括因重大误解订立的，在订立合同时显失公平的，一方以欺诈、胁迫的手段或者乘人之危三种情形，故 A 选项正确。《合同法》规定，无效的合同或者被撤销的合同自始没有法律约束力。合同无效、被撤销或者终止的，不影响合同中独立存在的有关解决争议方法的条款的效力，故 B 选项错误。行使撤销权应当在知道或者应当知道撤销事由之日起 1 年内行使，并应当向人民法院或者仲裁机构申请，故 C 选项错误。《合同法》规定，有下列情形之一的，撤销权消灭：（1）具有撤销权的当事人自知道或者应当知道撤销事由之日起一年内没有行使撤销权；（2）具有撤销权的当事人知道撤销事由后明确表示或者以自己的行为放弃撤销权，故 D 选项错误。因此本题正确选项为 A。

33. B。本题考核的是合同权利的转让。《合同法》规定，债权人转让权利的，应当通知债务人。未经通知，该转让对债务人不发生效力。债权人转让权利的通知不得撤销，但经受让人同意的除外。因此本题正确选项为 B。

34. D。本题考核的是工程监理。实行监理的建设工程，建设单位应当委托具有相应资质等级的工程监理单位进行监理，也可以委托具有工程监理相应资质等级并与被监理工程的施工承包单位没有隶属关系或者其他利害关系的该工程的设计单位进行监理。因此本题正确选项为 D。

35. C。本题考核的是施工许可证的相关知识。《建筑法》规定，建设单位应当自领取施工许可证之日起 3 个月内开工。因故不能按期开工的，应当向发证机关申请延期；延期以两次为限，每次不超过 3 个月。既不开工又不申请延期或者超过延期时限的，施工许可证自行废止。因此本题正确选项为 C。

36. B。本题考核的是施工企业的资质序列。《建筑业企业资质管理规定》规定，建筑业企业资质分为施工总承包资质、专业承包资质、施工劳务资质三个序列。因此本题正确选项为 B。

37. B。本题考核的是建筑施工企业负责人。《建筑施工企业负责人及项目负责人施工现场带班暂行办法》规定，企业负责人带班检查是指由建筑施工企业负责人带队实施对工程项目质量安全生产状况及项目负责人带班生产情况的检查。建筑施工企业负责人，是指企业的法定代表人、总经理、主管质量安全和生产工作的副总经理、总工程师和副总工程师。因此本题正确选项为 B。

38. D。本题考核的是应急预案评审。建筑施工企业应当对本单位编制的应急预案进行评审，并形成书面评审纪要。参加应急预案评审的人员应当包括有关安全生产及应急管理方面的专家。评审人员与所评审应急预案的生产经营单位有利害关系的，应当回避。因此本题正确选项为 D。

39. C。本题考核的是节材与材料资源利用。《循环经济促进法》规定，国家鼓励利用无毒无害的固体废物生产建筑材料，鼓励使用散装水泥，推广使用预拌混凝土和预拌砂浆。禁止损毁耕地烧砖。因此本题正确选项为 C。

40. C。本题考核的是民事案件的管辖。《民事诉讼法》规定的民事案件的管辖，包括级别管辖、地域管辖、移送管辖、指定管辖和管辖权转移。人民法院受理案件后，被告有权针对人民法院对案件是否有管辖权提出管辖权异议，这是当事人的一项诉讼权利。因此本题正确选项为C。

41. B。本题考核的是工程垫资利息的处理。《最高人民法院关于审理建设工程施工合同纠纷案件适用法律问题的解释》规定，当事人对垫资和垫资利息有约定，承包人请求按照约定返还垫资及其利息的，应予支持，但是约定的利息计算标准高于中国人民银行发布的同期同类贷款利率的部分除外。当事人对垫资没有约定的，按照工程欠款处理。当事人对垫资利息没有约定，承包人请求支付利息的，不予支持。因此本题正确选项为B。（注意：《最高人民法院关于审理建设工程施工合同纠纷案件适用法律问题的解释》现已废止）

42. A。本题考核的是施工项目负责人的安全生产责任。《建筑施工企业主要负责人、项目负责人和专职安全生产管理人员安全生产管理规定》中规定，项目负责人对本项目安全生产管理全面负责，应当建立项目安全生产管理体系，明确项目管理人员安全职责，落实安全生产管理制度，确保项目安全生产费用有效使用。项目负责人应当按规定实施项目安全生产管理，监控危险性较大分部分项工程，及时排查处理施工现场安全事故隐患，隐患排查处理情况应当记入项目安全管理档案；发生事故时，应当按规定及时报告并开展现场救援。工程项目实行总承包的，总承包企业项目负责人应当定期考核分包企业安全生产管理情况。因此本题正确选项为A。

43. C。本题考核的是主刑的种类。刑罚分为主刑和附加刑。主刑包括：（1）管制；（2）拘役；（3）有期徒刑；（4）无期徒刑；（5）死刑。附加刑包括：（1）罚金；（2）剥夺政治权利；（3）没收财产；驱逐出境。因此本题正确选项为C。

44. D。本题考核的是履约保证金。《招标投标法》规定，招标文件要求中标人提交履约保证金的，中标人应当提交。《招标投标法实施条例》进一步规定，履约保证金不得超过中标合同金额的10%。中标人应当按照合同约定履行义务，完成中标项目。《国务院办公厅关于促进建筑业持续健康发展的意见》还规定，引导承包企业以银行保函或担保公司保函的形式，向建设单位提供履约担保。因此本题正确选项为D。

45. A。本题考核的是建造师继续教育违法行为应承担的法律责任。《注册建造师继续教育管理暂行办法》规定，注册建造师应按规定参加继续教育，接受培训测试，不参加继续教育或继续教育不合格的不予注册。对于采取弄虚作假等手段取得《注册建造师继续教育证书》的，一经发现，立即取消其继续教育记录，并记入不良信用记录，对社会公布。因此本题正确选项为A。

46. B。本题考核的是国家保护文物的范围。在中华人民共和国境内，下列文物受国家保护：（1）具有历史、艺术、科学价值的古文化遗址、古墓葬、古建筑、石窟寺和石刻、壁画；（2）与重大历史事件、革命运动或者著名人物有关的以及具有重要纪念意义、教育意义或者史料价值的近代现代重要史迹、实物、代表性建筑；（3）历史上各时代珍贵的艺术品、工艺美术品；（4）历史上各时代重要的文献资料以及具有历史、艺术、科学价值的手稿和图书资料等；（5）反映历史上各时代、各民族社会制度、社会生产、社会生活的代表性实物。具有科学价值的古脊椎动物化石和古人类化石同文物一样受国家保护。注意C、D选项没有科学价值的限定词。因此本题正确选项为B。

47. C。本题考核的是工程建设国家标准。国务院标准化行政主管部门负责强制性国家标准的立项、编号和对外通报。省、自治区、直辖市人民政府标准化行政主管部门可以向国务院标准化行政主管部门提出强制性国家标准的立项建议，由国务院标准化行政主管部门会同国务院有关行政主管部门决定，故 C 选项正确。推荐性国家标准由国务院标准化行政主管部门制定。《标准化法》规定，标准包括国家标准、行业标准、地方标准和团体标准、企业标准。国家标准分为强制性标准、推荐性标准，行业标准、地方标准是推荐性标准。强制性标准必须执行。国家鼓励采用推荐性标准，故 A、B、D 选项错误。因此本题正确选项为 C。

48. A。本题考核的是仲裁协议效力的确认。当事人向人民法院申请确认仲裁协议效力的案件，由仲裁协议约定的仲裁机构所在地、仲裁协议签订地、申请人住所地、被申请人住所地的中级人民法院或者专门人民法院管辖。因此本题正确选项为 A。

49. D。本题考核的是确定中标人的相关知识。中标候选人的经营、财务状况发生较大变化或者存在违法行为，招标人认为可能影响其履约能力的，应当在发出中标通知书前由原评标委员会按照招标文件规定的标准和方法审查确认。因此本题正确选项为 D。

50. D。本题考核的是仲裁协议的内容。合法有效的仲裁协议应当具有下列法定内容：(1) 请求仲裁的意思表示；(2) 仲裁事项；(3) 选定的仲裁委员会。上述三项内容必须同时具备，仲裁协议才能有效。因此本题正确选项为 D。

51. B。本题考核的是投标文件的相关知识。在招标文件要求提交投标文件的截止时间后送达的投标文件，招标人应当拒收，故 A 选项错误。投标截止后投标人撤销投标文件的，招标人可以不退还投标保证金，故 B 选项正确。投标人少于 3 个的，招标人应当依法重新招标，故 C 选项错误。招标人收到投标文件后，应当签收保存，不得开启，故 D 选项错误。因此本题正确选项为 B。

52. D。本题考核的是委托合同的法律特征。委托合同的目的是为他人处理或管理事务，委托合同的订立以双方相互信任为前提，但委托合同未必是有偿合同，故 A 选项错误。合同订立后，受托人在委托的权限内所实施的行为，等同于委托人自己的行为；委托的事务可以是法律行为，也可以是事实行为。故 B 选项错误。受托人应当亲自处理委托事务。经委托人同意，受托人可以转委托。转委托经同意的，委托人可以就委托事务直接指示转委托的第三人，受托人仅就第三人的选任及其对第三人的指示承担责任。转委托未经同意的，受托人应当对转委托的第三人的行为承担责任，但在紧急情况下受托人为维护委托人的利益需要转委托的除外。故 C 选项错误。委托合同是一种典型的提供劳务的合同，故 D 选项正确。因此本题正确选项为 D。

53. A。本题考核的是建筑市场诚信行为记录信息的公布期限。《建筑市场诚信行为信息管理办法》规定，建筑市场诚信行为记录信息的公布时间为行政处罚决定做出后 7 日内，公布期限一般为 6 个月至 3 年；良好行为记录信息公布期限一般为 3 年。故 A 选项正确。省、自治区和直辖市建设行政主管部门负责审查整改结果，对整改确有实效的，由企业提出申请，经批准，可缩短其不良行为记录信息公布期限，但公布期限最短不得少于 3 个月，同时将整改结果列于相应不良行为记录后，供有关部门和社会公众查询；对于拒不整改或整改不力的单位，信息发布部门可延长其不良行为记录信息公布期限。故 B 选项错误。《招标投标违法行为记录公告暂行办法》规定，国务院有关行政主管部门和省级人民政府有关行政主管部门应自招标投标违法行为行政处理决定作出之日起 20 个工作日内对外进行记录公告。违法行为记录公告期限为 6 个月。故 C 选项错误。依法限制招标投标当事人资质（资格）等方面的行政处理决定，所认定的限制期限长于 6 个月的，公告期限从其决定，故 D 选项错误。因此本题正确选项为 A。

54. B。本题考核的是施工现场大气污染的防治。施工单位应当在施工工地公示扬尘污染防治措施、负责人、扬尘监督管理主管部门等信息。暂时不能开工的建设用地，建设单位应当对裸露地面进行覆盖；超过三个月的，应当进行绿化、铺装或者遮盖。禁止在人口集中地区和其他依法需要特殊保护的区域内焚烧沥青、油毡、橡胶、塑料、皮革、垃圾以及其他产生有毒有害烟尘和恶臭气体的物质。因此本题正确选项为 B。

55. D。本题考核的是举证时限。举证期限可以由当事人协商，并经人民法院准许。人民法院确定举证期限，第一审普通程序案件不得少于 15 日，当事人提供新的证据的第二审案件不得少于 10 日。因此本题正确选项为 D。

56. C。本题考核的是和解。当事人自行达成的和解协议不具有强制执行力，在性质上仍属于当事人之间的约定。如果一方当事人不按照和解协议执行，另一方当事人不能直接申请法院强制执行，但可要求对方承担不履行和解协议的违约责任。因此本题正确选项为 C。

57. D。本题考核的是开标。《招标投标法》规定，开标应当在招标文件确定的提交投标文件截止时间的同一时间公开进行；开标地点应当为招标文件中预先确定的地点。开标由招标人主持，邀请所有投标人参加。开标时，由投标人或者其推选的代表检查投标文件的密封情况，也可以由招标人委托的公证机构检查并公证；经确认无误后，由工作人员当众拆封，宣读投标人名称、投标价格和投标文件的其他主要内容。招标人在招标文件要求提交投标文件的截止时间前收到的所有投标文件，开标时都应当当众予以拆封、宣读。开标过程应当记录，并存档备查。因此本题正确选项为 D。

58. D。本题考核的是终止招标的相关知识。《招标投标法实施条例》规定，招标人终止招标的，应当及时发布公告，或者以书面形式通知被邀请的或者已经获取资格预审文件、招标文件的潜在投标人。已经发售资格预审文件、招标文件或者已经收取投标保证金的，招标人应当及时退还所收取的资格预审文件、招标文件的费用，以及所收取的投标保证金及银行同期存款利息。因此本题正确选项为 D。

59. C。本题考核的是工伤保险的相关知识。《建筑法》规定，建筑施工企业应当依法为职工参加工伤保险缴纳工伤保险费。鼓励企业为从事危险作业的职工办理意外伤害保险，支付保险费。因此本题正确选项为 C。

60. A。本题考核的是联合体投标。联合体各方应当签订共同投标协议，明确约定各方拟承担的工作和责任，并将共同投标协议连同投标文件一并提交招标人。联合体中标的，联合体各方应当共同与招标人签订合同，就中标项目向招标人承担连带责任。招标人不得强制投标人组成联合体共同投标，不得限制投标人之间的竞争。《招标投标法实施条例》进一步规定，招标人应当在资格预审公告、招标公告或者投标邀请书中载明是否接受联合体投标。故 A 选项正确。招标人接受联合体投标并进行资格预审的，联合体应当在提交资格预审申请文件前组成，故 B 选项错误。资格预审后联合体增减、更换成员的，其投标无效，故 C 选项错误。联合体各方在同一招标项目中以自己名义单独投标或者参加其他联合体投标的，相关投标均无效，故 D 选项错误。因此本题正确选项为 A。

二、多项选择题

61. A、C、D、E；	62. C、D；	63. A、B、C、D；
64. A、C、E；	65. A、B、D、E；	66. A、C、D；
67. A、B；	68. A、B、D；	69. A、B、E；

70. B、C、E； 71. A、E； 72. A、C、D、E；
73. B、C、D； 74. B、C； 75. A、C、D、E；
76. D、E； 77. B、E； 78. A、B、C、E；
79. B、D； 80. A、B、C、D。

【解析】

61. A、C、D、E。本题考核的是债的产生根据。建设工程债的产生，是指特定当事人之间债权债务关系的产生。引起债产生的一定的法律事实，就是债产生的根据。建设工程债产生的根据有合同、侵权、无因管理和不当得利。因此本题正确选项为A、C、D、E。

62. C、D。本题考核的是承租人义务。承租人的主要义务是支付租金、按照约定使用租赁物、妥善保管租赁物、有关事项通知、返还租赁物和损失赔偿。因此本题正确选项为C、D。

63. A、B、C、D。本题考核的是必须进行招标的工程项目范围。在中华人民共和国境内进行下列工程建设项目包括项目的勘察、设计、施工、监理以及与工程建设有关的重要设备、材料等的采购，必须进行招标：（1）大型基础设施、公用事业等关系社会公共利益、公众安全的项目；（2）全部或者部分使用国有资金投资或者国家融资的项目；（3）使用国际组织或者外国政府贷款、援助资金的项目。全部或者部分使用国有资金投资或者国家融资的项目包括：（1）使用预算资金200万元人民币以上，并且该资金占投资额10%以上的项目；（2）使用国有企业事业单位资金，并且该资金占控股或者主导地位的项目。使用国际组织或者外国政府贷款、援助资金的项目包括：（1）使用世界银行、亚洲开发银行等国际组织贷款、援助资金的项目；（2）使用外国政府及其机构贷款、援助资金的项目。因此本题正确选项为A、B、C、D。

64. A、C、E。本题考核的是用人单位不得解除劳动合同的情形。为了保护一些特殊群体劳动者的权益，《劳动合同法》第42条规定，劳动者有下列情形之一的，用人单位不得依照该法第40条、第41条的规定解除劳动合同：（1）从事接触职业病危害作业的劳动者未进行离岗前职业健康检查，或者疑似职业病病人在诊断或者医学观察期间的；（2）在本单位患职业病或者因工负伤并被确认丧失或者部分丧失劳动能力的；（3）患病或者非因工负伤，在规定的医疗期内的；（4）女职工在孕期、产期、哺乳期的；（5）在本单位连续工作满15年，且距法定退休年龄不足5年的；（6）法律、行政法规规定的其他情形。因此本题正确选项为A、C、E。

65. A、B、D、E。本题考核的是建设工程竣工验收应当具备的条件。建设工程竣工验收应当具备下列条件：（1）完成建设工程设计和合同约定的各项内容；（2）有完整的技术档案和施工管理资料；（3）有工程使用的主要建筑材料、建筑构配件和设备的进场试验报告；（4）有勘察、设计、施工、工程监理等单位分别签署的质量合格文件；（5）有施工单位签署的工程保修书。因此本题正确选项为A、B、D、E。

66. A、C、D。本题考核的是招标人违法行为应承担的法律责任。招标人有下列情形之一的，由有关行政监督部门责令改正，可以处10万元以下的罚款：（1）依法应当公开招标而采用邀请招标；（2）招标文件、资格预审文件的发售、澄清、修改的时限，或者确定的提交资格预审申请文件、投标文件的时限不符合《招标投标法》和本条例规定；（3）接受未通过资格预审的单位或者个人参加投标；（4）接受应当拒收的投标文件。招标人有以上第（1）、（3）、（4）所列行为之一的，对单位直接负责的主管人员和其他直接责任人员依法给予处分。因此本题正确选项为 A、C、D。

67. A、B。本题考核的是全面规范企业工资支付行为的规定。《拖欠农民工工资“黑名单”管理暂行办法》规定，用人单位存在下列情形之一的，人力资源社会保障行政部门应当自查处违法行为并作出行政处理或处罚决定之日起 20 个工作日内，按照管辖权限将其列入拖欠工资“黑名单”：（1）克扣、无故拖欠农民工工资报酬，数额达到认定拒不支付劳动报酬罪数额标准的；（2）因拖欠农民工工资违法行为引发群体性事件、极端事件造成严重不良社会影响的。将劳务违法分包、转包给不具备用工主体资格的组织和个人造成拖欠农民工工资且符合前款规定情形的，应将违法分包、转包单位及不具备用工主体资格的组织和个人一并列入拖欠工资“黑名单”。因此本题正确选项为 A、B。

68. A、B、D。本题考核的是工程总承包企业的基本要求。工程总承包企业可以在其资质证书许可的工程项目范围内自行实施设计和施工，也可以根据合同约定或者经建设单位同意，直接将工程项目的设计或者施工业务择优分包给具有相应资质的企业。故 A 选项正确。工程总承包企业应当加强对分包的管理，不得将工程总承包项目转包，也不得将工程总承包项目中设计和施工业务一并或者分别分包给其他单位。故 B、D 选项正确。仅具有设计资质的企业承接工程总承包项目时，应当将工程总承包项目中的施工业务依法分包给具有相应施工资质的企业。仅具有施工资质的企业承接工程总承包项目时，应当将工程总承包项目中的设计业务依法分包给具有相应设计资质的企业。故 C 选项错误。《建筑法》规定，建筑工程总承包单位按照总承包合同的约定对建设单位负责；分包单位按照分包合同的约定对总承包单位负责。总承包单位和分包单位就分包工程对建设单位承担连带责任。故 E 选项错误。因此本题正确选项为 A、B、D。

69. A、B、E。本题考核的是专利法的保护对象。《专利法》保护的是发明创造专利权，并规定发明创造是指发明、实用新型和外观设计。发明是指对产品、方法或者其改进所提出的新的技术方案。实用新型是指对产品的形状、构造或者其结合所提出的适于实用的新的技术方案。外观设计，是指对产品的形状、图案或者其结合以及色彩与形状、图案的结合所作出的富有美感并适于工业应用的新设计。因此本题正确选项为 A、B、E。

70. B、C、E。本题考核的是合同的解除。合同的解除，是指合同有效成立后，当具备法律规定的合同解除条件时，因当事人一方或双方的意思表示而使合同关系归于消灭的行为。合同的解除适用于合法有效的合同，而无效合同、可撤销合同不发生合同解除。故 A 选项错误。当事人对异议期限有约定的依照约定，没有约定的，最长期 3 个月，故 B 选项正确。主张解除合同的，应当通知对方。合同自通知到达对方时解除。对方有异议的，可以请求人民法院或者仲裁机构确认解除合同的效力。法律、行政法规规定解除合同应当办理批准、登记等手续的，依照其规定。故 C 选项正确。合同解除使合同关系自始消灭或者向将来消灭，可视为当事人之间未发生合同关系，或者合同尚存的权利义务不再履行，故 D 选项错误。合同解除须有解除的行为。无论哪一方当事人享有解除合同的权利，其必须向对方提出解除合同的意思表示，才能达到合同解除的法律后果。故 E 选项正确。因此本题正确选项为 B、C、E。

71. A、E。本题考核的是劳动者延长工作时间的相关知识。用人单位由于生产经营需要，经与工会和劳动者协商可以延长工作时间，一般每日不得超过 1 小时；因特殊原因需要延长工作时间的，在保障劳动者身体健康的条件下延长工作时间每日不得超过 3 小时，但是每月不得超过 36 小时。在发生自然灾害、事故等需要紧急处理，或者生产设备、交通运输线路、公共设施发生故障必须及时抢修的以及法律、行政法规规定的特殊情况的，延长工作时间不受上述限制。用人单位应当按照下列标准支付高于劳动者正常工作时间工资的工资报酬：安排劳动者延长工作时间的，支付不低于工资150%的工资报酬；休息日安排劳动者工作又不能安排补休的，支付不低于工资200%的工资报酬；法定休假日安排劳动者工作的，支付不低于工资300%的工资报酬。因此本题正确选项为A、E。

72. A、C、D、E。本题考核的是缺陷责任期。缺陷责任期一般为1年，最长不超过2年，由发承包双方在合同中约定。A选项正确，B选项错误。缺陷责任期从工程通过竣工验收之日起计，故C选项正确。由于承包人原因导致工程无法按规定期限进行竣工验收的，缺陷责任期从实际通过竣工验收之日起计，故D选项正确。由于发包人原因导致工程无法按规定期限进行竣工验收的，在承包人提交竣工验收报告90天后，工程自动进入缺陷责任期，故E选项正确。因此本题正确选项为A、C、D、E。

73. B、C、D。本题考核的是不动产物权的设立。不动产物权的设立、变更、转让和消灭，应当依照法律规定登记，自记载于不动产登记簿时发生效力。经依法登记，发生效力；未经登记，不发生效力，但法律另有规定的除外。故A、E选项错误。依法属于国家所有的自然资源，所有权可以不登记，故C选项正确。不动产登记，由不动产所在地的登记机构办理，故D选项正确。物权变动的基础往往是合同关系，如买卖合同导致物权的转让。需要注意的是，当事人之间订立有关设立、变更、转让和消灭不动产物权的合同，除法律另有规定或者合同另有约定外，自合同成立时生效；未办理物权登记的，不影响合同效力。故B选项正确。因此本题正确选项为B、C、D。

74. B、C。本题考核的是担保。物权包括所有权、用益物权和担保物权。担保方式为保证、抵押、质押、留置和定金，故A选项错误。担保是指当事人根据法律规定或者双方约定，为促使债务人履行债务实现债权人的权利的法律制度，故B选项正确。担保合同是主合同的从合同，主合同无效，担保合同无效。担保合同另有约定的，按照约定。故C选项正确，D选项错误。第三人为债务人向债权人提供担保时，可以要求债务人提供反担保。反担保适用《担保法》的规定，故E选项错误。因此本题正确选项为B、C。

75. A、C、D、E。本题考核的是民事诉讼的协议管辖。《民事诉讼法》规定，合同或者其他财产权益纠纷的当事人可以书面协议选择被告住所地、合同履行地、合同签订地、原告住所地、标的物所在地等与争议有实际联系地点的人民法院管辖，但不得违反本法对级别管辖和专属管辖的规定。因此本题正确选项为A、C、D、E。

76. D、E。本题考核的是女职工和未成年工的特殊保护。《劳动法》规定，禁止安排女职工从事矿山井下、国家规定的第4级体力劳动强度的劳动和其他禁忌从事的劳动。不得安排女职工在经期从事高处、低温、冷水作业和国家规定的第3级体力劳动强度的劳动。不得安排女职工在怀孕期间从事国家规定的第3级体力劳动强度的劳动和孕期禁忌从事的活动。对怀孕7个月以上的女职工，不得安排其延长工作时间和夜班劳动。女职工生育享受不少于90天的产假。不得安排女职工在哺乳未满1周岁的婴儿期间从事国家规定的第3级体力劳动强度的劳动和哺乳期禁忌从事的其他劳动，不得安排其延长工作时间和夜班劳动。此外，未成年工的特殊保护是针对未成年工处于生长发育期的特点，以及接受义务教育的需要，采取的特殊劳动保护措施。未成年工是指年满16周岁未满18周岁的劳动者。因此本题正确选项为D、E。

77. B、E。本题考核的是需要由有关机关裁决适用的特殊情况。法律之间对同一事项的新的一般规定与旧的特别规定不一致，不能确定如何适用时，由全国人民代表大会常务委员会裁决，故 B 选项符合。地方性法规与部门规章之间对同一事项的规定不一致，不能确定如何适用时，由国务院提出意见，国务院认为应当适用地方性法规的，应当决定在该地方适用地方性法规的规定；认为应当适用部门规章的，应当提请全国人民代表大会常务委员会裁决。故 E 选项符合。行政法规之间对同一事项的新的一般规定与旧的特别规定不一致，不能确定如何适用时，由国务院裁决。部门规章之间、部门规章与地方政府规章之间对同一事项的规定不一致时，由国务院裁决。因此本题正确选项为 B、E。

78. A、B、C、E。本题考核的是投标保证金。《招标投标法实施条例》规定，招标人在招标文件中要求投标人提交投标保证金的，投标保证金不得超过招标项目估算价的 2%。投标保证金有效期应当与投标有效期一致。招标人不得挪用投标保证金。故 A、B 选项正确。投标截止后投标人撤销投标文件的，招标人可以不退还投标保证金。中标人无正当理由不与招标人订立合同，取消其中标资格，投标保证金不予退还，故 C 选项正确。实行两阶段招标的，招标人要求投标人提交投标保证金的，应当在第二阶段提出，故 D 选项错误。《工程建设项目施工招标投标办法》进一步规定，投标保证金不得超过项目估算价的 2%，但最高不得超过 80 万元人民币，故 E 选项正确。因此本题正确选项为 A、B、C、E。

79. B、D。本题考核的是建设单位的安全责任。建设单位安全责任包括：依法办理有关批准手续，向施工单位提供真实、准确和完整的有关资料，不得提出违法要求和随意压缩合同工期，确定建设工程安全作业环境及安全施工措施所需费用，不得要求购买、租赁和使用不符合安全施工要求的用具设备等，申领施工许可证应当提供有关安全施工措施的资料，装修工程和拆除工程的规定等。因此本题正确选项为 B、D。

80. A、B、C、D。本题考核的是禁止夜间进行产生环境噪声污染施工作业的规定。《环境噪声污染防治法》规定，在城市市区噪声敏感建筑物集中区域内，禁止夜间进行产生环境噪声污染的建筑施工作业，但抢修、抢险作业和因生产工艺上要求或者特殊需要必须连续作业的除外。因特殊需要必须连续作业的，必须有县级以上人民政府或者其有关主管部门的证明。以上规定的夜间作业，必须公告附近居民。因此本题正确选项为 A、B、C、D。

2018 年度全国二级建造师执业资格考试

《建设工程法规及相关知识》

真题及解析

2018年度《建设工程法规及相关知识》真题

一、单项选择题（共60题，每题1分。每题的备选项中，只有1个最符合题意）

1. 根据《民法总则》，法人分为（　　）。

A. 企业法人和非企业法人　　B. 机关法人、企业法人和社团法人

C. 一般法人和特别法人　　D. 营利法人、非营利法人和特别法人

2. 关于代理的说法，正确的是（　　）。

A. 经被代理人同意的转代理，代理人不再承担责任

B. 同一代理事项有数位代理人的，应当推选牵头人

C. 作为委托人的法人、非法人组织终止的，委托代理终止

D. 表见代理是有权代理

3. 关于物权的说法，正确的是（　　）。

A. 同一物的担保物权人与所有权人应当为同一人

B. 用益物权人可以是该物的所有权人

C. 未经农村土地承包经营者同意，土地所有人不得在该地块设立地役权

D. 物权的变动只能基于合同关系

4. 关于建设工程专利权保护范围的说法，正确的是（　　）。

A. 实用新型以申请时所附的说明书为准

B. 建设工程发明以其附图为准

C. 外观设计以在图片或照片中该产品的外观设计为准

D. 三类专利均以权利要求的内容为准

5. 关于留置的说法，正确的是（　　）。

A. 留置权属于债权　　B. 债权人不负责保管留置物

C. 建设工程合同可以适用留置权　　D. 留置权基于法定而产生

6. 关于财产保险合同的说法，正确的是（　　）。

A. 保险合同不可以转让

B. 保险人不得以诉讼方式要求投保人支付保费

C. 保险合同中的危险具有损失发生的不确定性

D. 被保险人应当与投保人一致

7. 下列法律后果中，属于民事责任承担方式的是（　　）。

A. 解除合同　　B. 继续履行

C. 罚款　　D. 合同无效

8. 关于施工许可的说法，正确的是（　　）。

A. 农民自建低层住宅的，应当申请领取施工许可证

B. 限额以下小型工程应当申请领取施工许可证

C. 施工分包合同签订后，申请领取施工许可证

D. 省级人民政府建设主管部门对小型工程限额的调整，应当报国务院建设主管部门备案

9. 关于申请领取施工许可证的条件的说法，正确的是（　　）。

A. 有保证工程进度的基本制度

B. 建设工程所需投资已经全部到位

C. 依法必须实行监理的工程已经委托了监理单位

D. 已经与施工企业签订了合作协议

10. 关于承揽工程业务的说法，正确的是（　　）。

A. 企业承揽分包工程，应当取得相应建筑业企业资质

B. 不具有相应资质等级的施工企业，可以采取同一专业联合承包的方式满足承揽工程业务要求

C. 施工企业与项目经理部签订内部承包协议，属于允许他人以本企业名义承揽工程

D. 自然人可以成为承揽分包工程业务的主体

11. 根据《注册建造师管理规定》，不予注册的情形是（　　）。

A. 申请人年龄达到60周岁

B. 申请人因执业活动受到刑事处罚，自刑罚执行完毕之日起至申请注册之日止不满5年

C. 申请人被吊销注册证书，自处罚决定之日起至申请注册之日止不满5年

D. 申请人申请注册之日5年前担任项目经理期间，所负责项目发生过重大质量和安全事故

12. 担任施工项目负责人的注册建造师，在所负责的工程项目竣工验收手续办结前，不得变更注册到另一施工企业，除非（　　）。

A. 建设单位同意更换项目负责人

B. 施工企业同意更换项目负责人

C. 建设单位与施工企业产生了合同纠纷

D. 因不可抗力暂停施工

13. 根据《政府采购法实施条例》，政府采购工程依法不进行招标的，可以采用的采购方式是（　　）。

A. 询价　　B. 直接确定

C. 框架协议　　D. 单一来源采购

14. 关于招标价格的说法，正确的是（　　）。

A. 招标时可以设定最低投标限价

B. 招标时可以设定最高投标限价

C. 招标时应当编制标底

D. 招标的项目应当采用工程量清单计价

15. 根据《招标投标法》，可以确定中标人的主体是（　　）。

A. 经招标人授权的招标代理机构　　B. 经招标人授权的评标委员会

C. 建设行政主管部门　　D. 招标投标有形市场

16. 根据《招标投标法实施条例》，履约保证金的上限是中标合同金额的（　　）。

A. 2%　　B. 5%

C. 10%　　D. 20%

17. 发售招标文件收取的费用应当限于补偿（　　）的成本支出。

A. 印刷、邮寄招标文件　　B. 编制招标文件

C. 招标人办公　　D. 招标活动

18. 根据《招标投标法》，中标通知书自（　）发生法律效力。

A. 作出之日　　B. 盖章之日

C. 发出之日　　D. 收到之日

19. 下列情形中，属于弄虚作假、骗取中标的情形是（　　）。

A. 借用他人资质证书　　B. 共同抬高投标报价

C. 行贿评标专家谋取高分　　D. 低价中标、高价索赔

20. 施工企业能够形成建筑市场诚信行为良好行为记录的是（　　）。

A. 合同正常履约　　B. 未发生违约行为

C. 获得发包人奖励　　D. 获得建设行政主管部门表彰

21. 根据《国务院关于建立完善守信联合激励和失信联合惩戒制度加快推进社会诚信建设的指导意见》，诚信典型和连续（　　）年无不良信用记录的行政相对人办理行政许可过程中，能够享受“绿色通道”和“容缺受理”等便利服务措施。

A. 2　　B. 3

C. 5　　D. 6

22. 注册建造师的下列行为中，可以记入注册建造师执业信用档案的是（　　）。

A. 对设计变更有异议的　　B. 泄露商业秘密的

C. 经常外出参会的　　D. 拒绝执行监理工程师指令的

23. 关于合同形式的说法，正确的是（　　）。

A. 合同必须采用书面形式　　B. 口头形式属于合同的其他形式

C. 合同可以采用数据电文形式　　D. 未依法采取书面形式订立的合同无效

24. 某施工合同的约定违反了某行政法规的效力性强制性规定，则该施工合同（　　）。

A. 效力待定　　B. 可撤销

C. 无效　　D. 有效

25. 关于施工合同变更的说法，正确的是（　　）。

A. 合同变更内容约定不明确的，推定为未变更

B. 合同变更应当办理批准、登记手续

C. 工程变更必将导致合同变更

D. 合同非实质性条款的变更无须当事人双方协商一致

26. 根据《合同法》，下列合同转让产生法律效力的是（　　）。

A. 施工企业将施工合同中主体结构的施工转让给第三人

B. 施工企业将其对建设单位的债权转让给了水泥厂，并通知了建设单位

C. 建设单位到期不能支付工程款，书面通知施工企业将债务转让给第三人

D. 监理单位将监理合同一并转让给其他具有相应监理资质的监理单位

27. 施工企业发生以下情形，建设单位请求解除施工合同，人民法院应予支持的是（　　）。

A. 将承包的建设工程非法转包、违法分包的

B. 已经完成的建设工程质量不合格的

C. 不履行合同约定的协助义务的

D. 合同约定的期限内没有完工的

28. 设备采购合同约定，任何一方不履行合同应当支付违约金5万元。采购人按照约定向供应商交付定金8万元。合同履行期限届满，供应商未能交付设备，则采购人能获得法院支持的最高请求额是（　　）万元。

A. 5　　B. 8

C. 13　　D. 16

29. 施工合同履行过程中出现以下情形，施工企业可以被免除违约责任的是（　　）。

A. 施工过程中遭遇梅雨季节，导致工期延误

B. 施工过程中发生罕见洪灾，导致工期延误

C. 施工企业的设备损坏，导致工期延误

D. 施工企业迟延施工遭遇泥石流，导致工期延误

30. 某施工企业与李某协商解除劳动合同，李某在该企业工作了2年3个月，在解除合同前12个月李某月平均工资为6000元。根据《劳动合同法》，该企业应当给予李某经济补偿（　　）。

A. 6000元　　B. 12000元

C. 15000元　　D. 18000元

31. 关于劳动争议解决方式的说法，正确的是（　　）。

A. 用人单位与劳动者发生劳动争议的，劳动者应当先申请本单位劳动争议调解委员会调解

B. 企业劳动争议调解委员会由职工代表、用人单位代表、工会代表、劳动行政部门代表组成

C. 用人单位与劳动者发生劳动争议，劳动者可以依法申请调解、仲裁、提起诉讼，也可以自行和解

D. 用人单位与劳动者发生劳动争议的，可以向劳动者住所地的仲裁委员会申请仲裁

32. 关于承揽合同当事人权利义务的说法，正确的是（　　）。

A. 定作人不得中途变更承揽工作的要求

B. 定作人提供的材料不符合约定的，承揽人可以自行更换材料

C. 承揽人向定作人交付工作成果的，定作人应当验收该工作成果

D. 定作人可以随时解除承揽合同，造成承揽人损失的，应当赔偿损失

33. 关于出卖人交付标的物的说法，正确的是（　　）。

A. 约定交付期间的，出卖人可以在该期间内的任何时间内交付标的物

B. 买受人代为保管其拒绝接收的多交部分标的物，出卖人可拒绝负担保管费用

C. 出卖人应当按照通常的包装方式交付标的物

D. 合同未约定检验期间的，买受人可以在任何时间检验标的物

34. 甲委托乙采购一种新材料并签订了材料采购委托合同，经甲同意，乙将新材料采购事务转委托给丙。关于该转委托中责任承担的说法，正确的是（　　）。

A. 乙对丙的行为承担责任

B. 甲与乙对丙的行为承担连带责任

C. 乙仅对丙的选任及其对丙的指示承担责任

D. 乙对丙的选任及其对丙的指示，由甲与乙承担连带责任

35. 某施工企业与租赁公司签订了塔吊租赁合同，施工企业在租赁期间损坏了塔吊的两个部件，并有意转租该塔吊。关于施工企业义务的说法，正确的是（　　）。

A. 施工企业应当对塔吊部件进行维修

B. 施工企业应当对塔吊做相应改造

C. 施工企业应当承担塔吊部件的损害赔偿责任

D. 施工企业转租塔吊后应当将相关情况通知租赁公司

36. 根据《绿色施工导则》，建筑垃圾的再利用和回收率力争达到（　　）。

A. 20%　　　　B. 30%

C. 40%　　　　D. 50%

37. 建设单位组织竣工验收，对不符合民用建筑节能强制性标准的，不得出具（　　）报告。

A. 建筑节能合格　　　　B. 建筑节能达标

C. 竣工验收合格　　　　D. 能耗验收合格

38. 根据《绿色施工导则》，施工现场500km以内生产的建筑材料用量应当占建筑材料总重量的（　　）以上。

A. 50%　　　　B. 60%

C. 70%　　　　D. 80%

39. 关于国家所有的不可移动文物范围的说法，正确的是（　　）。

A. 纪念建筑物属于国家所有　　　　B. 近代现代代表性建筑属于国家所有

C. 石刻属于国家所有　　　　D. 古文化遗址属于国家所有

40. 关于建设工程返修的说法，正确的是（　　）。

A. 施工企业只对自己原因造成的质量问题负责返修，费用由建设单位承担

B. 施工企业对所有的质量问题均应当负责返修，费用由建设单位承担

C. 施工企业对非自己原因造成的质量问题负责返修，费用由责任人承担

D. 施工企业只对竣工验收时发现的质量问题负责返修并承担费用

41. 施工企业主要负责人对安全生产的责任包括（　　）。

A. 保证本企业安全生产投入的有效实施

B. 工程项目实行总承包的，定期考核分包企业安全生产管理情况

C. 督促落实本单位重大危险源的安全管理措施

D. 在施工现场组织协调工程项目质量安全生产活动

42. 根据《建设工程安全生产管理条例》，施工总承包项目的分包工程发生施工生产安全事故，负责向政府安监部门和有关部门上报事故的是（　　）。

A. 分包单位　　　　B. 建设单位

C. 总承包单位　　　　D. 现场安全责任人

43. 根据《工伤保险条例》，不能认定为工伤的情形是（　　）。

A. 患职业病的

B. 因工外出期间，由于工作原因发生事故下落不明的

C. 在上班途中遭遇本人负主要责任的交通事故致本人伤害的

D. 高空作业跌落摔伤的

44. 根据《建设工程安全生产管理条例》，在城市市区内的施工现场未实行封闭围挡的，一般情况下可能承担的法律责任是（　　）。

A. 处以 20 万元罚款　　B. 吊销施工企业营业执照

C. 降低施工企业资质等级　　D. 责令施工企业限期改正

45. 下列事项中，属于施工生产安全事故调查组职责的是（　　）。

A. 查明事故发生的间接经济损失　　B. 追究责任人的法律责任

C. 提出对受伤人员的赔偿方案　　D. 提交事故调查报告

46. 某起生产安全事故造成 9 人死亡、51 人重伤、直接经济损失近 2000 万元，根据《生产安全事故报告和调查处理条例》，该事故为（　　）。

A. 特别重大事故　　B. 重大事故

C. 较大事故　　D. 一般事故

47. 根据《建设工程安全生产管理条例》，工程监理单位对施工组织设计中的安全技术措施或者专项实施方案的审查重点是（　　）。

A. 是否符合工程建设强制性标准　　B. 是否达到工程使用功能要求

C. 是否达到施工进度要求　　D. 是否达到造价控制目标

48. 根据《实施工程建设强制性标准监督规定》，下列情形中不属于强制性标准监督检查内容的是（　　）。

A. 工程管理人员是否熟悉强制性标准

B. 工程项目规划、勘察、设计、施工阶段是否符合强制性标准

C. 工程项目使用的材料、设备是否符合强制性标准

D. 工程项目的安全、质量是否符合强制性标准

49. 关于总分包单位的质量责任的说法，正确的是（　　）。

A. 分包工程质量由分包单位自行向建设单位负责

B. 总承包单位与分包单位对分包工程的质量各自向建设单位承担相应的责任

C. 分包单位应当接受总承包单位的质量管理

D. 分包工程发生质量问题，建设单位只能向总承包单位请求赔偿

50. 关于工程质量检测的说法，正确的是（　　）。

A. 检测报告必须由检测机构法定代表人签署

B. 检测机构是不具有独立法人资格的非营利性中介机构

C. 检测人员不得同时受聘于两个或两个以上检测机构

D. 检测数据和检测报告仅供施工企业参考

51. 施工企业将工程隐蔽部位覆盖后，建设单位对质量有疑问并要求施工企业对已覆盖的部位揭开重新检查的，其费用、工期和利润的承担原则是（　　）。

A. 经检查证明工程质量不符合合同要求的，由施工企业承担由此增加的费用，建设单位承担延误的工期

B. 经检查证明工程质量不符合合同要求的，由施工企业承担由此增加的费用和延误的工期

C. 经检查证明工程质量符合合同要求的，建设单位只承担由此延误的工期并支付施工企业合理的利润

D. 经检查证明工程质量符合合同要求的，建设单位只承担由此增加的费用和延误的工期

52. 根据《建设工程质量管理条例》，关于工程监理单位质量责任和义务的说法，正确的是（　　）。

A. 监理单位不得与被监理工程的设计单位有利害关系

B. 监理单位对施工质量实施监理，并对施工质量承担监理责任

C. 未经总监理工程师签字，建筑材料不得在工程上使用

D. 施工图深化文件是监理工作的主要依据

53. 关于工程质量争议处理的说法，正确的是（　　）。

A. 施工企业对施工中出现的施工质量问题应当负责返修

B. 建设单位直接指定分包人分包专业工程的，应当承担无过错责任

C. 建设工程未经竣工验收，建设单位擅自使用后，以部分质量不符合约定为由主张权利的，应予支持

D. 建设工程竣工时发现的质量缺陷是建设单位的责任，施工企业不承担返修义务

54. 下列争议中，受《仲裁法》调整的是（　　）。

A. 建设行政主管部门处理的行政争议　　B. 劳动争议

C. 农林承包经营合同争议　　D. 建设工程施工合同争议

55. 施工企业向某律师出具的民事诉讼授权委托书中仅写明代理权限是“全权代理”。下列与诉讼有关的行为中，该律师享有代理权的是（　　）。

A. 提供证据　　B. 放弃诉讼请求

C. 与对方当事人进行和解　　D. 提起上诉

56. 根据《民事诉讼法》，属于人民法院应当裁定中止执行情形的是（　　）。

A. 执行案件申请人撤销申请的

B. 作为一方当事人的法人或其他组织终止，尚未确定权利义务承受人的

C. 作为被执行人的公民死亡，无遗产可供执行，又无义务承担人的

D. 追索赡养费、抚养费、抚育费案件的权利人死亡的

57. 关于仲裁的说法，正确的是（　　）。

A. 对于仲裁协议有效的仲裁案件，法院仍具有管辖权

B. 只要一方当事人申请仲裁，仲裁委员会都应当予以受理

C. 仲裁裁决作出后，当事人就同一纠纷向法院起诉的，法院应当予以受理

D. 没有仲裁协议或者仲裁协议无效的，法院对当事人的纠纷应当予以受理

58. 关于仲裁裁决执行效力的说法，正确的是（　　）。

A. 一方当事人不履行仲裁裁决的，另一方当事人应当向作出裁决的仲裁机构申请执行

B. 仲裁裁决只在国内生效

C. 申请仲裁裁决强制执行的期间为 2 年

D. 当事人申请执行仲裁裁决的案件，由被执行人所在地或者被执行财产所在地的基层人民法院管辖

59. 关于和解的说法，正确的是（　　）。

A. 和解只能发生在诉讼前

B. 当事人申请仲裁后，不可以自行和解

C. 和解达成的协议具有合同效力

D. 和解达成协议，必须以书面形式作出

60. 根据《行政诉讼法》，下列情形中属于行政诉讼受案范围的是（　　）。

A. 国防、外交等国家行为

B. 行政法规、规章或者行政机关制定、发布的具有普遍约束力的决定、命令

C. 行政机关对行政机关人员的奖惩、任免等决定

D. 对于限制人身自由的行政强制措施不服的

二、多项选择题（共 20 题，每题 2 分。每题的备选项中，有 2 个或 2 个以上符合题意，至少有 1 个错项。错选，本题不得分；少选，所选的每个选项得 0.5 分）

61. 法的形式的含义包括（　　）。

A. 创制机关的性质及级别

B. 法律规范的内涵

C. 法律规范的期间效力

D. 法律规范的地域效力

E. 法律规范的效力等级

62. 关于法定代表人的说法，正确的有（　　）。

A. 公司章程对法定代表人权利的限制，可以对抗善意第三人

B. 因过错履行职务行为损害他人，由法定代表人承担责任

C. 法定代表人为特别法人

D. 法定代表人代表法人从事民事活动

E. 法人应当有法定代表人

63. 关于地役权的说法，正确的有（　　）。

A. 地役权的设立是为了提高供役地的使用效率

B. 地役权未经登记不得对抗需役地人

C. 需役地上的用益物权转让时，受让人同时享有地役权

D. 地役权由需役地人单方设立

E. 地役权属于用益物权

64. 下列行为构成侵权之债的有（　　）。

A. 建设行政主管部门未及时颁发施工许可证

B. 路人帮助把受伤工人送至医院

C. 建筑物上坠落物品造成他人伤害，难以确定责任人

D. 拆除屋顶广告时将住户窗户损坏

E. 建设单位未将工程款及时足额支付给施工企业

65. 抵押期间抵押人转让已经办理登记的抵押物，通知了抵押权人并告知了受让人转让物已经抵押的情况，则（　　）。

A. 转让行为无效

B. 转让所得价款应当由抵押权人所有

C. 转让所得价款可以向第三人提存

D. 转让所得价款只能提前清偿债务

E. 转让行为有效

66. 下列情形中，依法可以不招标的项目有（　　）。

A. 需要使用不可替代的施工专有技术的项目

B. 采购人的全资子公司能够自行建设的

C. 只有少量潜在投标人可供选择的项目

D. 需要向原中标人采购工程，否则将影响施工或者功能配套要求的

E. 已通过招标方式选定的特许经营项目投资人依法能够自行建设的

67. 下列情形中，招标人应当拒收的投标文件有（　　）。

A. 投标人未提交投标保证金的

B. 投标人的法定代表人未到场的

C. 投标人对招标文件有异议的

D. 逾期送达的

E. 未按招标文件要求密封的

68. 下列情形中，视为投标人相互串通投标的有（　　）。

A. 属于同一组织的成员按照该组织要求协同投标

B. 不同投标人的投标文件由同一人编制

C. 不同投标人的投标文件的报价呈规律性差异

D. 投标人之间约定部分投标人放弃投标

E. 不同投标人的投标文件相互混装

69. 根据《建筑工程施工转包违法分包等违法行为认定查处管理办法（试行）》，下列情形中，属于违法分包的有（　　）。

A. 将工程分包给不具有相应资质条件单位的

B. 将钢结构工程分包的

C. 未经建设单位同意将工程分包的

D. 分包单位将分包工程再分包的

E. 分包单位将劳务作业分包的

70. 施工合同中对应付款时间约定不明时，关于付款起算时间的说法，正确的有（　　）。

A. 工程已实际交付的，为交付之日

B. 工程已交付，施工企业主张工程款的，为提出主张之日

C. 工程未交付的，为提交竣工验收报告之日

D. 工程未交付的，为提交竣工结算文件之日

E. 工程未交付，工程价款也未结算的，为当事人起诉之日

71. 下列施工合同中，属于无效合同的有（　　）。

A. 施工企业借用他人资质签订的

B. 施工企业与建设单位串通投标，中标后签订的

C. 建设工程依法必须进行招标而未招标的

D. 施工企业将其承包的部分非主体工程分包的

E. 施工企业超越资质等级与建设单位签订的

72. 关于劳动合同订立的说法，正确的有（　　）。

A. 试用期包含在劳动合同期限内

B. 固定期限劳动合同不能超过 10 年

C. 商业保险是劳动合同的必备条款

D. 劳动关系自劳动合同订立之日起建立

E. 建立全日制劳动关系，应当订立书面劳动合同

73. 根据《劳动合同法》，劳动合同无效或部分无效的情形有（　　）。

A. 以欺诈、胁迫的手段，使对方在违背真实意思的情况下订立劳动合同的

B. 用人单位免除自己的法定责任、排除劳动者权利的

C. 劳动者死亡，或者被人民法院宣告死亡或者失踪的

D. 用人单位被吊销营业执照、责令关闭、撤销的

E. 劳动者被依法追究刑事责任的

74. 根据《劳动合同法》，劳动者有下列情形之一，用人单位可以解除劳动合同的是（　　）。

A. 劳动者不能胜任工作

B. 劳动者在试用期内不符合录用条件

C. 劳动者患病

D. 劳动者严重违反用人单位的规章制度

E. 劳动者被依法追究刑事责任

75. 下列争议中，属于劳动争议范围的是（　　）。

A. 因确认劳动关系发生的争议

B. 家庭与家政服务人员之间的争议

C. 因工作时间发生的争议

D. 个体工匠与学徒之间的争议

E. 因终止劳动合同发生的争议

76. 在城市市区范围内，建筑施工过程中使用机械设备，可能产生环境噪声污染的，施工企业必须在工程开工15日以前向工程所在地县级以上地方人民政府环境保护行政主管部门申报该工程的（　　）。

A. 项目名称

B. 施工场所和期限

C. 产生噪声的原因

D. 可能产生的环境噪声值

E. 所采取的环境噪声污染防治措施

77. 根据《建筑起重机械安全监督管理规定》，建筑起重机械不得出租、使用的情形有（　　）。

A. 经检验未达到安全技术标准规定的

B. 没有完整安全技术档案的

C. 超过安全技术标准或者制造厂家规定的使用年限的

D. 属于国家不鼓励使用的

E. 安全保护装置齐全有效的

78. 关于竣工验收时应当提交的档案资料的说法，正确的有（　　）。

A. 建设单位应当在建设工程竣工验收后，及时向建设行政主管部门或其他有关部门移交建设项目档案

B. 施工企业应当在合同中明确要求勘察、设计、监理等单位分别提供各环节文件资料

C. 施工企业应当按照归档要求制定统一目录

D. 工程检验评定资料无需在竣工时提交

E. 工程检验评定资料应当由施工企业提交

79. 关于质量保证责任的说法，正确的有（　　）。

A. 质量保修有保修期限和保修范围的双重约束

B. 因建设单位错误管理造成的质量缺陷，由施工企业负责维修和承担费用

C. 因地震、台风、洪水等原因造成的永久工程损坏，由施工企业负责维修，其费用由建设单位承担

D. 建设工程质量保证金是从建设单位应付的工程款中预留的资金

E. 缺陷责任期内预留质量保证金的，施工企业履行合同约定的责任，到期后，施工企

业可以向建设单位申请返还质量保证金

80. 在施工合同纠纷的诉讼中，能作为证据的有（　　）。

A. 当事人的陈述

B. 施工企业偷录的谈判录音

C. 工程设计图纸

D. 工程质量司法鉴定机构出具的鉴定报告

E. 法律规定

2018年度真题参考答案及解析

一、单项选择题

1. D;	2. C;	3. C;	4. C;	5. D;
6. C;	7. B;	8. D;	9. C;	10. A;
11. B;	12. A;	13. D;	14. B;	15. B;
16. C;	17. A;	18. C;	19. A;	20. D;
21. B;	22. B;	23. C;	24. C;	25. A;
26. B;	27. A;	28. D;	29. B;	30. C;
31. C;	32. D;	33. A;	34. C;	35. C;
36. B;	37. C;	38. C;	39. D;	40. C;
41. A;	42. C;	43. C;	44. D;	45. D;
46. B;	47. A;	48. A;	49. C;	50. C;
51. B;	52. B;	53. A;	54. D;	55. A;
56. B;	57. D;	58. C;	59. C;	60. D。

【解析】

1. D。本题考核的是法人的分类。《民法总则》规定，法人分为营利法人、非营利法人和特别法人三大类。因此本题正确选项为D。

2. C。本题考核的是代理的相关规定。代理是工程建设中经常产生的法律关系。A选项是关于转代理的，代理人转托他人代理，即为转代理，转代理应当经过被代理人同意，但并不意味着代理人不再承担任何责任，《民法总则》规定，代理人仅就第三人的选任以及对第三人的指示承担责任。故A选项错误。数人为同一代理事项的代理人的，应当共同行使代理权，但是当事人另有约定的除外。法律没有要求推举牵头人。故B选项错误。表见代理是有权代理，故D选项错误。作为被代理人或者代理人的法人、非法人组织终止，委托代理也终止。因此本题正确选项为C。

3. C。本题考核的是物权的相关规定。担保物权是权利人在债务人不履行到期债务或者发生当事人约定的实现担保物权的情形，依法享有就担保财产优先受偿的权利。权利人是担保物权人，同一物的担保物权人与所有权人不可能为同一人，因此，A选项错误。用益物权是权利人对他人所有的不动产或者动产，依法享有占有、使用和收益的权利，因此，用益物权人不可以是该物的所有权人，因此B选项错误。合同关系不是物权变动的唯一基础，如没收也可以导致物权变动，因而D选项错误。因此本题正确选项为C。

4. C。本题考核的是专利法的保护范围。《专利法》规定，发明或者实用新型专利权的保护范围以其权利要求的内容为准，说明书及附图可以用于解释权利要求的内容。外观设计专利权的保护范围以表示在图片或者照片中的该产品的外观设计为准。因此本题正确选项为C。

5. D。本题考核的是留置的相关规定。留置权属于担保物权，不属于债权，故A选项错误。债权人将留置物留置后，应当负责保管，故 B 选项错误。留置权只适用动产，建设工程为不动产，不适用留置，故 C 选项错误。留置权只能基于法定产生，不能基于约定产生，因此本题正确选项为 D。

6. C。本题考核的是财产保险合同。财产保险合同可以转让，保险人可以以诉讼方式要求投保人支付保费，故 A、B 选项错误。被保险人与投保人不一致是允许的，故 D 选项错误。因此本题正确选项为 C。

7. B。本题考核的是民事责任的承担方式。罚款属于行政责任。解除合同、合同无效是合同的效力状态，也不是民事责任。只有继续履行是民事责任，因此本题正确选项为 B。

8. D。本题考核的是施工许可证的相关规定。根据《建设工程施工许可管理办法》的规定，农民自建低层住宅、限额以下小型工程，不用申请领取施工许可证；施工分包合同签订不是申请领取施工许可证的条件。因此本题正确选项为 D。

9. C。本题考核的是施工许可证的申领条件。根据《建设工程施工许可管理办法》的规定，申请领取施工许可证的条件，有建设资金已经落实，这与 B 选项不同，故 B 选项错误。工程进度一般属于商业行为，不属于申请施工许可证的条件，故 A 选项错误。申请施工许可证，要求已经确定施工企业，这与已经与施工企业签订了合作协议不同，从法律上说，发出中标通知书即可认定确定施工企业，且施工合同一般不认为是合作协议，使用的概念要以法律用语为准，故 D 选项错误。依法必须实行监理的工程已经委托了监理单位，属于申请领取施工许可证的条件，因此本题正确选项为 C。

10. A。本题考核的是承揽工程业务的相关规定。施工企业资从业资格制度的核心是企业的资质，不论是施工总承包还是施工分包，均要求取得相应建筑业企业资质，故 A 选项是正确的。按照《建筑法》第 27 条的规定，“两个以上不同资质等级的单位实行联合共同承包的，应当按照资质等级低的单位的业务许可范围承揽工程”，不可能实现“不具有相应资质等级的施工企业，可以采取同一专业联合承包的方式满足承揽工程业务要求”，故 B 选项错误。施工企业与项目经理部签订内部承包协议，属于施工企业正常的内部管理，允许他人以本企业名义承揽工程则是违法行为，故 C 选项错误。由于施工资质只有企业才可能取得，而分包工程也需要取得相应资质，因此，自然人不可以成为承揽分包工程业务的主体，故 D 选项错误。因此本题正确选项为 A。

11. B。本题考核的是建造师不予注册的情形。根据《注册建造师管理规定》，不予注册的情形有：年龄超过 65 周岁的；因执业活动受到刑事处罚，自刑事处罚执行完毕之日起至申请注册之日止不满 5 年的；被吊销注册证书，自处罚决定之日起至申请注册之日止不满 2 年的；在申请注册之日前 3 年内担任项目经理期间，所负责项目发生过重大质量和安全事故的。因此本题正确选项为 B。

12. A。本题考核的是更换施工项目负责人的情形。根据《注册建造师执业管理办法（试行）》的规定，注册建造师担任施工项目负责人期间原则上不得更换。如发生下列情形之一的，应当办理书面交接手续后更换施工项目负责人：（1）发包方与注册建造师受聘企业已解除承包合同的；（2）发包方同意更换项目负责人的；（3）因不可抗力等特殊情况必须更换项目负责人的。因此本题正确选项为 A。

13. D。本题考核的是采购方式。《政府采购法实施条例》规定，政府采购工程依法不进行招标的，应当依照政府采购法和本条例规定的竞争性谈判或者单一来源采购方式采购。

因此本题正确选项为D。

14. B。本题考核的是招标价格。根据《招标投标法实施条例》的规定，招标时不得设定最低投标限价，但可以设定最高投标限价，故A选项错误，B选项正确。根据《招标投标法》的规定，招标时可以编制标底，故C选项错误。关于工程量清单计价问题，对于非国有资金投资项目是鼓励使用，故D选项错误。因此本题正确选项为B。

15. B。本题考核的是中标人的确定主体。定标权是招标投标过程中最重要的一项权利，必须依法行使。这项权利归招标人，也可以经招标人授权给评标委员会，其他机构不能行使这项权利。因此，本题的正确选项是B。

16. C。本题考核的是履约保证金。履约保证金的比例是由《招标投标法实施条例》规定的，这个比例数需要记住。当然也需要理解，因为履约保证金是担保合同履行的，其比例远高于担保合同订立的投标保证金高，前者为10%，后者为2%。因此，本题的正确选项为C。

17. A。本题考核的是招标文件发售的相关规定。在招标投标实践中长期存在以发售招标文件获利的现象，这种现象成为妨碍投标人参加投标的一个因素。因此，《招标投标法实施条例》对发售招标文件收取的费用进行了限制，主要是防止招标人或者招标代理机构以此获利，规定发售招标文件收取的费用，应当限于补偿印刷、邮寄招标文件的成本支出。因此本题正确选项为A。

18. C。本题考核的是中标通知书的生效时间。中标通知书发生法律效力的时间是由《招标投标法》直接规定的。中标通知书的法律性质是承诺，但其生效时间不是《合同法》规定的承诺自送达时生效，而是规定发出之日起生效。《合同法》与《招标投标法》是一般法与特别法的关系，两者有不同规定时，要优先适用《招标投标法》的规定，即，中标通知书自发出之日发生法律效力。因此本题正确选项为C。

19. A。本题考核的是弄虚作假、骗取中标的情形。投标中的不正当竞争行为有很多种表现形式，A选项属于弄虚作假、骗取中标，B选项属于投标人相互串通投标，C选项属于投标人以行贿手段谋取中标，D选项属于价格方面的不正当竞争行为。因此本题正确选项为A。

20. D。本题考核的是建筑市场诚信行为记录。建筑市场诚信良好行为记录要以各级建设行政主管部门和相关专业部门的奖励和表彰为依据。合同的正常履行，如果没有建设行政主管部门和相关专业部门的奖励和表彰，都不构成建筑市场诚信良好行为记录。A、B、C选项都属于合同正常履行行为，只有D选项才能形成建筑市场诚信行为良好行为记录。因此，本题正确选项为D。(此知识点已过时)

21. B。本题考核的是建筑市场信用体系建设。《国务院关于建立完善守信联合激励和失信联合惩戒制度加快推进社会诚信建设的指导意见》规定，在办理行政许可过程中，对诚信典型和连续三年无不良信用记录的行政相对人，可根据实际情况实施“绿色通道”和“容缺受理”等便利服务措施。因此本题正确选项为B。(此知识点已过时)

22. B。本题考核的是记入注册建造师执业信用档案的情形。《注册建造师执业管理办法（试行）》规定，注册建造师有下列行为之一，经有关监督部门确认后由工程所在地建设主管部门或有关部门记入注册建造师执业信用档案：（1）《注册建造师执业管理办法（试行）》第22条所列行为；（2）未履行注册建造师职责造成质量、安全、环境事故的；（3）泄露商业秘密的；（4）无正当理由拒绝或未及时签字盖章的；（5）未按要求提供注册建造师信用档案信息的；（6）未履行注册建造师职责造成不良社会影响的；（7）未履行注册建造师职责导致项目未能及时交付使用的；（8）不配合办理交接手续的；（9）不积极配合有关部门监督检查的。因此本题正确选项为B。

23. C。本题考核的是合同的形式。《合同法》规定，当事人订立合同，有书面形式、口头形式和其他形式。法律、行政法规规定采用书面形式的，应当采用书面形式。当事人约定采用书面形式的，应当采用书面形式。第11条规定，书面形式是指合同书、信件和数据电文（包括电报、电传、传真、电子数据交换和电子邮件）等可以有形地表现所载内容的形式。故A、B选项错误。《合同法》规定，法律、行政法规规定或者当事人约定采用书面形式订立合同，当事人未采用书面形式但一方已经履行主要义务，对方接受的，该合同成立。未依法采取书面形式订立合同的，不影响合同的效力。故D选项错误。因此本题正确选项为C。

24. C。本题考核的是无效合同。《合同法》规定，有下列情形之一的，合同无效：(1)一方以欺诈、胁迫的手段订立合同，损害国家利益；（2）恶意串通，损害国家、集体或者第三人利益；（3）以合法形式掩盖非法目的；（4）损害社会公共利益；（5）违反法律、行政法规的强制性规定。题目中某施工合同的约定违反了某行政法规的效力性强制性规定属于《合同法》第52条第5项规定的情形，因此该施工合同无效。因此本题正确选项为C。

25. A。本题考核的是合同变更。《合同法》规定，当事人协商一致，可以变更合同。法律、行政法规规定变更合同应当办理批准、登记等手续的，依照其规定。当事人对合同变更的内容约定不明确的，推定为未变更。故B、D选项错误。在当事人另有约定的情况下，工程变更并不必然导致合同变更，说法太绝对，故C选项错误。因此本题正确选项为A。

26. B。本题考核的是合同转让。建筑工程主体结构的施工必须由总承包单位自行完成，转让行为无效，故A选项错误。《合同法》规定，债务人将合同的义务全部或者部分转移给第三人的，应当经债权人同意，故C选项错误。未经债权人同意，债务人转移合同义务的行为对债权人不发生效力。《建筑法》规定，工程监理单位应当在其资质等级许可的监理范围内，承担工程监理业务。工程监理单位不得转让工程监理业务，故D选项错误。因此本题正确选项为B。

27. A。本题考核的是施工合同法定解除情形。《合同法》规定，有下列情形之一的，当事人可以解除合同：（1）因不可抗力致使不能实现合同目的；（2）在履行期限届满之前，当事人一方明确表示或者以自己的行为表明不履行主要债务；（3）当事人一方迟延履行主要债务，经催告后在合理期限内仍未履行；（4）当事人一方迟延履行债务或者有其他违约行为致使不能实现合同目的；（5）法律规定的其他情形。《最高人民法院关于审理建设工程施工合同纠纷案件适用法律问题的解释》规定，承包人具有下列情形之一，发包人请求解除建设工程施工合同的，应予支持：（1）明确表示或者以行为表明不履行合同主要义务的；（2）合同约定的期限内没有完工，且在发包人催告的合理期限内仍未完工的；(3）已经完成的建设工程质量不合格，并拒绝修复的；（4）将承包的建设工程非法转包、违法分包的。故C、D选项错误。B选项属于承包人已经履行完成合同义务，但不符合约定应该承担违约责任的情形。因此本题正确选项为A。（注意：《最高人民法院关于审理建设工程施工合同纠纷案件适用法律问题的解释》现已废止）

28. D。本题考核的是定金与违约金的适用。《合同法》规定，当事人可以约定一方向对方给付定金作为债权的担保。债务人履行债务后，定金应当抵作价款或者收回。给付定金的一方不履行约定的债务的，无权要求返还定金；收受定金的一方不履行约定的债务的，应当双倍返还定金。当事人既约定违约金，又约定定金的，一方违约时，对方可以选择适用违约金或者定金条款。在本题目中：（1）如果适用定金条款，8 万元定金，双倍返还 16 万元；（2）如果适用违约金条款，则定金直接退回，违约金+定金=5+8=13 万元。违约金和定金二选一，因此本题正确选项为 D。

29. B。本题考核的是违约责任的免除。在合同履行过程中，如果出现法定的免责条件或合同约定的免责事由，违约人将免于承担违约责任。我国的《合同法》仅承认不可抗力为法定的免责事由。《合同法》规定，因不可抗力不能履行合同的，根据不可抗力的影响，部分或者全部免除责任，但法律另有规定的除外。当事人迟延履行后发生不可抗力的，不能免除责任。本法所称不可抗力，是指不能预见、不能避免并不能克服的客观情况。当事人一方因不可抗力不能履行合同的，应当及时通知对方，以减轻可能给对方造成的损失，并应当在合理期限内提供证明。B 选项中的洪灾属于不可抗力，可以作为免责事由，为正确选项。A、C 选项均不属于不可抗力，不能免除违约责任。D 选项中的泥石流虽属于不可抗力，但由于发生在迟延履行后，不能免除责任。因此本题正确选项为 B。

30. C。本题考核的是终止劳动合同的经济补偿。根据《劳动合同法》，经济补偿的标准，按劳动者在本单位工作的年限，每满 1 年支付 1 个月工资的标准向劳动者支付。6 个月以上不满 1 年的，按 1 年计算；不满 6 个月的，向劳动者支付半个月工资的经济补偿。劳动者月工资高于用人单位所在直辖市、设区的市级人民政府公布的本地区上年度职工月平均工资 3 倍的，向其支付经济补偿的标准按职工月平均工资 3 倍的数额支付，向其支付经济补偿的年限最高不超过 12 年。月工资是指劳动者在劳动合同解除或者终止前 12 个月的平均工资。根据上述规定，李某获得的经济补偿应为：$6000\times2+6000\times\frac{1}{2}=15000$ 元。因此本题正确选项为 C。

31. C。本题考核的是劳动争议解决方式。《劳动法》规定，用人单位与劳动者发生劳动争议，当事人可以依法申请调解、仲裁、提起诉讼，也可以协商解决。调解原则适用于仲裁和诉讼程序。（1）调解：劳动争议发生后，当事人可以向本单位劳动争议调解委员会申请调解。在用人单位内，可以设立劳动争议调解委员会。劳动争议调解委员会由职工代表、用人单位代表和工会代表组成。劳动争议调解委员会主任由工会代表担任。劳动争议经调解达成协议的，当事人应当履行。（2）仲裁：对于调解不成，当事人一方要求仲裁的，可以向劳动争议仲裁委员会申请仲裁。当事人一方也可以直接向劳动争议仲裁委员会申请仲裁。劳动争议仲裁委员会由劳动行政部门代表、同级工会代表、用人单位方面的代表组成。劳动争议仲裁委员会主任由劳动行政部门代表担任。故 A、B 选项错误，C 选项正确。《劳动争议调解仲裁法》规定，劳动争议仲裁委员会负责管辖本区域内发生的劳动争议。劳动争议由劳动合同履行地或者用人单位所在地的劳动争议仲裁委员会管辖。双方当事人分别向劳动合同履行地和用人单位所在地的劳动争议仲裁委员会申请仲裁的，由劳动合同履行地的劳动争议仲裁委员会管辖。故 D 选项错误。因此本题正确选项为 C。

32. D。本题考核的是承揽合同当事人的权利义务。A 选项错在“不得”二字。B 选项：定作人提供的材料不符合约定的，承揽人应当及时通知定作人更换、补齐或者采取其他补救措施，不得擅自更换定作人提供的材料。C 选项的正确表述是：承揽人完成工作向定作人交付工作成果，并提交了必要的技术资料和有关质量证明的，定作人应当验收该工作成果。因此本题正确选项为D。

33. A。本题考核的是买卖合同中出卖人交付标的物的相关内容。B选项错在“可拒绝负担”。C选项不正确：出卖人应当按照约定的包装方式交付标的物。对包装方式没有约定或者约定不明确，可以协议补充；不能达成补充协议的，按照合同有关条款或者交易习惯确定。对于不能达成补充协议，也不能按照合同有关条款或者交易习惯确定的，应当按照通用的方式包装，没有通用方式的，应当采取足以保护标的物的包装方式。D选项：应将“可以在任何时间检验标的物”改为“应当及时检验”。因此本题正确选项为A。

34. C。本题考核的是转委托的责任承担。《合同法》规定，受托人应当亲自处理委托事务。经委托人同意，受托人可以转委托。转委托经同意的，委托人可以就委托事务直接指示转委托的第三人，受托人仅就第三人的选任及其对第三人的指示承担责任。转委托未经同意的，受托人应当对转委托的第三人的行为承担责任，但在紧急情况下受托人为维护委托人的利益需要转委托的除外。因此本题正确选项为C。

35. C。本题考核的是租赁合同中承租人的义务。《合同法》规定，承租人应当妥善保管租赁物，因保管不善造成租赁物毁损、灭失的，应当承担损害赔偿责任。因此本题正确选项为C。

36. B。本题考核的是施工现场固体废物的回收再利用。《绿色施工导则》规定，制定建筑垃圾减量化计划，如住宅建筑，每万平方米的建筑垃圾不宜超过400吨。加强建筑垃圾的回收再利用，力争建筑垃圾的再利用和回收率达到30%，建筑物拆除产生的废弃物的再利用和回收率大于40%。对于碎石类、土石方类建筑垃圾，可采用地基填埋、铺路等方式提高再利用率，力争再利用率大于50%。因此本题正确选项为B。

37. C。本题考核的是建设单位的节能义务。按照合同约定由建设单位采购墙体材料、保温材料、门窗、采暖制冷系统和照明设备的，建设单位应当保证其符合施工图设计文件要求建设单位组织竣工验收，应当对民用建筑是否符合民用建筑节能强制性标准进行查验；对不符合民用建筑节能强制性标准的，不得出具竣工验收合格报告。因此本题正确选项为C。

38. C。本题考核的是节材与材料资源利用。《绿色施工导则》规定，应就地取材，施工现场500km以内生产的建筑材料用量占建筑材料总重量的70%以上。因此本题正确选项为C。

39. D。本题考核的是国家所有不可移动文物的范围。《文物保护法》规定，中华人民共和国境内地下、内水和领海中遗存的一切文物，属于国家所有。古文化遗址、古墓葬、石窟寺属于国家所有。国家指定保护的纪念建筑物、古建筑、石刻、壁画、近代现代代表性建筑等不可移动文物，除国家另有规定的以外，属于国家所有。国有不可移动文物的所有权不因其所依附的土地所有权或者使用权的改变而改变。因此本题正确选项为D。

40. C。本题考核的是建设工程的返修。《建筑法》规定，对已发现的质量缺陷，建筑施工企业应当修复。《建设工程质量管理条例》进一步规定，施工单位对施工中出现质量问题的建设工程或者竣工验收不合格的建设工程，应当负责返修。返修作为施工单位的法定义务，其返修包括施工过程中出现质量问题的建设工程和竣工验收不合格的建设工程两种情形。不论是施工过程中出现质量问题的建设工程，还是竣工验收时发现质量问题的工程，施工单位都要负责返修。对于非施工单位原因造成的质量问题，施工单位也应当负责返修，但是因此而造成的损失及返修费用由责任方负责。因此本题正确选项为C。

41. A。本题考核的是生产经营单位主要负责人对本单位安全生产工作的职责。《安全生产法》规定，生产经营单位的主要负责人对本单位的安全生产工作全面负责。具体职责包括：(1) 建立、健全本单位安全生产责任制；(2) 组织制定本单位安全生产规章制度和操作规程；(3) 保证本单位安全生产投入的有效实施；(4) 督促、检查本单位的安全生产工作，及时消除生产安全事故隐患；(5) 组织制定并实施本单位的生产安全事故应急救援预案；(6) 及时、如实报告生产安全事故；(7) 组织制定并实施本单位安全生产教育和培训计划。因此本题正确选项为A。

42. C。本题考核的是施工生产安全事故的上报。《建设工程安全生产管理条例》规定，总承包单位应当自行完成建设工程主体结构的施工。实行施工总承包的建设工程，由总承包单位负责上报事故。因此本题正确选项为C。

43. C。本题考核的是工伤认定的情形。《工伤保险条例》规定，职工有下列情形之一的，应当认定为工伤：(1) 在工作时间和工作场所内，因工作原因受到事故伤害的；(2) 工作时间前后在工作场所内，从事与工作有关的预备性或者收尾性工作受到事故伤害的；(3) 在工作时间和工作场所内，因履行工作职责受到暴力等意外伤害的；(4) 患职业病的；(5) 因工外出期间，由于工作原因受到伤害或者发生事故下落不明的；(6) 在上下班途中，受到非本人主要责任的交通事故或者城市轨道交通、客运轮渡、火车事故伤害的；(7) 法律、行政法规规定应当认定为工伤的其他情形。因此本题正确选项为C。

44. D。本题考核的是施工现场安全防护违法行为应承担的法律责任。《建设工程安全生产管理条例》规定，施工单位在城市市区内的建设工程的施工现场未实行封闭围挡的，责令限期改正；逾期未改正的，责令停业整顿，并处5万元以上10万元以下的罚款；造成重大安全事故，构成犯罪的，对直接责任人员，依照刑法有关规定追究刑事责任。显然，D选项正确，而选项“A. 处以20万元罚款”数额错误，选项“B. 吊销施工企业营业执照”、选项“C. 降低施工企业资质等级”均不属于该法律责任的方式，所以错误。因此本题正确选项为D。

45. D。本题考核的是施工生产安全事故调查组的组成与职责。特别重大事故的调查由国务院或国务院授权的有关部门组织事故调查组进行。《生产安全事故报告和调查处理条例》规定，事故调查组履行下列职责：(1) 查明事故发生的经过、原因、人员伤亡情况及直接经济损失；(2) 认定事故的性质和事故责任；(3) 提出对事故责任者的处理建议；(4) 总结事故教训，提出防范和整改措施；(5) 提交事故调查报告。因此本题正确选项为D。

46. B。本题考核的是生产安全事故的等级划分标准。生产安全一般事故、较大事故、重大事故、特别重大事故的划分标准由国务院规定。《生产安全事故报告和调查处理条例》规定，据生产安全事故造成的人员伤亡或者直接经济损失，事故一般分为以下等级：(1) 特别重大事故，是指造成30人以上死亡，或者100人以上重伤（包括急性工业中毒），或者1亿元以上直接经济损失的事故；(2) 重大事故，是指造成10人以上30人以下死亡，或者50人以上100人以下重伤，或者5000万元以上1亿元以下直接经济损失的事故；(3) 较大事故，是指造成3人以上10人以下死亡，或者10人以上50人以下重伤，或者1000万元以上5000万元以下直接经济损失的事故；(4) 一般事故，是指造成3人以下死亡，或者10人以下重伤，或者1000万元以下直接经济损失的事故。所称的“以上”包括本数，所称的“以下”不包括本数。因此本题正确选项为B。

47. A。本题考核的是工程监理单位的安全责任。《建设工程安全生产管理条例》规定，工程监理单位要对安全技术措施和专项施工方案进行审查，重点审查是否符合工程建设强制性标准；对于达不到强制性标准的，应当要求施工单位进行补充和完善。因此本题正确选项为A。

48. A。本题考核的是强制性标准监督检查的内容。《实施工程建设强制性标准监督规定》规定，强制性标准监督检查的内容包括：(1) 工程技术人员是否熟悉、掌握强制性标准；(2) 工程项目的规划、勘察、设计、施工、验收等是否符合强制性标准的规定；(3) 工程项目采用的材料、设备是否符合强制性标准的规定；(4) 工程项目的安全、质量是否符合强制性标准的规定；(5) 工程项目采用的导则、指南、手册、计算机软件的内容是否符合强制性标准的规定。因此本题正确选项为A。

49. C。本题考核的是总分包单位的质量责任。《建设工程质量管理条例》规定，总承包单位依法将建设工程分包给其他单位的，分包单位应当按照分包合同的约定对其分包工程的质量向总承包单位负责，总承包单位与分包单位对分包工程的质量承担连带责任。分包单位还应当接受总承包单位的质量管理。故A、B选项错误，C选项正确。分包工程发生质量问题时，建设单位或其他受害人既可以向分包单位请求赔偿，也可以向总承包单位请求赔偿。故D选项错误。因此本题正确选项为C。

50. C。本题考核的是工程质量检测。根据《建设工程质量检测管理办法》，工程质量检测机构是具有独立法人资格的中介机构，故B选项错误。检测机构完成检测业务后，应当及时出具检测报告。检测报告经检测人员签字、检测机构法定代表人或者其授权的签字人签署，并加盖检测机构公章或者检测专用章后方可生效。故A选项错误。检测报告经建设单位或监理单位确认后由施工单位归档，故D选项错误。因此本题正确选项为C。

51. B。本题考核的是隐蔽工程质量检查。根据《建设工程施工合同（示范文本）》，承包人覆盖工程隐蔽部位后，发包人或监理人对质量有疑问的，可要求承包人对已覆盖的部位进行钻孔探测或揭开重新检查，经检查证明工程质量符合合同要求的，由发包人承担由此增加的费用和（或）延误的工期，并支付承包人合理的利润；经检查证明工程质量不符合合同要求的，由此增加的费用和（或）延误的工期由承包人承担。因此本题正确选项为B。

52. B。本题考核的是工程监理单位质量责任和义务。《建筑法》《建设工程质量管理条例》规定，工程监理单位与被监理工程的施工承包单位以及建筑材料、建筑构配件和设备供应单位有隶属关系或者其他利害关系的，不得承担该项建设工程的监理业务；工程监理单位代表建设单位对施工质量实施监理，并对施工质量承担监理责任；未经监理工程师签字，建筑材料、建筑构配件和设备不得在工程上使用或者安装。故A、C选项错误，B选项正确。设计文件、施工图设计等设计文件既是施工的依据，也是监理单位对施工活动进行监督管理的依据，故D选项错误。因此本题正确选项为B。

53. A。本题考核的是工程质量争议的处理。《建筑法》规定，对已发现的质量缺陷，建筑施工企业应当修复。《建设工程质量管理条例》规定，施工单位对施工中出现质量问题的建设工程或者竣工验收不合格的建设工程，应当负责返修。故A选项正确，D选项错误。《最高人民法院关于审理建设工程施工合同纠纷案件适用法律问题的解释》规定，发包人具有下列情形之一，造成建设工程质量缺陷，应当承担过错责任：(1) 提供的设计有缺陷；

（2）提供或者指定购买的建筑材料、建筑构配件、设备不符合强制性标准；（3）直接指定分包人分包专业工程。故 B 选项错误。《最高人民法院关于审理建设工程施工合同纠纷案件适用法律问题的解释》规定，建设工程未经竣工验收，发包人擅自使用后，又以使用部分质量不符合约定为由主张权利的，不予支持，故 C 选项错误。因此本题正确选项为 A。（注意：《最高人民法院关于审理建设工程施工合同纠纷案件适用法律问题的解释》现已废止）

54. D。本题考核的是《仲裁法》的调整范围。《仲裁法》规定，该法的调整范围仅限于民商事仲裁，即"平等主体的公民、法人和其他组织之间发生的合同纠纷和其他财产权纠纷"；劳动争议仲裁和农业集体经济组织内部的农业承包合同纠纷的仲裁不受《仲裁法》的调整，依法应当由行政机关处理的行政争议等不能仲裁。因此本题正确选项为 D。

55. A。本题考核的是诉讼代理人的代理权限。《民事诉讼法》规定，诉讼代理人代为承认、放弃、变更诉讼请求，进行和解、提起反诉或者上诉，必须有委托人的特别授权。施工企业向某律师出具的民事诉讼授权委托书仅写"全权代理"而无具体授权的情形，则该律师不享有放弃诉讼请求、进行和解、提起上诉的权利。因此本题正确选项为 A。

56. B。本题考核的是人民法院应当裁定中止执行的情形。《民事诉讼法》规定，有下列情况之一的，人民法院应裁定中止执行：（1）申请人表示可以延期执行的；（2）案外人对执行标的提出确有理由异议的；（3）作为一方当事人的公民死亡，需要等待继承人继承权利或承担义务的；（4）作为一方当事人的法人或其他组织终止，尚未确定权利义务承受人的；（5）人民法院认为应当中止执行的其他情形，如被执行人确无财产可供执行等。因此本题正确选项为 B。

57. D。本题考核的是仲裁。《仲裁法》规定，没有仲裁协议，一方申请仲裁的，仲裁委员会不予受理。故 B 选项错误。当事人达成仲裁协议，一方向人民法院起诉的，人民法院不予受理，但仲裁协议无效的除外。故 A 选项错误。仲裁实行一裁终局制度，仲裁裁决不能上诉，故 C 选项错误。因此本题正确选项为 D。

58. C。本题考核的是仲裁裁决执行效力。《民事诉讼法》规定，仲裁裁决作出后，当事人应当履行裁决，一方当事人不履行的，另一方当事人可以依法向人民法院申请执行，申请仲裁裁决强制执行必须在法律规定的期限内提出，申请执行的期间 2 年。当事人申请执行仲裁裁决的案件，由被执行人所在地或者被执行财产所在地的中级人民法院管辖。因此本题正确选项为 C。

59. C。本题考核的是和解。根据《民事诉讼法》《仲裁法》等规定，双方当事人可以自行和解。和解可以在民事纠纷的任何阶段进行，无论是否已经进入诉讼或仲裁程序，只要终审裁判未生效或者仲裁裁决未作出，当事人均可自行和解。故 A、B 选项错误。和解达成协议，在形式上既可以是口头的，也可以是书面的，故 D 选项错误。因此本题正确选项为 C。

60. D。本题考核的是行政诉讼受案范围。《行政诉讼法》规定，人民法院受理公民、法人或者其他组织提起的下列诉讼：（1）对行政拘留、暂扣或者吊销许可证和执照、责令停产停业、没收违法所得、没收非法财物、罚款、警告等行政处罚不服的；（2）对限制人身自由或者对财产的查封、扣押、冻结等行政强制措施和行政强制执行不服的；（3）申请行政许可，行政机关拒绝或者在法定期限内不予答复，或者对行政机关作出的有关行政许可的其他决定不服的；（4）对行政机关作出的关于确认土地、矿藏、水流、森林、山岭、草原、荒地、滩涂、海域等自然资源的所有权或者使用权的决定不服的；（5）对征收、征用决定及其补偿决定不服的；（6）申请行政机关履行保护人身权、财产权等合法权益的法定职责，行政机关拒绝履行或者不予答复的；（7）认为行政机关侵犯其经营自主权或者农村土地承包经营权、农村土地经营权的；（8）认为行政机关滥用行政权力排除或者限制竞争的；（9）认为行政机关违法集资、摊派费用或者违法要求履行其他义务的；（10）认为行政机关没有依法支付抚恤金、最低生活保障待遇或者社会保险待遇的；（11）认为行政机关不依法履行、未按照约定履行或者违法变更、解除政府特许经营协议、土地房屋征收补偿协议等协议的；（12）认为行政机关侵犯其他人身权、财产权等合法权益的。除前款规定外，人民法院受理法律、法规规定可以提起诉讼的其他行政案件。因此本题正确选项为D。

二、多项选择题

61. A、D、E；	62. D、E；	63. C、E；
64. C、D；	65. C、E；	66. A、D、E；
67. D、E；	68. B、C、E；	69. A、C、D；
70. A、D、E；	71. A、B、C、E；	72. A、E；
73. A、B；	74. B、D、E；	75. A、C、E；
76. A、B、D、E；	77. A、B、C；	78. A、C、E；
79. A、C、D、E；	80. A、B、C、D。	

【解析】

61. A、D、E。本题考核的是法的形式的含义。我国法的形式及其相应制定机关主要包括：（1）宪法，由我国最高权力机关——全国人民代表大会制定或修改；（2）法律，由全国人大及其常委会制定或修改；（3）行政法规，最高国家行政机关即国务院制定修改；（4）地方性法规，省、自治区、直辖市以及省、自治区人民政府所在地的市和经国务院批准的较大的市的人民代表大会及其常委会制定或修改；（5）行政规章，包括部门规章和地方政府规章，由国家行政机关制定或修改；（6）我国作为国际法主体同外国缔结的双边、多边协议和其他具有条约、协定性质国际条约等。因此，法的形式包含了创制机关的性质及级别、法律规范的地域效力以及效力等级三方面的含义。因此本题正确选项为A、D、E。

62. D、E。本题考核的是法定代表人。具体到某公司，其章程对法定代表人权利的特别限制，属于其内部规定，不能对抗善意第三人。故A选项错误。法定代表人履行职务行为损害他人的，由法人而非法定代表人承担责任，故B选项错误。特别法人指的是组织形式，并非自然人，故C选项错误。法人是组织，需要某自然人作为其当然代表而从事民事活动，故D、E选项正确。因此本题正确选项为D、E。

63. C、E。本题考核的是地役权。地役权是指为使用自己不动产的便利或提高其效益而按照合同约定利用他人不动产的权利。A选项着眼于效率而非效益，故错误。法律上的登记对抗，通常是指对于第三人而言，故B选项错误。从性质上说，地役权是按照当事人的约定设立的用益物权，故D选项错误。因此本题正确选项为C、E。

64. C、D。本题考核的是侵权之债。侵权是指自然人、法人或其他组织没有法律依据而损害他人的财产权利或人身权利的行为。故C、D选项属于侵权之债。侵权属民事，而A选项是行政部门损害相对人利益，故为错误选项。B选项属无因管理之债。E选项构成合同之债。因此本题正确选项为C、D。

65. C、E。本题考核的是抵押物的转让。抵押期间，抵押人转让已经办理登记的抵押物，应当通知抵押权人并告知受让人转让物已经抵押的情况，否则转让行为无效。故A选项错误，E选项正确。抵押人转让抵押物的价款，应当向抵押权人提前清偿所担保的债权或向与抵押权人约定的第三人提存，故B、D选项错误、C选项正确。因此本题正确选项为C、E。

66. A、D、E。本题考核的是可以不进行招标的建设工程项目。根据《招标投标法实施条例》，可以不进行招标的情形有：（1）需要采用不可替代的专利或者专有技术；（2）采购人依法能够自行建设、生产或者提供；（3）已通过招标方式选定的特许经营项目投资人依法能够自行建设、生产或者提供；（4）需要向原中标人采购工程、货物或者服务，否则将影响施工或者功能配套要求；（5）国家规定的其他特殊情形。因此本题正确选项为A、D、E。

67. D、E。本题考核的是拒收投标文件的情形。《招标投标法》规定，在招标文件要求提交投标文件的截止时间后送达的投标文件，招标人应当拒收。《招标投标法实施条例》规定，未通过资格预审的申请人提交的投标文件，以及逾期送达或者不按照招标文件要求密封的投标文件，招标人应当拒收。因此本题正确选项为D、E。

68. B、C、E。本题考核的是视为投标人相互串通投标的情形。根据《招标投标法实施条例》，视为投标人相互串通投标的情形有：（1）不同投标人的投标文件由同一单位或者个人编制；（2）不同投标人委托同一单位或者个人办理投标事宜；（3）不同投标人的投标文件载明的项目管理成员为同一人；（4）不同投标人的投标文件异常一致或者投标报价呈规律性差异；（5）不同投标人的投标文件相互混装；（6）不同投标人的投标保证金从同一单位或者个人的账户转出。“视为”是当作、看作的意思，是根据某些表象进行的行为推定，而A、D选项为投标人相互串标的行为，已经构成串标，故为错误项。因此本题正确选项为B、C、E。

69. A、C、D。本题考核的是违法分包情形。根据《建筑工程施工转包违法分包等违法行为认定查处管理办法（试行）》，属于违法分包的情形有：（1）施工单位将工程分包给个人的；（2）施工单位将工程分包给不具备相应资质或安全生产许可的单位的；（3）施工合同中没有约定，又未经建设单位认可，施工单位将其承包的部分工程交由其他单位施工的；（4）施工总承包单位将房屋建筑工程的主体结构的施工分包给其他单位的，钢结构工程除外；（5）专业分包单位将其承包的专业工程中非劳务作业部分再分包的；（6）劳务分包单位将其承包的劳务再分包的；（7）劳务分包单位除计取劳务作业费用外，还计取主要建筑材料款、周转材料款和大中型施工机械设备费用的；（8）法律法规规定的其他违法分包行为。因此本题正确选项为A、C、D。（注意：《建筑工程施工转包违法分包等违法行为认定查处管理办法（试行）》现已作废）

70. A、D、E。本题考核的是付款时间的认定。根据相关司法解释，当事人对付款时间没有约定或者约定不明的，下列时间视为应付款时间：（1）建设工程已实际交付的，为交付之日；（2）建设工程没有交付的，为提交竣工结算文件之日；（3）建设工程未交付，工程价款也未结算的，为当事人起诉之日。因此本题正确选项为A、D、E。

71. A、B、C、E。本题考核的是建设工程无效施工合同的主要情形。根据相关法律和司法解释，导致施工合同无效的情形有：（1）承包人未取得建筑施工企业资质或者超越资质等级的；（2）没有资质的实际施工人借用有资质的建筑施工企业名义的；（3）建设工程必须进行招标而未招标或者中标无效的。D选项不具有违法性，不能导致施工合同无效。

因此本题正确选项为A、B、C、E。

72. A、E。本题考核的是劳动合同订立。试用期应当包含在劳动合同期限内，故A选项正确。固定期限劳动可以长于10年，故B选项错误。社会保险是劳动合同的必备条款，商业保险是用人单位与劳动者自愿交纳范畴，故C选项错误。虽然实践中劳动关系的建立时间可用劳动合同的订立之日界定，但订立之前已经开始用工的，自用工之日起建立劳动关系，故D选项错误。建立劳动关系，应当订立书面劳动合同，故E选项正确。因此本题正确选项为A、E。

73. A、B。本题考核的是劳动合同无效或部分无效的情形。根据《劳动合同法》，劳动合同无效或者部分无效的情形有：(1) 以欺诈、胁迫的手段或者乘人之危，使对方在违背真实意思的情况下订立或者变更劳动合同的；(2) 用人单位免除自己的法定责任、排除劳动者权利的；(3) 违反法律、行政法规强制性规定的。C、D、E选项属于劳动合同终止的情形。因此本题正确选项为A、B。

74. B、D、E。本题考核的是用人单位可以解除劳动合同的情形。根据《劳动合同法》，用人单位可以解除劳动合同的情形有：(1) 在试用期间被证明不符合录用条件的；(2) 严重违反用人单位的规章制度的；(3) 严重失职，营私舞弊，给用人单位造成重大损害的；(4) 劳动者同时与其他用人单位建立劳动关系，对完成本单位的工作任务造成严重影响，或者经用人单位提出，拒不改正的；(5) 因本法第26条第1款第一项规定的情形致使劳动合同无效的；(6) 被依法追究刑事责任的。A、C选项属于用人单位提前30日以书面形式通知劳动者本人或者额外支付劳动者1个月工资后，可以解除劳动合同的情形。因此本题正确选项为B、D、E。

75. A、C、E。本题考核的是劳动争议的范围。根据有关法律，劳动争议范围有：(1) 因确认劳动关系发生的争议；(2) 因订立、履行、变更、解除和终止劳动合同发生的争议；(3) 因除名、辞退和辞职、离职发生的争议；(4) 因工作时间、休息休假、社会保险、福利、培训以及劳动保护发生的争议；(5) 因劳动报酬、工伤医疗费、经济补偿或者赔偿金等发生的争议；(6) 法律、法规规定的其他劳动争议。根据有关司法解释，不属于劳动争议的情形有：(1) 劳动者请求社会保险经办机构发放社会保险金的纠纷；(2) 劳动者与用人单位因住房制度改革产生的公有住房转让纠纷；(3) 劳动者对劳动能力鉴定委员会的伤残等级鉴定结论或者对职业病诊断鉴定委员会的职业病诊断鉴定结论的异议纠纷；(4) 家庭或者个人与家政服务人员之间的纠纷；(5) 个体工匠与帮工、学徒之间的纠纷；(6) 农村承包经营户与受雇人之间的纠纷。故B、D选项错误。因此本题正确选项为A、C、E。

76. A、B、D、E。本题考核的是使用机械设备可能产生环境噪声污染须申报的规定。根据《环境噪声污染防治法》，在城市市区范围内，建筑施工过程中使用机械设备，可能产生环境噪声污染的，施工单位必须在工程开工15日以前向工程所在地县级以上地方人民政府环境保护行政主管部门申报该工程的项目名称、施工场所和期限、可能产生的环境噪声值以及所采取的环境噪声污染防治措施的情况。因此本题正确选项为A、B、D、E。

77. A、B、C。本题考核的是建筑起重机械不得出租、使用的情形。根据《建筑起重机械安全监督管理规定》，建筑起重机械不得出租、使用的情形有：(1) 属国家明令淘汰或者禁止使用的；(2) 超过安全技术标准或者制造厂家规定的使用年限的；(3) 经检验达不到安全技术标准规定的；(4) 没有完整安全技术档案的；没有齐全有效的安全保护装置的。因此本题正确选项为A、B、C。

78. A、C、E。本题考核的是竣工验收后应提交的档案资料。建设单位应当在建设工程竣工验收后，及时向建设行政主管部门或其他有关部门移交建设项目档案，故 A 选项正确。工程平行发包模式之下，建设单位分别与各参建单位等签订合同，建设单位应当在合同中明确要求勘察、设计、监理等单位分别提供各环节文件资料，故 B 选项错误。施工企业应当按照归档要求制定统一目录，C 选项正确。工程检验评定资料由施工企业在竣工时提交，故 D 选项错误，E 选项正确。因此本题正确选项为 A、C、E。

79. A、C、D、E。本题考核的是质量保证责任。根据《建筑法》与《建设工程质量管理条例》等，质量保修既设定了保修范围，又对保修范围内的项目设定了保修期限，故 A 选项正确。因建设单位错误管理造成的质量缺陷的，建设单位自行承担维修费用，故 B 选项错误。因地震、台风、洪水等原因造成的永久工程损坏，风险应当由建设单位承担，故 C 选项正确。建设工程质量保证金从建设单位应付的工程款中预留，用于防范施工企业不予维修的风险，故 D 选项正确。我国规定的缺陷责任期，实质上主要解决质量保证金的返还期限问题，故 E 选项正确。因此本题正确选项为 A、C、D、E。

80. A、B、C、D。本题考核的是证据的种类。根据《民事诉讼法》，证据包括：（1）当事人的陈述；（2）书证；（3）物证；（4）视听资料；（5）电子数据；（6）证人证言；（7）鉴定意见；（8）勘验笔录。其中 B 选项虽然证据力较弱，但属于视听资料。C 选项为书证。D 选项为鉴定意见。E 选项属于规则而不是证据范畴，故为错误项。因此本题正确选项为 A、B、C、D。

2017年度全国二级建造师执业资格考试

《建设工程法规及相关知识》

真题及解析

2017年度《建设工程法规及相关知识》真题

一、单项选择题（共60题，每题1分。每题的备选项中，只有1个最符合题意）

1. 行政法规之间对同一事项的新的一般规定与旧的特别规定不一致，不能确定如何适用时，由（　　）裁决。

A. 最高人民法院　　B. 国务院

C. 全国人民代表大会　　D. 全国人民代表大会常务委员会

2. 关于建设工程中代理的说法，正确的是（　　）。

A. 建设工程合同诉讼只能委托律师代理

B. 建设工程中的代理主要是法定代理

C. 建设工程中应由本人实施的民事法律行为，不得代理

D. 建设工程中为被代理人的利益，代理人可直接转托他人代理

3. 建设用地使用权自（　　）时设立。

A. 土地交付　　B. 转让

C. 登记　　D. 支付出让金

4. 甲公司是某混凝土预制构件的专利权人，乙公司未经授权制造和销售该专利产品。甲发现后，对乙提起侵权之诉。经查，乙共销售侵权产品800件，因乙的侵权行为，甲少销售600件。甲销售专利产品每件获利2000元，乙销售侵权产品每件获利1000元。乙应赔偿甲（　　）。

A. 60万元　　B. 80万元

C. 120万元　　D. 160万元

5. 甲建设单位与乙设计单位签订设计合同，约定设计费为200万元，甲按约定向乙支付了定金50万元。如果乙在规定期限内不履行设计合同，应该返还给甲（　　）。

A. 50万元　　B. 80万元

C. 90万元　　D. 100万元

6. 某建设单位与某施工企业签订的施工合同约定开工日期为2014年5月1日。同年2月10日，该建设单位与保险公司签订了建筑工程一切险保险合同。施工企业为保证工期，于同年4月20日将建筑材料运至工地。后因设备原因，工程实际开工日为同年5月10日。该建筑工程一切险保险责任的生效日期为（　　）。

A. 2014年2月10日　　B. 2014年4月20日

C. 2014年5月1日　　D. 2014年5月10日

7. 施工企业发生的下列事故中，可构成工程重大安全事故罪的是（　　）。

A. 劳务作业人员王某在施工中不慎从楼上坠亡

B. 施工企业对裸露地面的钢筋未采取防护和警示措施，造成路人李某摔成重伤

C. 施工企业工程施工质量不符合标准，造成建筑物倒塌，砸死砸伤多人

D. 劳务作业人员张某在工地食堂下毒，致使劳务作业人员集体中毒

8. 建设单位申请领取施工许可证时，建设工期超过 1 年的建设工程，到位资金原则上最少为工程合同价的（　　）。

A. 20%　　B. 30%

C. 40%　　D. 50%

9. 根据《建筑法》，下列情形中，符合施工许可证办理和报告制度的是（　　）。

A. 某工程因故延期开工，向发证机关报告后施工许可证自动延期

B. 某工程因地震中止施工，1 年后向发证机关报告

C. 某工程因洪水中止施工，1 个月内向发证机关报告，2 个月后自行恢复施工

D. 某工程因政府宏观调控停建，1 个月内向发证机关报告，1 年后恢复施工前报发证机关核验施工许可证

10. 根据《建筑业企业资质管理规定》，关于施工企业资质证书的说法，正确的是（　　）。

A. 资质许可机关未在企业资质证书有效期届满前作出是否准予延续资质证书决定的，视为不准予延续

B. 企业发生合并、分立、重组以及改制等事项，可以直接承继原施工企业资质

C. 资质证书有效期届满，未依法申请延续的，资质许可机关应当撤回其资质证书

D. 项目未取得施工许可证，施工企业擅自施工的，资质许可机关不予批准该施工企业的资质升级申请和增项申请

11. 关于二级建造师变更注册的说法，正确的是（　　）。

A. 变更注册后，注册有效期重新计算

B. 因变更注册申报不及时导致工程项目出现损失的，由注册建造师承担责任

C. 申请变更注册应当提交工作调动证明

D. 变更注册只能由原聘用企业申请

12. 关于二级建造师执业范围的说法，正确的是（　　）。

A. 发包人与注册建造师受聘企业已解除承包合同的，办理书面交接手续后可以更换施工项目负责人

B. 注册建造师不得同时担任两个及以上建设工程施工项目负责人，项目均为小型工程施工项目的除外

C. 注册建造师担任施工项目负责人期间，经受聘企业同意，可以变更注册至另一企业

D. 因非承包人原因致使工程项目停工超过 120 日，注册建造师可同时担任另一工程施工项目负责人

13. 关于电子招标投标的说法，正确的是（　　）。

A. 投标人应当在投标截止时间前完成投标文件的传输递交

B. 投标人在投标截止时间前不得补充、修改或者撤回投标文件

C. 投标人在投标截止时间前未完成投标文件传输的，视为撤销投标文件

D. 投标人在投标截止时间后送达的投标文件，电子招标投标交易平台不得拒收

14. 关于招标文件澄清或者修改的说法，正确的是（　　）。

A. 招标文件的效力高于其澄清或修改文件

B. 澄清或者修改的内容可能影响投标文件编制的，招标人应当在投标截止时间至少 15 日前澄清或者修改

C. 澄清或者修改可以以口头形式通知所有获取招标文件的潜在投标人

D. 澄清或者修改通知至投标截止时间不足 15 日的，在征得全部投标人同意后，可按原投标截止时间开标

15. 关于联合体投标的说法，正确的是（　　）。

A. 招标人应当在资格预审公告、招标公告或者投标邀请书中载明是否接受联合体投标

B. 招标人接受联合体投标并进行资格预审的，联合体应当在提交资格预审申请文件后组成

C. 联合体某成员在同一招标项目中以自己名义单独投标，其投标有效

D. 由同一专业的单位组成的联合体，按照资质等级较高的单位确定其资质等级

16. 关于投标文件撤回和撤销的说法，正确的是（　　）。

A. 投标人撤回已提交的投标文件，应当在投标截止时间前通知招标人

B. 投标人可以选择电话或书面方式通知招标人撤回投标文件

C. 招标人收取的投标保证金，应当自收到投标人撤回通知之日起 10 日内退还

D. 投标截止时间后投标人撤销投标文件的，招标人应当退还投标保证金

17. 关于投标文件的送达与签收的说法，正确的是（　　）。

A. 投标人应当在投标截止时间前，将投标文件送达投标地点

B. 招标人签收投标文件后，可以开启投标文件

C. 投标截止时间后送达的投标文件，招标人不得拒收

D. 未按招标文件要求密封的投标文件，招标人不得拒收

18. 关于投标保证金的说法，正确的是（　　）。

A. 招标分两阶段进行，招标人要求投标人提交投标保证金的，应当在第一阶段提出

B. 投标保证金有效期应当与投标有效期一致

C. 投标保证金有效期从提交投标文件之日起算

D. 招标人终止招标的，应当及时退还已收取的投标保证金，招标文件未规定利息的，可以不返还利息

19. 关于评标结果异议的说法，正确的是（　　）。

A. 只有投标人有权对项目的评标结果提出异议

B. 对评标结果有异议，应当在中标候选人公示期间提出

C. 对评标结果异议不是对评标结果投诉必然的前置条件

D. 招标人对评标结果的异议作出答复前，招标投标活动继续进行

20. 根据《全国建筑市场各方主体不良行为记录认定标准》，属于施工企业资质不良行为的是（　　）。

A. 以他人名义投标

B. 将承包的工程违法分包

C. 未在规定期限内办理资质变更手续

D. 未按照与招标人订立的合同履行义务，情节严重

21. 根据《招标投标违法行为记录公告暂行办法》，关于招标投标违法行为记录公告的说法，正确的是（　　）。

A. 依法限制招标投标当事人资质等方面的行政处理决定，所认定的限制期限长于 6 个月的，公告期限为 6 个月

B. 被公告的招标投标当事人认为公告记录与行政处理决定的相关内容不符的，可以向

公告部门提出书面更正申请，公告部门在作出答复前停止对违法行为记录的公告

C. 行政处理决定在被行政复议或行政诉讼期间，公告部门应当停止对违法行为记录的公告

D. 原行政处理决定被依法变更或撤销的，公告部门应当及时对公告记录予以变更或撤销，并在公告平台上予以声明

22. 根据《全国建筑市场各方主体不良行为记录认定标准》，属于施工企业工程安全不良行为的是（　　）。

A. 未按照节能设计进行施工

B. 在城市市区内建设工程的施工现场未实行封闭围挡

C. 未对涉及结构安全的试块、试件以及有关材料取样检测

D. 按照规定需要持证上岗的技术工种的作业人员未取得证书上岗，情节严重

23. 关于建设工程合同承包人工程价款优先受偿权的说法，正确的是（　　）。

A. 承包人的优先受偿权优于抵押权

B. 承包人的优先受偿权可以对抗已经交付购买商品房大部分款项的消费者

C. 优先受偿的范围包括承包人因发包人违约所造成的损失

D. 承包人行使优先受偿权的期限为 1 年

24. 关于建设工程合同一方违约后、另一方采取措施防止损失扩大的说法，正确的是（　　）。

A. 守约方没有采取适当措施致使损失扩大的，可以就扩大的损失要求赔偿

B. 当事人因防止损失扩大而支出的合理费用，由自己承担

C. 接到违约方的通知后，守约方应当及时采取措施防止损失扩大

D. 未接到违约方的通知，守约方无需采取措施防止损失扩大

25. 关于无效施工合同工程款结算的说法，正确的是（　　）。

A. 施工合同无效，但建设工程经竣工验收合格，承包人请求参照合同约定支付工程价款的，不予支持

B. 施工合同无效，且建设工程经竣工验收不合格，承包人请求参照合同约定支付工程价款的，应予支持

C. 施工合同无效，且建设工程经竣工验收不合格，修复后的建设工程经竣工验收合格，发包人请求承包人承担修复费用的，不予支持

D. 施工合同无效，且建设工程经竣工验收不合格，修复后的建设工程经竣工验收不合格，承包人请求支付工程价款的，不予支持

26. 2016 年 9 月 15 日，甲材料供应商与丙材料供应商订立书面合同，转让甲对乙施工企业的 30 万元债权。同年 9 月 25 日，乙接到甲关于转让债权的通知。关于该债权转让的说法，正确的是（　　）。

A. 甲与丙之间的债权转让合同 9 月 25 日生效

B. 甲与丙之间的债权转让行为于 9 月 25 日对乙生效

C. 丙于 9 月 15 日可以向乙主张 30 万元债权

D. 乙拒绝清偿 30 万元债务的，丙可以要求甲和乙承担连带责任

27. 甲施工企业有一辆里程表存在故障的工程用车，该车实际行驶里程 8 万公里，市场价格约为 16 万元，里程表显示行驶里程为 4 万公里。甲明知上述情况存在，仍将该车以 23

万元价格卖给了乙施工企业。乙知情后诉至法院。乙的下列诉讼请求可以获得支持的是（　　）。

A. 以欺诈为由请求解除合同　　B. 请求减少价款至 16 万元

C. 以重大误解为由请求撤销合同　　D. 请求甲承担缔约过失责任

28. 关于施工合同解除的说法，正确的是（　　）。

A. 合同约定的期限内承包人没有完工，发包人可以解除

B. 发包人未按约定支付工程价款，承包人可以解除

C. 承包人已经完工的建设工程质量不合格，发包人可以解除

D. 承包人将承包的工程转包，发包人可以解除

29. 甲公司与乙公司订立了一份建材买卖合同，乙按约定向甲支付了定金 4 万元，合同约定如任何一方不履行合同应向对方支付违约金 6 万元。交货日期届满，甲无法交付该建材。乙诉至法院提出的如下诉讼请求中，既能最大限度保护自己的利益，又能获得支持的是（　　）。

A. 请求甲双倍返还定金 8 万元

B. 请求甲双倍返还定金 8 万元，同时请求甲支付违约金 6 万元

C. 请求甲支付违约金 6 万元，同时请求甲返还支付的定金 4 万元

D. 请求甲支付违约金 6 万元

30. 关于劳动合同效力的说法，正确的是（　　）。

A. 存在用人单位免除自己的法定责任、排除劳动者权利条款的，劳动合同全部无效

B. 用人单位投资人发生变更，原劳动合同继续有效

C. 用人单位发生合并或者分立，须与劳动者重新签订劳动合同

D. 劳动合同双方当事人签字或者盖章时间不一致的，以在先的时间为劳动合同的生效时间

31. 关于用人单位向劳动者支付报酬的说法，正确的是（　　）。

A. 劳动报酬中的货币工资不包括津贴、补贴和奖金

B. 用人单位支付的工资可以以实物或有价证券等形式代替货币形式支付

C. 劳动者在婚丧假期间，用人单位可以不支付工资

D. 劳动者依法参加社会活动期间，用人单位应当依法支付工资

32. 在承揽合同中，承揽人应承担违约责任的情形是（　　）。

A. 承揽人发现定作人提供的图纸不合理，立即停止工作并通知定作人，因等待答复，未能如期完成工作

B. 承揽人发现定作人提供的材料不合格，遂自行更换为自己确认合格的材料

C. 因不可抗力造成标的物毁损

D. 因定作人未按期支付报酬，承揽人拒绝交付工作成果

33. 甲公司向乙公司购进一批建材。乙按照合同约定为甲代办铁路托运，运往合同约定的交货地点 M 县。在运输过程中，甲与丙签订合同，约定将这批建材转让给丙，在 M 县火车站交货。由于山洪暴发，火车在运输途中出轨，建材毁损。该损失应由（　　）。

A. 甲承担　　B. 乙承担

C. 丙承担　　D. 甲与丙分担

34. 甲公司根据乙公司的选择，向丙公司购买了1台大型设备，出租给乙使用。乙在该设备安装完毕后，发现不能正常运行。关于该合同的说法，正确的是（　　）。

A. 乙可以基于设备质量瑕疵而直接向丙索赔

B. 甲应当对乙承担违约责任

C. 若乙破产，该大型设备属于乙的破产财产

D. 租赁期满，乙取得该设备的所有权

35. 关于运输合同的说法，正确的是（　　）。

A. 货物运输到达后，承运人知道收货人的，应当及时通知收货人

B. 托运人违反包装规定的，承运人不得拒绝运输

C. 货物在运输过程中因不可抗力灭失，已收取运费的，托运人不得要求返还

D. 联运合同中，损失发生在某一区段的，仅由该区段的承运人向托运人承担责任

36. 建筑施工噪声排放限值的测量位置是建筑施工场地的（　　）。

A. 中心　　B. 边界

C. 毗邻建筑物　　D. 周边50米

37. 国家实行固定资产投资项目（　　）评估和审查制度。

A. 节地　　B. 节水

C. 节能　　D. 节材

38. 关于节能技术进步的说法，正确的是（　　）。

A. 国家采取强制措施研发施工节能技术

B. 节能技术政策大纲应由县级以上人民政府发布

C. 各级政府应当对循环经济重大科技攻关项目的自主创新研究，安排财政性资金予以支持

D. 利用财政性资金引进循环经济重大装备的，应当制定创新方案，并报有关部门审批

39. 施工现场发现的地下遗存文物，所有权属于（　　）。

A. 国家　　B. 施工企业

C. 建设单位　　D. 建设用地使用权人

40. 下列建筑施工条件中，属于建筑施工企业申领安全生产许可证应当具备的是（　　）。

A. 建设资金已落实　　B. 配备了兼职安全生产管理人员

C. 为职工办理了意外伤害保险　　D. 主要负责人经有关部门考核合格

41. 关于施工企业专职安全生产管理人员职责的说法，正确的是（　　）。

A. 组织制定本单位安全生产操作规程　　B. 如实记录安全生产教育和培训情况

C. 编制安全专项施工方案　　D. 建立健全本单位安全生产责任制

42. 关于专职安全生产管理人员配备要求的说法，正确的是（　　）。

A. 建筑施工企业经营规模较小的，可以不配置专职安全生产管理人员

B. 按建筑施工总承包企业资质管理要求，资质等级越高则专职安全生产管理人员配备越多

C. 建筑施工企业的分支机构不必配备专职安全生产管理人员

D. 作业难度大的施工作业班组必须配备专职安全生产管理人员

43. 关于安全专项施工方案实施的说法，正确的是（　　）。

A. 由项目经理兼任专项方案实施情况检查员，对现场实施监督

B. 发现不按照专项方案施工的，报建设单位后整改

C. 发现有危及人身安全隐患时，立即组织作业人员撤离

D. 施工企业技术负责人应当定期巡查专项方案的实施情况

44. 根据《企业安全生产费用提取和使用管理办法》，施工投标人安全防护、文明施工措施的报价下限，是依据工程所在地工程造价管理机构测定费率计算所需费用总额的（　　）。

A. 60%　　　　B. 70%

C. 80%　　　　D. 90%

45. 关于施工生产安全事故应急救援预案备案的说法，正确的是（　　）。

A. 中央管理的总公司的专项应急预案，报总公司所在地主管部门备案

B. 中央管理的总公司的所属单位的综合应急预案，由总公司统一备案

C. 施工企业申请应急救援预案备案，应当提交本企业技术负责人的评审意见

D. 已进行应急预案备案登记的，申领安全生产许可证时，可以不再提供相应的应急预案

46. 关于施工生产安全事故报告的说法，正确的是（　　）。

A. 报告事故发生地点不包括具体发生地点以外的波及区域

B. 单位负责人接到报告后，应立即向县级以上人民政府报告

C. 立即报告是指在事故发生 1 小时内报告

D. 事故造成的伤亡人数发生变化的，应当及时补报

47. 关于安全生产监督检查人员执法的说法，正确的是（　　）。

A. 安全生产监督检查人员必须出示有效执法证件

B. 安全生产监督检查人员不得接触施工企业的商业秘密

C. 不同部门的安全生产监督检查人员应当独立检查

D. 安全生产监督检查人员无权将存在的安全问题移送其他部门处理

48. 关于实施工程建设强制性标准的说法，正确的是（　　）。

A. 工程建设强制性标准均为关于工程质量标准的强制性条文

B. 工程建设中采用新技术、新工艺、新材料且没有国家技术标准的，可不受强制性标准的限制

C. 工程建设地方标准中，对直接涉及环境保护和公共利益的条文，经国务院建设行政主管部门确定后，可作为强制性条文

D. 工程建设中采用国际标准或者国外标准且我国未作规定的，可不受强制性标准的限制

49. 根据《房屋建筑工程和市政基础设施工程实行见证取样和送检的规定》，必须实施见证取样和送检的试块、试件或材料，不包括（　　）。

A. 地下使用的防水材料

B. 用于砌筑砂浆的水泥

C. 用于非承重结构的钢筋连接接头试件

D. 用于承重结构的混凝土中使用的掺加剂

50. 根据《建设工程施工合同（示范文本）》，关于隐蔽工程检查程序的说法，正确的是（　　）。

A. 隐蔽工程必须经监理人检查且质量符合隐蔽要求，并在验收记录上签字后承包人方可覆盖

B. 隐蔽工程经监理人检查质量不合格的，承包人按监理人指示完成修复后即可覆盖，无需重新检查

C. 监理人不能按时进行检查的，应在检查前48小时向承包人提交书面延期要求

D. 监理人未按时进行检查，也未提出延期要求的，承包人不得完成覆盖工作

51. 某建设工程施工招标，甲公司中标后将其转包给不具有相应资质等级的乙公司，乙施工过程不符合规定的质量标准，给建设单位造成损失。关于向建设单位承担赔偿责任的说法，正确的是（　　）。

A. 甲、乙承担连带赔偿责任

B. 建设单位与甲有合同关系，应由甲承担赔偿责任

C. 乙为实际施工人，应由乙承担赔偿责任

D. 甲和乙承担按份赔偿责任

52. 根据《建设工程质量管理条例》，设计文件应注明工程合理使用年限，该年限从（　　）之日起算。

A. 颁发施工许可证　　B. 工程缺陷责任期届满

C. 工程竣工验收合格　　D. 工程法定最低保修期届满

53. 关于建设工程竣工验收备案的说法，正确的是（　　）。

A. 施工企业应自竣工验收合格之日起15日内办理备案

B. 竣工验收备案必须提交监理单位出具的工程正式验收合格证明文件

C. 工程竣工验收备案表一式二份，1份由建设单位保存，1份留备案机关存档

D. 工程竣工验收完成后，建设单位应向备案机关提交工程质量监督报告

54. 关于行政复议的说法，正确的是（　　）。

A. 行政复议既可以解决行政争议，也可以解决民事或者其他争议

B. 在行政复议中随时可以调解

C. 行政复议决定具有终局性

D. 行政复议可以应申请一并审查抽象行政行为

55. 关于民事诉讼执行程序的说法，正确的是（　　）。

A. 执行可以采取查封、扣押、冻结等措施

B. 具有执行力的裁判文书只能由作出该裁判文书的法院负责执行

C. 执行异议审查和复议期间，暂停执行

D. 执行申请人只能是诉讼当事人

56. 关于民事诉讼送达的说法，正确的是（　　）。

A. 诉讼文书寄出的日期为送达日期

B. 送达诉讼文书必须有送达回证

C. 受送达人被监禁的，应当公告送达

D. 直接送达诉讼文书有困难的，应当公告送达

57. 关于仲裁协议效力的说法，正确的是（　　）。

A. 当事人对仲裁协议效力有异议的，可以在仲裁进行中随时提出

B. 未约定仲裁机构的仲裁协议无效

C. 如果合同终止，则合同中仲裁条款的效力也终止

D. 当事人对仲裁协议效力有异议的，只能请求仲裁机构作出决定

58. 关于仲裁裁决执行的说法，正确的是（　　）。

A. 一方当事人不履行仲裁裁决的，另一方当事人可以向仲裁机构申请执行

B. 申请仲裁裁决强制执行的期间为2年，不能中止、中断

C. 仲裁裁决被法院裁定不予执行后，当事人就该纠纷可以重新达成仲裁协议，申请仲裁

D. 仲裁裁决作出后，当事人不服裁决，可以就裁决的事项提起诉讼

59. 根据《民事诉讼法》，当事人申请司法确认经人民调解委员会调解达成的调解协议，由双方当事人依法共同向（　　）基层人民法院提出。

A. 当事人住所地　　B. 调解组织所在地

C. 调解协议履行地　　D. 调解协议签订地

60. 代履行是行政机关强制执行的方式之一，关于代履行的说法，正确的是（　　）。

A. 行政机关只能委托第三人代履行

B. 代履行不适用与人身有关的义务

C. 代履行的适用与不履行义务的后果无关

D. 代履行程序启动后，当事人履行不导致代履行停止

二、多项选择题（共20题，每题2分。每题的备选项中，有2个或2个以上符合题意，至少有1个错项。错选，本题不得分；少选，所选的每个选项得0.5分）

61. 关于民法的说法，正确的有（　　）。

A. 商法是民法的特别法　　B. 民法不调整人身关系

C. 合同法与民法是并列关系　　D.《建筑法》不属于民法

E. 经济法是民法的组成部分

62. 关于施工企业项目经理部的说法，正确的是（　　）。

A. 项目经理部具有法人资格

B. 项目经理经施工企业授权管理施工项目

C. 项目经理部自行承担施工行为的法律后果

D. 项目经理部是施工企业组建的非常设下属机构

E. 项目经理是施工企业的内部岗位

63. 某施工企业在施工过程中，由于保护措施不当，致使毗邻建筑物开裂和倾斜。受害人将该施工企业诉至法院，提出的下列诉讼请求可以获得支持的有（　　）。

A. 停止侵害　　B. 消除危险

C. 恢复原状　　D. 消除影响

E. 赔偿损失

64. 债的产生根据有（　　）。

A. 合同　　B. 侵权

C. 支付价款　　D. 不当得利

E. 无因管理

65. 甲公司将其有权处分的在建工程抵押给银行，银行同时要求甲提供保证担保，未约定保证方式。借款到期后，甲无力偿还银行贷款，则该银行有权（　　）。

A. 直接与甲协议以工程折价受偿　　B. 向法院起诉拍卖该工程后优先受偿

C. 直接变卖该工程　　D. 直接转移占有该工程

E. 直接要求保证人代为清偿债务

66. 下列投标人投标的情形中，评标委员会应当否决的有（　　）。

A. 联合体未提交共同投标协议

B. 投标报价高于招标文件设定的最高投标限价

C. 投标文件未经投标人盖章和单位负责人签字

D. 投标文件未对招标文件的实质性要求和条件作出响应

E. 投标人主动提出了对投标文件的澄清、修改

67. 下列招标情形中，属于以不合理条件限制、排斥潜在投标人或者投标人的有（　　）。

A. 就同一招标项目向潜在投标人或者投标人提供有差别的项目信息

B. 设定的资格、技术、商务条件与招标项目的具体特点和实际需要不相适应

C. 限定或者指定特定的专利、商标、品牌、原产地或者供应商

D. 对不同的潜在投标人或者投标人采取相同的资格审查或者评标标准

E. 依法必须进行招标的项目以特定行业的业绩、奖项作为加分条件或者中标条件

68. 下列投标人不正当竞争的情形中，视为投标人相互串通投标的有（　　）。

A. 不同投标人的投标文件相互混装

B. 不同投标人的投标保证金从同一单位的账户转出

C. 投标人之间约定中标人

D. 不同投标人委托同一单位办理投标事宜

E. 不同投标人的投标报价呈规律性差异

69. 根据《建筑工程施工转包违法分包等违法行为认定查处管理办法（试行）》，属于合法分包的有（　　）。

A. 经建设单位认可，施工企业将其承包的部分工程分包给个人

B. 施工企业将工程分包给未申领安全生产许可证的企业

C. 施工总承包企业将钢结构工程分包给具有相应资质的企业

D. 专业分包企业将其承包的专业工程中的劳务作业分包

E. 劳务分包企业将其承包的劳务再分包

70. 下列建设工程施工合同中，属于无效的有（　　）。

A. 未取得相应施工企业资质的承包人订立的

B. 承包人对工程内容有重大误解订立的

C. 建设工程必须进行招标而未招标订立的

D. 承包人胁迫发包人订立的

E. 总承包人将主体结构的施工分包给他人订立的

71. 下列民事责任承担方式中，属于违约责任的有（　　）。

A. 继续履行　　B. 赔偿损失

C. 支付违约金　　D. 赔礼道歉

E. 恢复原状

72. 劳动合同履行过程中，劳动者不需事先告知用人单位、可以立即与用人单位解除劳动合同的情形有（　　）。

A. 用人单位违章指挥、强令冒险作业危及劳动者人身安全

B. 在试用期内

C. 用人单位濒临破产

D. 用人单位未依法缴纳社会保险费

E. 用人单位以暴力、威胁手段强迫劳动者劳动

73. 下列终止劳动合同的情形中，用人单位应向劳动者支付经济补偿的有（　　）。

A. 劳动合同期满但劳动者不同意按原劳动合同条件续订劳动合同，终止固定期限劳动合同的

B. 用人单位未及时足额支付劳动报酬，解除劳动合同的

C. 用人单位与劳动者协商一致，解除劳动合同的

D. 劳动者不能胜任工作，经培训或者调整工作岗位后仍不能胜任工作，解除劳动合同的

E. 因劳动者同时与他人建立劳动关系，对完成本单位的工作任务造成严重影响，解除劳动合同的

74. 关于劳务派遣的说法，正确的有（　　）。

A. 经营劳务派遣业务应当申请行政许可，办理公司登记

B. 劳务派遣用工只能在临时性、辅助性或替代性的工作岗位上实施

C. 劳务派遣用工方式使劳动者的聘用与使用分离

D. 用工单位可以将被派遣劳动者再派遣到与其签订合同的其他用工单位

E. 除岗前培训费以外，劳务派遣单位不得再向被派遣劳动者收取费用

75. 下列用工方式中，属于违法用工的有（　　）。

A. 施工企业现场项目部临时雇佣劳务作业人员并按日支付劳动报酬

B. 施工企业与工人签订劳动合同，约定由工人支付各项社会保险费用

C. 施工企业与劳务派遣单位订立劳务派遣协议，不与被派遣劳动者订立劳动合同

D. 施工企业现场项目部在国庆节期间不安排劳务作业人员休假

E. 施工企业向劳务分包企业分包作业任务，不与分包企业工人签订劳动合同

76. 在城市市区噪声敏感建筑物集中区域内，未取得县级以上人民政府或有关部门证明即可夜间进行产生环境噪声污染的建筑施工作业有（　　）。

A. 抢修作业

B. 抢险作业

C. 保密工程作业

D. 生产工艺上要求必须连续进行的作业

E. 产生环境噪声污染较轻的作业

77. 关于建设单位安全责任的说法，正确的有（　　）。

A. 不得压缩合同工期

B. 需要临时占用规划批准范围以外场地的，办理批准手续

C. 确保地下管线的安全

D. 审查专项施工方案

E. 申领施工许可证时应当提供有关安全施工措施的资料

78. 根据《建设工程质量管理条例》，属于建设工程竣工验收应当具备的条件有（　　）。

A. 有完整的技术档案和施工管理资料

B. 有勘察、设计、施工等单位分别签署的质量合格文件

C. 有施工企业签署的工程保修书

D. 完成建设工程设计和合同约定的主要内容

E. 有工程使用的全部建筑材料、建筑构配件和设备的进场试验报告

79. 关于建设工程保修义务和损失赔偿责任的说法，正确的有（　　）。

A. 施工企业未按照设计要求施工造成的质量缺陷，由施工企业负责返修并承担赔偿责任

B. 因设计问题造成的质量缺陷，施工企业先负责维修，其赔偿责任由施工企业向设计单位索赔

C. 因建筑材料质量不合格引起的质量缺陷，如属施工企业采购的，由施工企业负责维修并承担赔偿责任

D. 因监理单位错误管理造成的质量缺陷，先由施工企业负责维修，其赔偿责任由施工企业向监理单位索赔

E. 因使用单位使用不当造成的损坏问题，先由施工企业负责维修，其损失由使用单位自行承担

80. 在民事诉讼证据认定中，不能单独作为认定案件事实依据的有（　　）。

A. 未成年人所作的与其年龄和智力状况不相当的证言

B. 与一方当事人的代理人有利害关系的证人出具的证言

C. 无正当理由未出庭作证的证人证言

D. 以严重违背公序良俗的方法获取的证据

E. 无法与原件、原物核对的复印件、复制品

2017年度真题参考答案及解析

一、单项选择题

1. B;	2. C;	3. C;	4. C;	5. C;
6. B;	7. C;	8. B;	9. D;	10. D;
11. C;	12. A;	13. A;	14. B;	15. A;
16. A;	17. A;	18. B;	19. C;	20. C;
21. D;	22. B;	23. A;	24. C;	25. D;
26. B;	27. B;	28. D;	29. C;	30. B;
31. D;	32. B;	33. C;	34. A;	35. A;
36. B;	37. C;	38. D;	39. A;	40. D;
41. B;	42. B;	43. D;	44. D;	45. D;
46. D;	47. A;	48. C;	49. C;	50. A;
51. A;	52. C;	53. C;	54. D;	55. A;
56. B;	57. B;	58. C;	59. B;	60. B。

【解析】

1. B。本题考核的是法规效力层级的冲突。行政法规之间对同一事项的新的一般规定与旧的特别规定不一致，不能确定如何适用时，由国务院裁决。因此本题正确选项为B。

2. C。本题考核的是代理相关知识。建设工程代理行为多为民事法律行为的委托代理。可以委托包括律师在内的代理人代理相关行为。A、B选项说法错误。《民法通则》规定，依照法律规定或者按照双方当事人约定，应当由本人实施的民事法律行为，不得代理。建设工程的承包活动不得委托代理。C选项说法正确。转托他人代理应当事先取得被代理人的同意，只有在紧急情况下为保护被代理人的利益，才可以直接转委托。D选项说法错误。因此本题正确选项为C。（随着《民法典》的施行，《民法通则》《民法总则》《担保法》《合同法》《物权法》《侵权责任法》同时废止。因此本书中涉及《民法通则》《民法总则》《担保法》《合同法》《物权法》《侵权责任法》的真题答案可能会与现行《民法典》的相关规定有不符之处，考生应注意。）

3. C。本题考核的是建设用地使用权的设立条件。设立建设用地使用权的，应当向登记机构申请建设用地使用权登记。建设用地使用权自登记时设立。登记机构应当向建设用地使用权人发放建设用地使用权证书。建设用地使用权人应当合理利用土地，不得改变土地用途；需要改变土地用途的，应当依法经有关行政主管部门批准。因此本题正确选项为C。

4. C。本题考核的是侵犯知识产权的赔偿责任。在建设工程知识产权侵权的民事责任中，最主要的还是赔偿损失。赔偿损失的数额有4种确定方法：（1）侵权的赔偿数额按照权利人因被侵权所受到的实际损失确定；（2）实际损失难以确定的，可以按照侵权人因侵权所获得的利益确定；（3）权利人的损失或者侵权人获得的利益难以确定的，参照该知识产权许可使用费的倍数合理确定；（4）权利人的损失、侵权人获得的利益和专利许可使用费均难以确定的，人民法院可以根据专利权的类型、侵权行为的性质和情节等因素，确定给予一定数额的赔偿。上述赔偿数额的确定方法是按照顺序进行的，本题中按照赔偿损失数额的第一种确定方法即可，甲的损失是少销售 600 件，而每件获利是 2000 元，合计是 120 万元损失。因此本题正确选项为 C。

5. C。本题考核的是定金和违约金的适用。《担保法》规定，当事人可以约定一方向对方给付定金作为债权的担保。债务人履行债务后，定金应当抵作价款或者收回。给付定金的一方不履行约定的债务的，无权要求返还定金；收受定金的一方不履行约定的债务的，应当双倍返还定金。定金应当以书面形式约定。当事人在定金合同中应当约定交付定金的期限。定金合同从实际交付定金之日起生效。定金的数额由当事人约定，但不得超过主合同标的额的 20%。本题中合同总额为 200 万元，20%就是 40 万，支付的 50 万元中有 10 万属于预付款性质，不应双倍返还。即只有 20%也就是 40 万可以双倍计算进行返还，然后再加 10 万预付款，合计应返还 90 万元。因此本题正确选项为 C。

6. B。本题考核的是建筑工程一切险的生效日期。建筑工程一切险的保险责任自保险工程在工地动工或用于保险工程的材料、设备运抵工地之时起始，至工程所有人对部分或全部工程签发完工验收证书或验收合格，或工程所有人实际占用或使用或接收该部分或全部工程之时终止，以先发生者为准。但在任何情况下，保险期限的起始或终止不得超出保险单明细表中列明的保险生效日或终止日。因此本题正确选项为 B。

7. C。本题考核的是工程重大安全事故罪的认定。《刑法》第 137 条规定，建设单位、设计单位、施工单位、工程监理单位违反国家规定，降低工程质量标准，造成重大安全事故的，对直接责任人员处 5 年以下有期徒刑或者拘役，并处罚金；后果特别严重的，处 5 年以上 10 年以下有期徒刑，并处罚金。A 选项如果因为安全生产设施或者安全生产条件不符合，则应以重大劳动安全事故罪定性，如果排除了责任事故，就应当以意外事件定性，不需要承担刑事责任；B 选项属于民事侵权事件；C 选项属于工程重大安全事故罪；D 选项属于危害公共安全的投放危险物质罪（投毒）。因此本题正确选项为 C。

8. B。本题考核的是施工许可证的办理条件。《建筑工程施工许可管理办法》明确规定，建设工期不足 1 年的，到位资金原则上不得少于工程合同价的 50%，建设工期超过 1 年的，到位资金原则上不得少于工程合同价的 30%。建设单位应当提供本单位截至申请之日无拖欠工程款情形的承诺书或者能够表明其无拖欠工程款情形的其他材料，以及银行出具的到位资金证明，有条件的可以实行银行付款保函或者其他第三方担保。因此本题正确选项为 B。(此知识点已删除)

9. D。本题考核的是施工许可证的后期管理。《建筑法》规定，建设单位应当自领取施工许可证之日起 3 个月内开工。因故不能按期开工的，应当向发证机关申请延期；延期以两次为限，每次不超过 3 个月。既不开工又不申请延期或者超过延期时限的，施工许可证自行废止。A 选项错误在于不是自动延期，要申请获批后才能延期。《建筑法》规定，在建的建筑工程因故中止施工的，建设单位应当自中止施工之日起一个月内，向发证机关报告，并按照规定做好建筑工程的维护管理工作。建筑工程恢复施工时，应当向发证机关报告；中止施工满一年的工程恢复施工前，建设单位应当报发证机关核验施工许可证。B、C 选项说法错误，D 选项说法正确，因此本题正确选项为 D。

10. D。本题考核的是建筑企业资质证书的管理。建筑业企业资质证书有效期为 5 年。

建筑业企业资质证书有效期届满，企业继续从事建筑施工活动的，应当于资质证书有效期届满3个月前，向原资质许可机关提出延续申请。资质许可机关应当在建筑业企业资质证书有效期届满前做出是否准予延续的决定；逾期未做出决定的，视为准予延续。A选项说法错误。企业发生合并、分立、重组以及改制等事项，需承继原建筑业企业资质的，应当申请重新核定建筑业企业资质等级。B选项说法错误。C选项应当是注销其资质证书。D选项属于不予批准企业资质升级申请和增项申请的规定情形之一。因此本题正确选项为D。

11. C。本题考核的是二级建造师的变更注册。《注册建造师管理规定》中规定，在注册有效期内，注册建造师变更执业单位，应当与原聘用单位解除劳动关系，并按照规定办理变更注册手续，变更注册后仍延续原注册有效期。A选项说法错误。申请变更注册的，应当提交下列材料：（1）注册建造师变更注册申请表；（2）注册证书和执业印章；（3）申请人与新聘用单位签订的聘用合同复印件或有效证明文件；（4）工作调动证明（与原聘用单位解除聘用合同或聘用合同到期的证明文件、退休人员的退休证明）。C选项说法正确。《注册建造师执业管理办法（试行）》规定，注册建造师变更聘用企业的，应当在与新聘用企业签订聘用合同后的1个月内，通过新聘用企业申请办理变更手续。D选项说法正确。因变更注册申报不及时影响注册建造师执业、导致工程项目出现损失的，由注册建造师所在聘用企业承担责任，并作为不良行为记入企业信用档案。B选项说法错误。因此本题正确选项为C。

12. A。本题考核的是二级建造师的执业范围。《建造师执业资格制度暂行规定》中规定，建造师的执业范围包括：（1）担任建设工程项目施工的项目经理；（2）从事其他施工活动的管理工作；（3）法律、行政法规或国务院建设行政主管部门规定的其他业务。二级建造师可以担任二级及以下建筑业企业资质的建设工程项目施工的项目经理。B选项说法错误。注册建造师不得同时担任两个及以上建设工程施工项目负责人。发生下列情形之一的除外：（1）同一工程相邻分段发包或分期施工的；（2）合同约定的工程验收合格的；（3）因非承包方原因致使工程项目停工超过120天（含），经建设单位同意的。D选项说法错误。注册建造师担任施工项目负责人期间原则上不得更换。如发生下列情形之一的，应当办理书面交接手续后更换施工项目负责人：（1）发包方与注册建造师受聘企业已解除承包合同的；（2）发包方同意更换项目负责人的；（3）因不可抗力等特殊情况必须更换项目负责人的。建设工程合同履行期间变更项目负责人的，企业应当于项目负责人变更5个工作日内报建设行政主管部门和有关部门及时进行网上变更。A选项说法正确，C选项说法错误。注册建造师担任施工项目负责人，在其承建的建设工程项目竣工验收或移交项目手续办结前，除以上规定的情形外，不得变更注册至另一企业。因此本题正确选项为A。

13. A。本题考核的是电子招标投标的有关要求。投标人应当在投标截止时间前完成投标文件的传输递交，并可以补充、修改或者撤回投标文件。投标截止时间前未完成投标文件传输的，视为撤回投标文件。投标截止时间后送达的投标文件，电子招标投标交易平台应当拒收。因此本题正确选项为A。

14. B。本题考核的是对招标文件进行澄清和修改的要求。招标人对已发出的招标文件进行必要的澄清或者修改的，应当在招标文件要求提交投标文件截止时间至少15日前，以书面形式通知所有招标文件收受人。B选项说法正确，C选项说法错误。该澄清或者修改的内容为招标文件的组成部分，澄清或修改的内容效力优于原先招标文件内容。A选项说法错误。澄清或者修改的内容可能影响资格预审申请文件或者投标文件编制的，招标人应当在提交资格预审申请文件截止时间至少 3 日前，或者投标截止时间至少 15 日前，以书面形式通知所有获取资格预审文件或者招标文件的潜在投标人；不足 3 日或者 15 日的，招标人应当顺延提交资格预审申请文件或者投标文件的截止时间。D 选项说法错误。因此本题正确选项为 B。

15. A。本题考核的是联合体投标的要求。招标人应当在资格预审公告、招标公告或者投标邀请书中载明是否接受联合体投标。A 选项说法正确。招标人接受联合体投标并进行资格预审的，联合体应当在提交资格预审申请文件前组成。资格预审后联合体增减、更换成员的，其投标无效。联合体各方在同一招标项目中以自己名义单独投标或者参加其他联合体投标的，相关投标均无效。BC 选项说法错误。联合体各方均应当具备承担招标项目的相应能力；国家有关规定或者招标文件对投标人资格条件有规定的，联合体各方均应当具备规定的相应资格条件。由同一专业的单位组成的联合体，按照资质等级较低的单位确定资质等级。D 选项说法错误。因此本题正确选项为 A。

16. A。本题考核的是撤回和撤销投标文件的区别。投标人撤回已提交的投标文件，应当在投标截止时间前书面通知招标人。A 选项说法正确，B 选项说法错误。投标人撤回已提交的投标文件，招标人已收取投标保证金的，应当自收到投标人书面撤回通知之日起 5 日内退还。C 选项说法错误。投标截止后投标人撤销投标文件的，招标人可以不退还投标保证金。D 选项说法错误。因此本题正确选项为 A。

17. A。本题考核的是投标文件的送达和签收。投标人应当在招标文件要求提交投标文件的截止时间前，将投标文件送达投标地点。A 选项说法正确。招标人收到投标文件后，应当签收保存，不得开启。B 选项说法错误。投标人少于 3 个的，招标人应当依法重新招标。在招标文件要求提交投标文件的截止时间后送达的投标文件，招标人应当拒收。C 选项说法错误。《招标投标法实施条例》进一步规定，未通过资格预审的申请人提交的投标文件，以及逾期送达或者不按照招标文件要求密封的投标文件，招标人应当拒收。招标人应当如实记载投标文件的送达时间和密封情况，并存档备查。D 选项说法错误。因此本题正确选项为 A。

18. B。本题考核的是投标保证金的相关规定。实行两阶段招标的，招标人要求投标人提交投标保证金的，应当在第二阶段提出。A 选项说法错误。投标保证金有效期应当与投标有效期一致。B 选项说法正确，C 选项说法错误。招标人终止招标，已经收取投标保证金的，招标人应当及时退还所收取的投标保证金及银行同期存款利息。投标人撤回已提交的投标文件，招标人已收取投标保证金的，应当自收到投标人书面撤回通知之日起 5 日内退还。投标截止后投标人撤销投标文件的，招标人可以不退还投标保证金。D 选项说法错误。因此本题正确选项为 B。

19. C。本题考核的是对评标结果异议的处理。投标人或者其他利害关系人对依法必须进行招标的项目的评标结果有异议的，应当在中标候选人公示期间提出。A 选项说法错误在于不仅投标人有权提出，其他利害关系人也有权提出异议。B 选项针对的是依法必须进行招标的项目，如果有异议应在中标候选人公示期间提出。投标人或者其他利害关系人认为招标投标活动不符合法律、行政法规规定的，可以自知道或者应当知道之日起 10 日内向有关行政监督部门投诉。投诉应当有明确的请求和必要的证明材料。但是，对资格预审文件、招标文件、开标以及对依法必须进行招标项目的评标结果有异议的，应当依法先向招标人提出异议，其异议答复期间不计算在以上规定的期限内。C 选项说法正确。招标人应当自收到异议之日起 3 日内作出答复；作出答复前，应当暂停招标投标活动。D 选项说法错误。因此本题正确选项为 C。

20. C。本题考核的是施工企业资质不良行为的认定。借出资质属于资质不良行为，借入资质属于承揽业务不良行为，A属于承揽业务不良行为。B、D两项也属于承揽业务不良行为。因此本题正确选项为C。

21. D。本题考核的是招标投标违法行为记录的公示要求。《招标投标违法行为记录公告暂行办法》规定，国务院有关行政主管部门和省级人民政府有关行政主管部门应自招标投标违法行为行政处理决定作出之日起20个工作日内对外进行记录公告。违法行为记录公告期限为6个月。依法限制招标投标当事人资质（资格）等方面的行政处理决定，所认定的限制期限长于6个月的，公告期限从其决定。A选项说法错误。被公告的招标投标当事人认为公告记录与行政处理决定的相关内容不符的，可向公告部门提出书面更正申请，并提供相关证据。公告部门接到书面申请后，应在5个工作日内进行核对。公告的记录与行政处理决定的相关内容不一致的，应当给予更正并告知申请人；公告的记录与行政处理决定的相关内容一致的，应当告知申请人。公告部门在作出答复前不停止对违法行为记录的公告。B选项说法错误。行政处理决定在被行政复议或行政诉讼期间，公告部门依法不停止对违法行为记录的公告，但行政处理决定被依法停止执行的除外。C选项说法错误。原行政处理决定被依法变更或撤销的，公告部门应当及时对公告记录予以变更或撤销，并在公告平台上予以声明。D选项说法正确。因此本题正确选项为D。

22. B。本题考核的是施工企业安全不良行为的认定标准。工程安全不良行为共计有24项表现，B选项属于其中之一。AC选项属于工程质量不良行为，D选项属于资质不良行为。因此本题正确选项为B。

23. A。本题考核的是建设工程优先受偿权。《最高人民法院关于建设工程价款优先受偿权问题的批复》规定：（1）人民法院在审理房地产纠纷案件和办理执行案件中，应当依照《合同法》第286条的规定，认定建筑工程的承包人的优先受偿权优于抵押权和其他债权；（2）消费者交付购买商品房的全部或者大部分款项后，承包人就该商品房享有的工程价款优先受偿权不得对抗买受人；（3）建筑工程价款包括承包人为建设工程应当支付的工作人员报酬、材料款等实际支出的费用，不包括承包人因发包人违约所造成的损失；（4）建设工程承包人行使优先权的期限为6个月，自建设工程竣工之日或者建设工程合同约定的竣工之日起计算。因此本题正确选项为A。（注意：《最高人民法院关于建设工程价款优先受偿权问题的批复》现已废止）

24. C。本题考核的是违约责任的承担。《合同法》规定，当事人一方违约后，对方应当采取适当措施防止损失的扩大；没有采取适当措施致使损失扩大的，不得就扩大的损失要求赔偿。当事人因防止损失扩大而支出的合理费用，由违约方承担。对于当事人一方违反合同的，另一方不能任凭损失的扩大，在接到对方的通知后，应当及时采取措施防止损失扩大，即使没有接到对方通知，也应当采取适当措施；如果没有及时采取措施致使损失扩大的，无权就扩大的损失部分请求赔偿。因此本题正确选项为C。

25. D。本题考核的是无效施工合同工程款的结算。《最高人民法院关于审理建设工程施工合同纠纷案件适用法律问题的解释》规定，建设工程施工合同无效，但建设工程经竣工验收合格，承包人请求参照合同约定支付工程价款的，应予支持。建设工程施工合同无效，且建设工程经竣工验收不合格的，按照以下情形分别处理：（1）修复后的建设工程经竣工验收合格，发包人请求承包人承担修复费用的，应予支持；（2）修复后的建设工程经竣工验收不合格，承包人请求支付工程价款的，不予支持。因此本题正确选项为D。（注

意：《最高人民法院关于审理建设工程施工合同纠纷案件适用法律问题的解释》现已废止）

26. B。本题考核的是债权的转让。《合同法》规定，债权人转让权利的，应当通知债务人。未经通知，该转让对债务人不发生效力。债权人转让权利的通知不得撤销，但经受让人同意的除外。债权人转让权利应当通知债务人，未经通知的转让行为对债务人不发生效力，但债权人债权的转让无需得到债务人的同意。当债务人接到权利转让的通知后，权利转让即行生效，原债权人被新的债权人替代，或者新债权人的加入使原债权人不再完全享有原债权。因此本题正确选项为B。

27. B。本题考核的是可撤销可变更合同的认定。《合同法》规定，下列合同，当事人一方有权请求人民法院或者仲裁机构变更或者撤销：（1）因重大误解订立的；（2）在订立合同时显失公平的。一方以欺诈、胁迫的手段或者乘人之危，使对方在违背真实意思的情况下订立的合同，受损害方有权请求人民法院或者仲裁机构变更或者撤销。解除合同只适用于合法有效的合同，题干中的情形属于可撤销、可变更合同，因此A项错误。题干中甲的行为应定性为欺诈，不是重大误解，C项错误。缔约过失责任只产生在合同订立过程中，题干中甲乙之间合同已经生效，故D项错误。如果从受害者一方本来意愿出发，其购买工程车辆是其本意，但受到价格欺诈，乙可以以被欺诈为由请求撤销合同，或变更合同，因此本题正确选项为B。

28. D。本题考核的是施工合同的解除条件。承包人具有下列情形之一，发包人请求解除建设工程施工合同的，应予支持：（1）明确表示或者以行为表明不履行合同主要义务的；（2）合同约定的期限内没有完工，且在发包人催告的合理期限内仍未完工的；（3）已经完成的建设工程质量不合格，并拒绝修复的；（4）将承包的建设工程非法转包、违法分包的。发包人具有下列情形之一，致使承包人无法施工，且在催告的合理期限内仍未履行相应义务，承包人请求解除建设工程施工合同的，应予支持：（1）未按约定支付工程价款的；（2）提供的主要建筑材料、建筑构配件和设备不符合强制性标准的；（3）不履行合同约定的协助义务的。因此本题正确选项为D。

29. C。本题考核的是定金和违约金的适用条件。当事人既约定违约金，又约定定金的，一方违约时，对方可以选择适用违约金或者定金条款。定金是预先交付的，在另一方违约时，可以要求双倍返还定金，也可以要求返还定金，同时再支付约定的违约金，从对守约方利益的最大限度保护来看，请求甲支付违约金6万元，同时请求甲返还支付的定金4万元，共计10万元是最佳选择。注意B选项错在同时适用了定金和违约金条款，是不合法的。因此本题正确选项为C。

30. B。本题考核的是劳动合同履行的规定。下列劳动合同无效或者部分无效：（1）以欺诈、胁迫的手段或者乘人之危，使对方在违背真实意思的情况下订立或者变更劳动合同的；（2）用人单位免除自己的法定责任、排除劳动者权利的；（3）违反法律、行政法规强制性规定的。对于部分无效的劳动合同，只要不影响其他部分效力的，其他部分仍然有效。A选项说法错误。用人单位如果变更名称、法定代表人、主要负责人或者投资人等事项，不影响劳动合同的履行。B选项说法正确。用人单位发生合并或者分立等情况，原劳动合同继续有效，劳动合同由承继其权利和义务的用人单位继续履行。C选项说法错误。劳动合同由用人单位与劳动者协商一致，并经用人单位与劳动者在劳动合同文本上签字或者盖章生效。双方当事人签字或者盖章时间不一致的，以最后一方签字或者盖章的时间为准；如果一方没有写签字时间，则另一方写明的签字时间就是合同生效时间。D选项说法错误。

因此本题正确选项为 B。

31. D。本题考核的是劳动报酬的规定。劳动报酬是指劳动者为用人单位提供劳动而获得的各种报酬，通常包括三个部分：(1) 货币工资，包括各种工资、奖金、津贴、补贴等；(2) 实物报酬，即用人单位以免费或低于成本价提供给劳动者的各种物品和服务等；(3) 社会保险，即用人单位为劳动者支付的医疗、失业、养老、工伤等保险金。A 选项说法错误。劳动报酬的支付要遵守国家的有关规定：(1) 用人单位支付劳动者的工资不得低于当地的最低工资标准；(2) 工资应当以货币形式按月支付劳动者本人，即不得以实物或有价证券等形式代替货币支付；(3) 用人单位应当依法向劳动者支付加班费；(4) 劳动者在法定休假日、婚丧假期间、探亲假期间、产假期间和依法参加社会活动期间以及非因劳动者原因停工期间，用人单位应当依法支付工资。D 选项说法正确，B、C 选项说法错误。因此本题正确选项为 D。

32. B。本题考核的是承揽合同中违约责任的承担。如果定作人提供材料的，承揽人应当对定作人提供的材料及时检验，发现不符合约定时，应当及时通知定作人更换、补齐或者采取其他补救措施。承揽人不得擅自更换定作人提供的材料，不得更换不需要修理的零部件。因此本题正确选项为 B。

33. C。本题考核的是买卖合同风险的承担。出卖人出卖交由承运人运输的在途标的物，除当事人另有约定的以外，毁损、灭失的风险自合同成立时起由买受人承担。但在合同成立时出卖人知道或者应当知道标的物已经毁损、灭失却未告知买受人的，出卖人应当负担标的物毁损、灭失的风险。题干中双方没有对风险承担另行约定，因此风险损失自买卖合同成立时由丙承担。因此本题正确选项为 C。

34. A。本题考核的是融资租赁合同的法律特征。融资租赁合同不同于买卖合同。在买卖合同中，出卖人的权利和义务总是指向同一方主体。但在融资租赁合同中，出卖人是向承租人履行交付标的物和瑕疵担保义务，而不是向买受人（出租人）履行义务，即承租人享有买受人的权利但不承担买受人的义务。融资租赁合同也不同于租赁合同。融资租赁合同的出租人不负担租赁物的维修与瑕疵担保义务，但承租人须向出租人履行交付租金义务。出租人、出卖人、承租人可以约定，出卖人不履行买卖合同义务的，由承租人行使索赔的权利。承租人行使索赔权利的，出租人应当协助。出租人根据承租人对出卖人、租赁物的选择订立的买卖合同，未经承租人同意，出租人不得变更与承租人有关的合同内容。租赁物不符合约定或者不符合使用目的的，出租人不承担责任，但承租人依赖出租人的技能确定租赁物或者出租人干预选择租赁物的除外。因此本题正确选项为 A。

35. A。本题考核的是运输合同的规定。托运人违反包装规定的，承运人可以拒绝运输。B 选项说法错误。货物在运输过程中因不可抗力灭失，未收取运费的，承运人不得要求支付运费；已收取运费的，托运人可以要求返还。C 选项说法错误。两个以上承运人以同一运输方式联运的，与托运人订立合同的承运人应当对全程运输承担责任。损失发生在某一运输区段的，与托运人订立合同的承运人和该区段的承运人承担连带责任。D 选项说法错误。因此本题正确选项为 A。

36. B。本题考核的是建筑施工场界噪声的要求。建筑施工噪声，是指建筑施工过程中产生的干扰周围生活环境的声音。建筑施工场界，是指由有关主管部门批准的建筑施工场地边界或建筑施工过程中实际使用的施工场地边界。因此本题正确选项为 B。

37. C。本题考核的是建筑节约的规定。《节约能源法》规定，国家实行固定资产投资项目节能评估和审查制度。不符合强制性节能标准的项目，依法负责项目审批或者核准的机关不得批准或者核准建设；建设单位不得开工建设；已经建成的，不得投入生产、使用。因此本题正确选项为C。

38. D。本题考核的是节能技术进步的政策规定。国务院管理节能工作的部门会同国务院科技主管部门发布节能技术政策大纲，指导节能技术研究、开发和推广应用。县级以上各级人民政府应当把节能技术研究开发作为政府科技投入的重点领域，支持科研单位和企业开展节能技术应用研究，制定节能标准，开发节能共性和关键技术，促进节能技术创新与成果转化。A、B选项说法错误。国务院和省、自治区、直辖市人民政府及其有关部门应当将循环经济重大科技攻关项目的自主创新研究、应用示范和产业化发展列入国家或者省级科技发展规划和高技术产业发展规划，并安排财政性资金予以支持。C选项说法错误。利用财政性资金引进循环经济重大技术、装备的，应当制定消化、吸收和创新方案，报有关主管部门审批并由其监督实施；有关主管部门应当根据实际需要建立协调机制，对重大技术、装备的引进和消化、吸收、创新实行统筹协调，并给予资金支持。D选项说法正确，因此本题正确选项为D。

39. A。本题考核的是文物的归属。《文物保护法》规定，在进行建设工程或者在农业生产中，任何单位或者个人发现文物，应当保护现场，立即报告当地文物行政部门，文物行政部门接到报告后，如无特殊情况，应当在24小时内赶赴现场，并在7日内提出处理意见。依照以上规定发现的文物属于国家所有，任何单位或者个人不得哄抢、私分、藏匿。因此本题正确选项为A。

40. D。本题考核的是安全生产许可证的申领条件。建筑施工企业取得安全生产许可证，应当具备下列安全生产条件：（1）建立、健全安全生产责任制，制定完备的安全生产规章制度和操作规程；（2）保证本单位安全生产条件所需资金的投入；（3）设置安全生产管理机构，按照国家有关规定配备专职安全生产管理人员；（4）主要负责人、项目负责人、专职安全生产管理人员经建设主管部门或者其他有关部门考核合格；（5）特种作业人员经有关业务主管部门考核合格，取得特种作业操作资格证书；（6）管理人员和作业人员每年至少进行1次安全生产教育培训并考核合格；（7）依法参加工伤保险，依法为施工现场从事危险作业的人员办理意外伤害保险，为从业人员交纳保险费；（8）施工现场的办公、生活区及作业场所和安全防护用具、机械设备、施工机具及配件符合有关安全生产法律、法规、标准和规程的要求；（9）有职业危害防治措施，并为作业人员配备符合国家标准或者行业标准的安全防护用具和安全防护服装；（10）有对危险性较大的分部分项工程及施工现场易发生重大事故的部位、环节的预防、监控措施和应急预案；（11）有生产安全事故应急救援预案、应急救援组织或者应急救援人员，配备必要的应急救援器材、设备；（12）法律、法规规定的其他条件。因此本题正确选项为D。

41. B。本题考核的是专职安全生产管理人员的职责。生产经营单位的安全生产管理机构以及安全生产管理人员履行下列职责：（1）组织或者参与拟订本单位安全生产规章制度、操作规程和生产安全事故应急救援预案；（2）组织或者参与本单位安全生产教育和培训，如实记录安全生产教育和培训情况；（3）督促落实本单位重大危险源的安全管理措施；（4）组织或者参与本单位应急救援演练；（5）检查本单位的安全生产状况，及时排查生产安全事故隐患，提出改进安全生产管理的建议；（6）制止和纠正违章指挥、强令冒险作业、违反操作规程的行为；（7）督促落实本单位安全生产整改措施。因此本题正确选项为B。

42. B。本题考核的是专职安全管理人员的配备要求。施工单位应当设立安全生产管理机构，配备专职安全生产管理人员。A 选项说法错误。建筑施工企业安全生产管理机构专职安全生产管理人员的配备应满足要求，并应根据企业经营规模、设备管理和生产需要予以增加。B 选项说法正确。建筑施工企业的分公司、区域公司等较大的分支机构应依据实际生产情况配备不少于 2 人的专职安全生产管理人员。C 选项说法错误。采用新技术、新工艺、新材料或致害因素多、施工作业难度大的工程项目，项目专职安全生产管理人员的数量应当根据施工实际情况，在以上规定的配备标准上增加。施工作业班组可以设置兼职安全巡查员，对本班组的作业场所进行安全监督检查。建筑施工企业应当定期对兼职安全巡查员进行安全教育培训。D 选项说法错误。因此本题正确选项为 B。

43. D。本题考核的是专项施工方案的实施规定。施工单位应当指定专人对专项方案实施情况进行现场监督和按规定进行监测。A 选项说法错误。发现不按照专项方案施工的，应当要求其立即整改；发现有危及人身安全紧急情况的，应当立即组织作业人员撤离危险区域。B、C 选项说法错误。施工单位技术负责人应当定期巡查专项方案实施情况。D 选项说法正确，因此本题正确选项为 D。

44. D。本题考核的是安全文明施工费报价的规定。投标方安全防护、文明施工措施的报价，不得低于依据工程所在地工程造价管理机构测定费率计算所需费用总额的 90%。因此本题正确选项为 D。

45. D。本题考核的是安全生产事故应急救援预案的备案管理。中央管理的总公司（总厂、集团公司、上市公司）的综合应急预案和专项应急预案，报国务院国有资产监督管理部门、国务院安全生产监督管理部门和国务院有关主管部门备案；A 选项说法错误。其所属单位的应急预案分别抄送所在地的省、自治区、直辖市或者设区的市人民政府安全生产监督管理部门和有关主管部门备案。B 选项说法错误。其他生产经营单位中涉及实行安全生产许可的，其综合应急预案和专项应急预案，按照隶属关系报所在地县级以上地方人民政府安全生产监督管理部门和有关主管部门备案。生产经营单位申请应急预案备案，应当提交以下材料：（1）应急预案备案申请表；（2）应急预案评审或者论证意见；（3）应急预案文本及电子文档。建筑施工单位应当组织专家对本单位编制的应急预案进行评审。评审应当形成书面纪要并附有专家名单。施工单位的应急预案经评审后，由施工单位主要负责人签署公布。C 选项说法错误。对于实行安全生产许可的生产经营单位，已经进行应急预案备案登记的，在申请安全生产许可证时，可以不提供相应的应急预案，仅提供应急预案备案登记表。D 选项说法正确，因此本题正确选项为 D。

46. D。本题考核的是安全事故报告的要求。事故发生后，事故现场有关人员应当立即向本单位负责人报告；单位负责人接到报告后，应当于 1 小时内向事故发生地县级以上人民政府安全生产监督管理部门和负有安全生产监督管理职责的有关部门报告。情况紧急时，事故现场有关人员可以直接向事故发生地县级以上人民政府安全生产监督管理部门和负有安全生产监督管理职责的有关部门报告。A、B、C 选项说法都是错误的。所谓事故现场，是指事故具体发生地点及事故能够影响和波及的区域，以及该区域内的物品、痕迹等所处的状态。《生产安全事故报告和调查处理条例》规定，事故报告后出现新情况的，应当及时补报。自事故发生之日起 30 日内，事故造成的伤亡人数发生变化的，应当及时补报。道路交通事故、火灾事故自发生之日起 7 日内，事故造成的伤亡人数发生变化的，应当及时补报。因此本题正确选项为 D。

47. A。本题考核的是安全生产监督人员执法的相关规定。安全生产监督检查人员执行监督检查任务时，必须出示有效的监督执法证件；对涉及被检查单位的技术秘密和业务秘密，应当为其保密。负有安全生产监督管理职责的部门在监督检查中，应当互相配合，实行联合检查；确需分别进行检查的，应当互通情况，发现存在的安全问题应当由其他有关部门进行处理的，应当及时移送其他有关部门并形成记录备查，接受移送的部门应当及时进行处理。因此本题正确选项为A。

48. C。本题考核的是强制性标准的规定。下列标准属于强制性标准：（1）工程建设勘察、规划、设计、施工（包括安装）及验收等通用的综合标准和重要的通用的质量标准；（2）工程建设通用的有关安全、卫生和环境保护的标准；（3）工程建设重要的通用的术语、符号、代号、量与单位、建筑模数和制图方法标准；（4）工程建设重要的通用的试验、检验和评定方法等标准；（5）工程建设重要的通用的信息技术标准；（6）国家需要控制的其他工程建设通用的标准。A选项说法片面。纳入国家标准的新技术、新工艺、新设备、新材料，应当经有关主管部门或受委托单位鉴定，且经实践检验行之有效。B选项说法错误。鼓励积极采用国际标准和国外先进标准，并经认真分析论证或测试验证，符合我国国情。D选项说法错误。因此本题正确选项为C。

49. C。本题考核的是见证取样和送检材料的范围。下列试块、试件和材料必须实施见证取样和送检：（1）用于承重结构的混凝土试块；（2）用于承重墙体的砌筑砂浆试块；（3）用于承重结构的钢筋及连接接头试件；（4）用于承重墙的砖和混凝土小型砌块；（5）用于拌制混凝土和砌筑砂浆的水泥；（6）用于承重结构的混凝土中使用的掺加剂；（7）地下、屋面、厕浴间使用的防水材料；（8）国家规定必须实行见证取样和送检的其他试块、试件和材料。因此本题正确选项为C。

50. A。本题考核的是隐蔽工程检查的程序。监理人应按时到场并对隐蔽工程及其施工工艺、材料和工程设备进行检查。经监理人检查确认质量符合隐蔽要求，并在验收记录上签字后，承包人才能进行覆盖。A选项说法正确。经监理人检查质量不合格的，承包人应在监理人指示的时间内完成修复，并由监理人重新检查，由此增加的费用和（或）延误的工期由承包人承担。B选项说法错误。除专用合同条款另有约定外，监理人不能按时进行检查的，应在检查前24小时向承包人提交书面延期要求，但延期不能超过48小时，由此导致工期延误的，工期应予以顺延。C选项说法错误。监理人未按时进行检查，也未提出延期要求的，视为隐蔽工程检查合格，承包人可自行完成覆盖工作，并作相应记录报送监理人，监理人应签字确认。监理人事后对检查记录有疑问的，可按约定重新检查。D选项说法错误。因此本题正确选项为A。

51. A。本题考核的是转包后的责任承担。承包单位将承包的工程转包的，或者违反本法规定进行分包的……对因转包工程或者违法分包的工程不符合规定的质量标准造成的损失，与接受转包或者分包的单位承担连带赔偿责任。因此本题正确选项为A。

52. C。本题考核的是建设工程合理使用年限的起始时间。工程合理使用年限是指从工程竣工验收合格之日起，工程的地基基础、主体结构能保证在正常情况下安全使用的年限。因此本题正确选项为C。

53. C。本题考核的是建设工程竣工验收备案的规定。建设单位应当自工程竣工验收合格之日起15日内，依照规定，向工程所在地的县级以上地方人民政府建设主管部门备案。A选项说法错误。建设单位办理工程竣工验收备案应当提交下列文件：（1）工程竣工验收备案表；（2）工程竣工验收报告。竣工验收报告应当包括工程报建日期，施工许可证号，施工图设计文件审查意见，勘察、设计、施工、工程监理等单位分别签署的质量合格文件及验收人员签署的竣工验收原始文件，市政基础设施的有关质量检测和功能性试验资料以及备案机关认为需要提供的有关资料；（3）法律、行政法规规定应当由规划、环保等部门出具的认可文件或者准许使用文件；（4）法律规定应当由公安消防部门出具的对大型的人员密集场所和其他特殊建设工程验收合格的证明文件；（5）施工单位签署的工程质量保修书；（6）法规、规章规定必须提供的其他文件。住宅工程还应当提交《住宅质量保证书》和《住宅使用说明书》。B 选项说法错误。备案机关收到建设单位报送的竣工验收备案文件，验证文件齐全后，应当在工程竣工验收备案表上签署文件收讫。工程竣工验收备案表一式两份，1 份由建设单位保存，1 份留备案机关存档。C 选项说法正确。工程质量监督机构应当在工程竣工验收之日起 5 日内，向备案机关提交工程质量监督报告。D 选项中的主体是错误的。因此本题正确选项为 C。

54. D。本题考核的是行政复议的有关特点。行政复议是公民、法人或其他组织（作为行政相对人）认为行政机关的具体行政行为侵犯其合法权益，依法请求法定的行政复议机关审查该具体行政行为的合法性、适当性，该复议机关依照法定程序对该具体行政行为进行审查，并作出行政复议决定的法律制度。这是公民、法人或其他组织通过行政救济途径解决行政争议的一种方法。A 选项说法错误。行政复议以书面审查为主，以不调解为原则。B 选项说法错误。行政复议的结论作出后，即具有法律效力。只要法律未规定复议决定为终局裁决的，当事人对复议决定不服的，仍可以按《行政诉讼法》的规定，向人民法院提请诉讼。C 选项说法错误。公民、法人或者其他组织认为行政机关的具体行政行为所依据的下列规定不合法，在对具体行政行为申请行政复议时，可以一并向行政复议机关提出对该规定的审查申请：（1）国务院部门的规定；（2）县级以上地方各级人民政府及其工作部门的规定；（3）乡、镇人民政府的规定。但以上规定不含国务院部、委员会规章和地方人民政府规章。规章的审查依照法律、行政法规办理。这就是 D 选项中所称的抽象行政行为。因此本题正确选项为 D。

55. A。本题考核的是执行程序的规定。被执行人或者被执行的财产在外地的，可以委托当地人民法院代为执行。B 选项说法错误。执行异议审查和复议期间，不停止执行。被执行人、利害关系人提供充分、有效的担保请求停止相应处分措施的，人民法院可以准许；申请执行人提供充分、有效的担保请求继续执行的，应当继续执行。C 选项说法错误。执行包括当事人申请执行、人民法院移交执行。D 选项说法错误。因此本题正确选项为 A。

56. B。本题考核的是民事诉讼送达的规定。送达诉讼文书必须有送达回证，由受送达人在送达回证上记明收到日期，签名或者盖章。受送达人在送达回证上的签收日期为送达日期。A 选项说法错误，B 选项说法正确。人民法院对诉讼文书送达方式有：（1）直接送达；（2）留置送达；（3）传真、电子邮件等简易送达方式；（4）委托送达和邮寄送达；（5）转交送达。受送达人是军人的，通过其所在部队团以上单位的政治机关转交。受送达人被监禁的，通过其所在监所转交。受送达人被采取强制性教育措施的，通过其所在强制性教育机构转交。代为转交的机关、单位收到诉讼文书后，必须立即交受送达人签收，以在送达回证上的签收日期，为送达日期。C 选项说法错误；（6）公告送达。受送达人下落不明，或者用上述规定的其他方式无法送达的，公告送达。自发出公告之日起，经过 60 日，即视为送达。公告送达，应当在案卷中记明原因和经过。D 选项说法过于绝对，只有符合上述条件的才能采用公告送达这一方式。因此本题正确选项为 B。

57. B。本题考核的是仲裁协议的效力。当事人对仲裁协议效力有异议的，应当在仲裁庭首次开庭前提出。当事人既可以请求仲裁委员会作出决定，也可以请求人民法院裁定。一方请求仲裁委员会作出决定，另一方请求人民法院作出裁定的，由人民法院裁定。A、D选项说法均错误。仲裁协议约定的仲裁机构名称不准确，但能够确定具体的仲裁机构的，应当认定选定了仲裁机构。仲裁协议约定两个以上仲裁机构的，当事人可以协议选择其中的一个仲裁机构申请仲裁；当事人不能就仲裁机构选择达成一致的，仲裁协议无效。仲裁协议约定由某地的仲裁机构仲裁且该地仅有一个仲裁机构的，该仲裁机构视为约定的仲裁机构。该地有两个以上仲裁机构的，当事人可以协议选择其中的一个仲裁机构申请仲裁；当事人不能就仲裁机构选择达成一致的，仲裁协议无效。B 选项说法正确。仲裁协议独立存在，合同的变更、解除、终止或者无效，以及合同成立后未生效、被撤销等，均不影响仲裁协议的效力。当事人在订立合同时就争议达成仲裁协议的，合同未成立也不影响仲裁协议的效力。C 选项说法错误。因此本题正确选项为 B。

58. C。本题考核的是仲裁裁决的执行。仲裁裁决作出后，当事人应当履行裁决。仲裁实行的是一裁终局原则。一方当事人不履行的，另一方当事人可以依照我国《民事诉讼法》的规定，向人民法院申请执行。根据我国最高人民法院的相关司法解释，当事人申请执行仲裁裁决案件，由被执行人所在地或者被执行财产所在地的中级人民法院管辖。A、D 选项说法均错误。申请仲裁裁决强制执行必须在法律规定的期限内提出（按照《民事诉讼法》的规定，申请执行的期间为 2 年）。申请执行时效的中止、中断，适用法律有关诉讼时效中止、中断的规定。B 选项说法错误。仲裁裁决被法院依法裁定不予执行的，当事人就该纠纷可以重新达成仲裁协议，并依据该仲裁协议申请仲裁，也可以向法院提起诉讼。因此本题正确选项为 C。

59. B。本题考核的是人民调解转为司法调解的途径。经人民调解委员会调解达成调解协议后，双方当事人认为有必要的，可以按照《民事诉讼法》的规定，自调解协议生效之日起 30 日内共同向调解组织所在地基层人民法院申请司法确认调解协议。人民法院受理申请后，经审查，符合法律规定的，裁定调解协议有效，一方当事人拒绝履行或者未全部履行的，对方当事人可以向人民法院申请强制执行；不符合法律规定的，裁定驳回申请，当事人可以通过调解方式变更原调解协议或者达成新的调解协议，也可以向人民法院起诉。因此本题正确选项为 B。

60. B。本题考核的是代履行的法律意义。行政机关依法作出要求当事人履行排除妨碍、恢复原状等义务的行政决定，当事人逾期不履行，经催告仍不履行，其后果已经或者将危害交通安全、造成环境污染或者破坏自然资源的，行政机关可以代履行，或者委托没有利害关系的第三人代履行。代履行应当遵守下列规定：（1）代履行前送达决定书，代履行决定书应当载明当事人的姓名或者名称、地址，代履行的理由和依据、方式和时间、标的、费用预算以及代履行人；（2）代履行 3 日前，催告当事人履行，当事人履行的，停止代履行；（3）代履行时，作出决定的行政机关应当派员到场监督；（4）代履行完毕，行政机关到场监督的工作人员、代履行人和当事人或者见证人应当在执行文书上签名或者盖章。代履行不得采用暴力、胁迫以及其他非法方式。因此本题正确选项为 B。

二、多项选择题

61. A、D;　　　　62. B、D、E;　　　　63. A、B、C、E;

64. A、B、D、E；　65. A、B；　66. A、B、C、D；
67. A、B、C、E；　68. A、B、D、E；　69. C、D；
70. A、C、E；　71. A、B、C；　72. A、E；
73. B、C、D；　74. A、B、C；　75. A、B、D；
76. A、B、D；　77. A、B、E；　78. A、B、C；
79. A、C、E；　80. A、B、C、E。

【解析】

61. A、D。本题考核的是民法的特征。民法是规定并调整平等主体的公民间、法人间及公民与法人间的财产关系和人身关系的法律规范的总称。商法是调整市场经济关系中商人及其商事活动的法律规范的总称。我国采用的是民商合一的立法模式。商法被认为是民法的特别法和组成部分。A选项说法正确，B、C选项说法错误。行政法是调整行政主体在行使行政职权和接受行政法制监督过程中而与行政相对人、行政法制监督主体之间发生的各种关系，以及行政主体内部发生的各种关系的法律规范的总称。《中华人民共和国建筑法》等属于行政法。D选项说法正确。我国法律共分为七个法律部门，经济法与民法是并列的法律部门。E选项说法错误。因此本题正确选项为A、D。

62. B、D、E。本题考核的是项目经理部的法律地位。项目经理部不具备法人资格，而是施工企业根据建设工程施工项目而组建的非常设的下属机构。A选项说法错误，D选项说法正确。项目经理根据企业法人的授权，组织和领导本项目经理部的全面工作。B选项说法正确。由于项目经理部不具备独立的法人资格，无法独立承担民事责任。所以，项目经理部行为的法律后果将由企业法人承担。C选项说法错误。施工企业的项目经理，是受企业法人的委派，对建设工程施工项目全面负责的项目管理者，是一种施工企业内部的岗位职务。E选项说法正确。因此本题正确选项为B、D、E。

63. A、B、C、E。本题考核的是民事责任中侵权责任的承担方式。因物权的归属、内容发生争议的，利害关系人可以请求确认权利。无权占有不动产或者动产的，权利人可以请求返还原物。妨害物权或者可能妨害物权的，权利人可以请求排除妨害或者消除危险。造成不动产或者动产毁损的，权利人可以请求修理、重作、更换或者恢复原状。侵害物权，造成权利人损害的，权利人可以请求损害赔偿，也可以请求承担其他民事责任。对于物权保护方式，可以单独适用，也可以根据权利被侵害的情形合并适用。赔礼道歉和消除影响、恢复名誉，主要是适用于人身权受到侵害时的责任。因此本题正确选项为A、B、C、E。

64. A、B、D、E。本题考核的是债的产生根据。建设工程债的产生，是指特定当事人之间债权债务关系的产生。引起债产生的一定的法律事实，就是债产生的根据。建设工程债产生的根据有合同、侵权、无因管理和不当得利。因此本题正确选项为A、B、D、E。

65. A、B。本题考核的是抵押担保和保证担保的承担后果。抵押是指债务人或者第三人不转移对财产的占有，将该财产作为债权的担保。债务人不履行债务时，债权人有权依照法律规定以该财产折价或者以拍卖、变卖该财产的价款优先受偿。保证，是指保证人和债权人约定，当债务人不履行债务时，保证人按照约定履行债务或者承担责任的行为。未约定保证方式则为连带责任担保，因为同时存在抵押和保证的担保方式，优先行使抵押权，剩余不足部分由保证人承担责任。因此本题正确选项为A、B。

66. A、B、C、D。本题考核的是否决投标的情形。有下列情形之一的，评标委员会应当否决其投标：（1）投标文件未经投标单位盖章和单位负责人签字；（2）投标联合体没有提交共同投标协议；（3）投标人不符合国家或者招标文件规定的资格条件；（4）同一投标人提交两个以上不同的投标文件或者投标报价，但招标文件要求提交备选投标的除外；（5）投标报价低于成本或者高于招标文件设定的最高投标限价；（6）投标文件没有对招标文件的实质性要求和条件作出响应；（7）投标人有串通投标、弄虚作假、行贿等违法行为。因此本题正确选项为 A、B、C、D。

67. A、B、C、E。本题考核的是不合理限制、排斥投标人的情形。招标人有下列行为之一的，属于以不合理条件限制、排斥潜在投标人或者投标人：（1）就同一招标项目向潜在投标人或者投标人提供有差别的项目信息；（2）设定的资格、技术、商务条件与招标项目的具体特点和实际需要不相适应或者与合同履行无关；（3）依法必须进行招标的项目以特定行政区域或者特定行业的业绩、奖项作为加分条件或者中标条件；（4）对潜在投标人或者投标人采取不同的资格审查或者评标标准；（5）限定或者指定特定的专利、商标、品牌、原产地或者供应商；（6）依法必须进行招标的项目非法限定潜在投标人或者投标人的所有制形式或者组织形式；（7）以其他不合理条件限制、排斥潜在投标人或者投标人。因此本题正确选项为 A、B、C、E。

68. A、B、D、E。本题考核的是视为投标人串通投标的情形。有下列情形之一的，视为投标人相互串通投标：（1）不同投标人的投标文件由同一单位或者个人编制；（2）不同投标人委托同一单位或者个人办理投标事宜；（3）不同投标人的投标文件载明的项目管理成员为同一人；（4）不同投标人的投标文件异常一致或者投标报价呈规律性差异；（5）不同投标人的投标文件相互混装；（6）不同投标人的投标保证金从同一单位或者个人的账户转出。注意本题问的是视同相互串通，因此本题正确选项为 A、B、D、E。

69. C、D。本题考核的是合法分包的认定。建筑工程总承包单位可以将承包工程中的部分工程发包给具有相应资质条件的分包单位。禁止承包单位将其承包的全部建筑工程转包给他人，禁止承包单位将其承包的全部建筑工程肢解以后以分包的名义分别转包给他人。A、B 选项说法错误。施工总承包的，建筑工程主体结构的施工必须由总承包单位自行完成。施工总承包企业可以对所承接的施工总承包工程内各专业工程全部自行施工，也可以将专业工程或劳务作业依法分包给具有相应资质的专业承包企业或劳务分包企业。C 选项说法正确。专业分包企业可以将其承包的专业工程中的劳务作业分包给劳务分包企业，但劳务分包企业需自行完成劳务分包作业，不得将其承包的劳务再分包。D 选项说法正确，E 选项说法错误。因此本题正确选项为 C、D。

70. A、C、E。本题考核的是无效施工合同的认定。《最高人民法院关于审理建设工程施工合同纠纷案件适用法律问题的解释》规定，建设工程施工合同具有下列情形之一的，应认定无效：（1）承包人未取得建筑施工企业资质或者超越资质等级的；（2）没有资质的实际施工人借用有资质的建筑施工企业名义的；（3）建设工程必须进行招标而未招标或者中标无效的。同时还规定，承包人非法转包、违法分包建设工程或者没有资质的实际施工人借用有资质的建筑施工企业名义与他人签订建设工程施工合同的行为无效。因此本题正确选项为 A、C、E。（注意：《最高人民法院关于审理建设工程施工合同纠纷案件适用法律问题的解释》现已废止）

71. A、B、C。本题考核的是违约责任的承担方式。合同当事人违反合同义务，承担违约责任的种类主要有：继续履行、采取补救措施、停止违约行为、赔偿损失、支付违约金或定金等。D、E 属于其他的民事责任种类。因此本题正确选项为 A、B、C。

72. A、E。本题考核的是劳动者直接解除劳动合同的情形。用人单位以暴力、威胁或者非法限制人身自由的手段强迫劳动者劳动的，或者用人单位违章指挥、强令冒险作业危及劳动者人身安全的，劳动者可以立即解除劳动合同，不需事先告知用人单位。因此本题正确选项为A、E。

73. B、C、D。本题考核的是单位向劳动者支付经济补偿的情形。有下列情形之一的，用人单位应当向劳动者支付经济补偿：（1）劳动者依照《劳动合同法》第38条规定解除劳动合同的；（2）用人单位向劳动者提出解除劳动合同并与劳动者协商一致解除劳动合同的；（3）用人单位依照《劳动合同法》第40条规定解除劳动合同的；（4）用人单位依照《劳动合同法》第41条第1款规定解除劳动合同的；（5）除用人单位维持或者提高劳动合同约定条件续订劳动合同，劳动者不同意续订的情形外，依照《劳动合同法》第44条第1项规定终止固定期限劳动合同的；（6）依照《劳动合同法》第44条第4项、第5项规定终止劳动合同的；（7）法律、行政法规规定的其他情形。其中第（3）项的详细内容如下，《劳动合同法》第40条规定，有下列情形之一的，用人单位提前30日以书面形式通知劳动者本人或者额外支付劳动者1个月工资后，可以解除劳动合同：（1）劳动者患病或者非因工负伤，在规定的医疗期满后不能从事原工作，也不能从事由用人单位另行安排的工作的；（2）劳动者不能胜任工作，经过培训或者调整工作岗位，仍不能胜任工作的；（3）劳动合同订立时所依据的客观情况发生重大变化，致使劳动合同无法履行，经用人单位与劳动者协商，未能就变更劳动合同内容达成协议的。因此本题正确选项为B、C、D。

74. A、B、C。本题考核的是劳务派遣的规定。经营劳务派遣业务，应当向劳动行政部门依法申请行政许可；经许可的，依法办理相应的公司登记。未经许可，任何单位和个人不得经营劳务派遣业务。A选项说法正确。劳务派遣用工是补充形式，只能在临时性、辅助性或者替代性的工作岗位上实施。B选项说法正确。劳务派遣是指依法设立的劳务派遣单位与劳动者订立劳动合同，依据与接受劳务派遣单位（即实际用工单位）订立的劳务派遣协议，将劳动者派遣到实际用工单位工作，由派遣单位向劳动者支付工资、福利及社会保险费用，实际用工单位提供劳动条件并按照劳务派遣协议支付用工费用的新型用工方式。其显著特征是劳动者的聘用与使用分离。C选项说法正确。D、E选项说法正好和法律规定是相反的。因此本题正确选项为A、B、C。

75. A、B、D。本题考核的是违法用工方式的表现形式。劳务派遣是指依法设立的劳务派遣单位与劳动者订立劳动合同，依据与接受劳务派遣单位（即实际用工单位）订立的劳务派遣协议，将劳动者派遣到实际用工单位工作，由派遣单位向劳动者支付工资、福利及社会保险费用。注意C选项说法是正确的，劳动合同是劳务派遣单位和劳动者订立的。E选项也是类似情况，施工企业向劳务分包企业分包作业任务，有关劳务分包企业与该企业工人之间签订劳动合同，E选项说法也是正确的。其他三项都有非常明显的与法律规定不符之处，因此本题正确选项为A、B、D。

76. A、B、D。本题考核的是夜间施工的相关规定。《环境噪声污染防治法》规定，在城市市区噪声敏感建筑物集中区域内，禁止夜间进行产生环境噪声污染的建筑施工作业，但抢修、抢险作业和因生产工艺上要求或者特殊需要必须连续作业的除外。因特殊需要必须连续作业的，必须有县级以上人民政府或者其有关主管部门的证明。以上规定的夜间作业，必须公告附近居民。因此本题正确选项为A、B、D。

77. A、B、E。本题考核的是建设单位安全责任。建设单位必须遵守安全生产法律、法规的规定，保证建设工程安全生产，依法承担建设工程安全生产责任。主要包括：（1）依法办理有关批准手续；（2）向施工单位提供真实、准确和完整的有关资料；（3）不得提出违法要求和随意压缩合同工期；（4）确定建设工程安全作业环境及安全施工措施所需费用；（5）不得要求购买、租赁和使用不符合安全施工要求的用具设备等；（6）申领施工许可证应当提供有关安全施工措施的资料；（7）装修工程和拆除工程的规定等。因此本题正确选项为 A、B、E。

78. A、B、C。本题考核的是建设工程竣工验收的条件。《建设工程质量管理条例》规定，建设工程竣工验收应当具备下列条件：（1）完成建设工程设计和合同约定的各项内容；D 选项用的是“主要内容”一词，是错误的；（2）有完整的技术档案和施工管理资料；（3）有工程使用的主要建筑材料、建筑构配件和设备的进场试验报告；E 选项中用的是“全部”一词，是错误的；（4）有勘察、设计、施工、工程监理等单位分别签署的质量合格文件；（5）有施工单位签署的工程保修书。建设工程经验收合格的，方可交付使用。因此本题正确选项为 A、B、C。

79. A、C、E。本题考核的是建设工程保修义务和损失赔偿。保修义务的承担和维修的经济责任承担应当按下述原则处理：（1）施工单位未按照国家有关标准规范和设计要求施工所造成的质量缺陷，由施工单位负责返修并承担经济责任。A 选项说法正确。（2）由于设计问题造成的质量缺陷，先由施工单位负责维修，其经济责任按有关规定通过建设单位向设计单位索赔。B 选项说法错误。（3）因建筑材料、构配件和设备质量不合格引起的质量缺陷，先由施工单位负责维修，其经济责任属于施工单位采购的或经其验收同意的，由施工单位承担经济责任；属于建设单位采购的，由建设单位承担经济责任。C 选项说法正确。（4）因建设单位（含监理单位）错误管理而造成的质量缺陷，先由施工单位负责维修，其经济责任由建设单位承担；如属监理单位责任，则由建设单位向监理单位索赔。D 选项说法错误。（5）因使用单位使用不当造成的损坏问题，先由施工单位负责维修，其经济责任由使用单位自行负责。E 选项说法正确。（6）因地震、台风、洪水等自然灾害或其他不可抗拒原因造成的损坏问题，先由施工单位负责维修，建设参与各方再根据国家具体政策分担经济责任。因此本题正确选项为 A、C、E。

80. A、B、C、E。本题考核的是有瑕疵的证据种类。不能作为或不能单独作为认定案件事实依据的证据有：（1）在诉讼中，当事人为达成调解协议或者和解目的作出妥协所涉及的对案件事实的认可，不得在其后的诉讼中作为对其不利的证据；（2）对以严重侵害他人合法权益、违反法律禁止性规定或者严重违背公序良俗的方法形成或者获取的证据，不得作为认定案件事实的根据；（3）不能单独作为认定案件事实的证据：未成年人所作的与其年龄和智力状况不相当的证言；与一方当事人或者其代理人有利害关系的证人出具的证言；存有疑点的视听资料；无法与原件、原物核对的复印件、复制品；无正当理由未出庭作证的证人证言。（4）当事人对自己的主张，只有本人陈述而不能提出其他相关证据的，其主张不予支持（但对方当事人认可的除外）。注意题干中问的是“不能单独作为”，D 选项是“不能作为”认定案件事实的根据。因此本题正确选项为 A、B、C、E。

全国二级建造师执业资格考试

《建设工程法规及相关知识》

考前冲刺试卷（一）及解析

《建设工程法规及相关知识》考前冲刺试卷（一）

一、单项选择题（共60题，每题1分。每题的备选项中，只有1个最符合题意）

1. 建设工程施工总承包单位依法将建设工程分包给其他单位的，关于安全生产责任的说法，正确的是（　　）。

A. 分包合同中应当明确总、分包单位各自的安全生产方面的权利和义务

B. 分包单位的安全生产责任由分包单位独立承担

C. 总承包单位对分包单位的安全生产承担全部责任

D. 总承包单位和分包单位对施工现场安全生产承担同等责任

2. 部门规章的制定主体是（　　）。

A. 全国人民代表大会　　B. 全国人民代表大会常务委员会

C. 国务院各部委　　D. 最高人民法院

3. 某施工企业是法人，关于该施工企业应当具备条件的说法，正确的是（　　）。

A. 该施工企业能够自然产生　　B. 该施工企业能够独立承担民事责任

C. 该施工企业的法定代表人是法人　　D. 该施工企业不必有自己的住所、财产

4. 根据《劳动合同法》，用人单位与劳动者已建立劳动关系，未同时订立书面劳动合同的，应当自用工之日起（　　）内订立书面劳动合同。

A. 1个月　　B. 2个月

C. 3个月　　D. 半年

5. 根据《民法典》，下列不适合作为质押财产的是（　　）。

A. 汇票　　B. 仓单

C. 建设用地　　D. 应收账款

6. 劳动争议仲裁委员会由劳动行政部门代表、同级工会代表、用人单位方面的代表组成。劳动争议仲裁委员会主任由（　　）担任。

A. 劳动行政部门代表　　B. 同级工会代表

C. 用人单位代表　　D. 人民法院指定的人员

7. 建设工程代理法律关系中，存在两个法律关系，分别是（　　）。

A. 代理人与被代理人之间的委托关系，被代理人与相对人之间的合同关系

B. 代理人与被代理人之间的合作关系，代理人与相对人之间的合同关系

C. 代理人与被代理人之间的委托关系，代理人与相对人之间的转委托关系

D. 代理人与被代理人之间的合作关系，被代理人与相对人之间的转委托关系

8. 关于建筑工程发承包制度的说法，正确的是（　　）。

A. 总承包合同可以采用书面形式或口头形式

B. 发包人可以将一个单位工程的主体分解成若干部分发包

C. 建筑工程只能招标发包，不能直接发包

D. 国家提倡对建筑工程实行总承包

9. 不同行政法规对同一事项的新的一般规定与旧的特别规定不一致，不能确定如何适用时，由（　　）裁决。

A. 国务院　　　　　　　　　　　　　B. 最高人民法院

C. 国务院司法行政部门　　　　　　　D. 全国人大常委会

10. 根据《建筑施工企业安全生产许可证管理规定》，下列安全生产许可证违法行为中，罚款额度区间最小的是（　　）。

A. 未取得安全生产许可证擅自从事施工活动

B. 转让安全生产许可证

C. 冒用安全生产许可证

D. 安全生产许可证有效期满未办理延期手续继续从事施工活动

11. 关于不动产物权的说法，正确的是（　　）。

A. 依法属于国家所有的自然资源，所有权可以不登记

B. 不动产物权的转让未经登记不得对抗善意第三人

C. 不动产物权的转让在合同成立时发生效力

D. 未办理物权登记的，不动产物权转让合同无效

12. 关于确定中标人的说法，正确的是（　　）。

A. 招标人不得授权评标委员会直接确定中标人

B. 排名第一的中标候选人放弃中标的，招标人必须重新招标

C. 确定中标人前，招标人可以就投标价格与投标人进行谈判

D. 国有资金占控股地位的依法必须进行招标的项目，招标人应当确定排名第一的中标候选人为中标人

13. 关于招标文件的说法，正确的是（　　）。

A. 招标人可以在招标文件中设定最高投标限价和最低投标限价

B. 潜在投标人对招标文件有异议的，应当在投标截止时间 15 日前提出

C. 招标人应当在招标文件中载明投标有效期，投标有效期从提交投标文件的截止之日起算

D. 招标人对已经发出的招标文件进行必要的澄清的，应当在投标截止时间至少 10 日之前，通知所有获取招标文件的潜在投标人

14. 根据《安全生产许可证条例》，必须持特种作业操作证书上岗的人员是（　　）。

A. 项目经理　　　　　　　　　　　　B. 建筑架子工

C. 兼职安全员　　　　　　　　　　　D. BIM 系统操作员

15. 生产经营单位的主要负责人因未履行安全生产管理职责，导致发生生产安全事故，被判处有期徒刑的，根据我国《安全生产法》的规定，自刑罚执行完毕之日起（　　）。

A. 2 年内不得担任本施工企业的中层管理人员

B. 3 年内不得担任监理单位的主要负责人

C. 5 年内不得担任任何生产经营单位的主要负责人

D. 终身不得担任任何施工企业的主要负责人

16. 生产经营单位发生生产安全事故后，事故现场施工人员必须立即报告（　　）。

A. 本企业负责人

B. 当地安全生产监督管理部门

C. 县级以上地方人民政府

D. 省（自治区、直辖市）安全生产监督管理部门

17. 某幕墙专业分包工程施工过程中，发生了一起安全事故，造成2人死亡。根据《建设工程安全生产管理条例》，此次事故应由（　　）上报有关主管部门。

A. 幕墙分包企业　　B. 施工总承包企业

C. 监理单位　　D. 建设单位

18. 依法必须进行招标的项目，自招标文件开始发出之日起至投标人提交投标文件截止之日止，最短不得少于（　　）日。

A. 30　　B. 25

C. 20　　D. 15

19. 甲施工企业与乙材料供应商订立了一份货物买卖合同，甲施工企业请求乙材料供应商交付货物，乙材料供应商请求甲施工企业支付货款，则甲施工企业和乙材料供应商行使的权利分别是（　　）。

A. 物权、债权　　B. 债权、物权

C. 物权、物权　　D. 债权、债权

20. 关于建设单位安全责任的说法，正确的是（　　）。

A. 建设单位可根据自身需要提出低于强制性标准规定的要求

B. 建设单位有权压缩合同约定的工期

C. 建设单位可将拆除工程发包给任何施工企业

D. 建设单位应当根据工程需要向施工企业提供施工现场相邻建筑物的相关资料

21. 关于工程建设标准的说法，正确的是（　　）。

A. 强制性国家标准由国务院批准发布或者授权批准发布

B. 行业标准可以是强制性标准

C. 国家标准公布后，原有的行业标准继续实施

D. 国家标准的复审一般在颁布后5年进行一次

22. 基坑支护工程专项施工方案应经（　　）签字后实施。

A. 施工企业项目经理和现场监理工程师

B. 施工企业负责人和建设单位负责人

C. 建设单位负责人和总监理工程师

D. 施工企业技术负责人和总监理工程师

23. 企业安全生产许可证办理延期手续的时间为有效期满前（　　）个月。

A. 1　　B. 2

C. 3　　D. 6

24. 根据《建设工程质量管理条例》，对于涉及（　　）的装修工程，建设单位应在施工前委托原设计单位或具有相应资质等级的设计单位提出设计方案。

A. 改善工程内部观感　　B. 建筑主体和承重结构变动

C. 增加工程造价总额　　D. 改变建筑工程局部使用功能

25. 建设工程施工总承包企业依法将专业工程分包，关于工程质量责任承担的说法中正确的是（　　）。

A. 分包工程质量由分包企业负总责

B. 分包工程质量由分包企业单独承担责任

C. 总承包企业对分包工程质量承担连带责任

D. 分包企业接受总承包企业的质量管理可不承担责任

26. 甲公司向乙公司购买了一批钢材，甲公司和乙公司约定采用合同书的方式订立合同，由于施工进度紧张，在甲公司的催促之下，甲公司和乙公司在未签字盖章之前，乙公司将钢材送到了甲公司的项目现场，甲公司接收并投入工程使用，甲公司对和乙公司之间买卖合同的状态是（　　）。

A. 无效　　B. 条件成就时生效

C. 成立　　D. 可撤销

27. 必须经总监理工程师签字确认后方可实施的工作是（　　）。

A. 工程控制网测量复核　　B. 分项工程质量验收

C. 下一道工序施工　　D. 建设工程竣工验收

28. 根据《生产安全事故应急预案管理办法》，下列内容中，属于专项应急预案应当规定的内容是（　　）。

A. 处置程序和措施　　B. 应急预案体系

C. 事故风险描述　　D. 预警及信息报告

29. 根据《建筑工程施工许可管理办法》，下列建设工程开工前建设单位应当申请领取施工许可证的是（　　）。

A. 投资额为 25 万元的公共厕所

B. 建筑面积为 325 平方米的公园管理用房

C. 建筑面积为 600 平方米的地铁施工临时办公室

D. 农民自建低层住宅

30. 下列争议中，属于劳动争议的是（　　）。

A. 企业职工张某与某地方劳动保障行政部门因工伤认定结论发生的争议

B. 公司的股东李某因股息分配与该公司发生的争议

C. 退休职工王某与社会保险经办机构因发放退休费用发生的争议

D. 进城务工的黄某与劳务分包企业因支付工资报酬发生的争议

31. 劳务派遣单位与被派遣的劳动者签订的劳动合同的法定最低期限为（　　）。

A. 6 个月　　B. 1 年

C. 2 年　　D. 5 年

32. 劳动合同仅约定试用期的，按照《劳动合同法》的规定，该情形的处理结果为（　　）。

A. 该试用期限为劳动合同期限

B. 按无效劳动合同处理

C. 按无固定期限劳动合同处理

D. 按完成一定工作任务为期限的劳动合同处理

33. 用人单位与劳动者约定以某项工作的完成为合同期限的劳动合同，属于（　　）劳动合同。

A. 固定期限　　B. 无固定期限

C. 以完成一定工作任务为期限　　D. 短期

34. 下列法律责任中，属于民事责任承担方式的是（　　）。

A. 警告　　B. 罚款

C. 支付违约金　　D. 没收财产

35. 根据《水下文物保护管理条例》，下列文物中，属于国家所有的水下文物的是（　　）。

A. 遗存于中国内水的起源国不明的文物

B. 遗存于中国领海以外依照中国法律由中国管辖的其他海域内的起源于外国的文物

C. 遗存于外国领海以外的其他管辖海域内的起源国不明的文物

D. 遗存于外国领海内的起源于中国的文物

36. 下列授予专利权的条件中，属于共性条件的是（　　）。

A. 新颖性　　B. 创造性

C. 实用性　　D. 艺术性

37. 关于地役权的说法，正确的是（　　）。

A. 地役权自登记时设立

B. 地役权属于担保物权

C. 地役权人有权按照合同约定，利用他人的不动产，以提高自己不动产的效益

D. 供役地上的建设用地使用权部分转让时，转让部分涉及地役权的，地役权对受让人不具有约束力

38. 根据《环境保护法》，关于企业违法排放污染物，受到罚款处罚，承担按日连续处罚法律责任的说法，正确的是（　　）。

A. 被责令改正，应当按照原处罚数额按日连续处罚

B. 按日连续处罚的时间自责令改正之日起算

C. 被责令改正，拒不改正是按日连续处罚的前提

D. 罚款处罚按照执法成本确定

39. 关于劳动合同履行的说法，正确的是（　　）。

A. 用人单位可以根据单位实际情况不执行劳动定额标准

B. 用人单位不得强迫或者变相强迫劳动者加班

C. 用人单位拖欠或者未足额支付劳动报酬的，劳动者可以向当地劳动仲裁机构申请支付令

D. 用人单位发生合并或者分立等情况，原劳动合同自行终止

40. 在历史文化名城、名镇、名村保护范围内可进行的活动是（　　）。

A. 开山、采石、开矿等破坏传统格局和历史风貌的活动

B. 占用保护规划确定保留的园林绿地

C. 修建生产、储存爆炸性、易燃性物品的工厂、仓库

D. 在核心保护区范围内进行影视摄制、举办大型群众性活动

41. 安全生产许可证颁发管理机关发现施工企业不再具备安全生产条件时，可以采取的措施是（　　）。

A. 暂扣安全生产许可证

B. 撤销安全生产许可证

C. 责令停业

D. 处以罚款

42. 关于安全生产许可证的说法，错误的是（　　）。

A. 没有取得施工许可证的不得颁发安全生产许可证

B. 未取得安全生产许可证的企业，不得从事建筑施工活动

C. 建设主管部门在颁发施工许可证时，应当审查安全生产许可证

D. 在取得安全生产许可证后，不得降低安全生产条件

43. 某办公楼工程主楼尚未完工，因业主出租需要未经验收即投入使用。使用中发现因施工原因致使某承重墙局部因地基下沉而开裂，则承担此项责任的应当是（　　）。

A. 设计单位　　B. 施工单位

C. 建设单位　　D. 承租人

44. 甲施工企业在道路管道工程施工中未对施工现场采取安全措施，导致行人刘某不慎摔入甲施工企业施工时开挖的沟槽中受伤，甲施工企业和刘某因此产生的纠纷，属于（　　）。

A. 合同纠纷　　B. 侵权纠纷

C. 无因管理纠纷　　D. 不当得利纠纷

45. 某项目设计费用为 200 万元，合同约定定金为设计费用的 15%。发包方依约支付定金后，设计承包方不履行合同，给发包方造成 12 万元损失。发包人对此可获支持的最大价款为（　　）万元。

A. 30　　B. 42

C. 60　　D. 72

46. 关于担保的说法，正确的是（　　）。

A. 质押不转移对质押财产的占有

B. 建筑物占用范围内的建设用地使用权可以单独作为抵押的对象

C. 债务履行期届满质权人未受清偿的，只能与债务人协议，以将质押财产拍卖的方式来清偿债务

D. 以汇票作为质押财产的权利质押合同，自权利凭证交付之日起生效

47. 施工企业要求建设单位出具银行保函作为工程款支付担保，则保证人应为（　　）。

A. 监理单位　　B. 银行

C. 建设单位　　D. 施工企业

48. 定金合同从（　　）之时生效。

A. 双方当事人签字　　B. 合同备案

C. 定金实际交付　　D. 主合同成立

49. 王某在施工现场工作时不慎受伤，在监理工程师的调解下，王某与雇主达成协议，雇主一次性支付王某两万元作为补偿，王某放弃诉讼权利。这种调解方式属于（　　）。

A. 行政调解　　B. 法院调解

C. 仲裁调解　　D. 民间调解

50. 一裁终局原则体现了仲裁的（　　）特点。

A. 专业性　　B. 自愿性

C. 独立性　　D. 快捷性

51. 仲裁的保密性特点体现在它以（　　）为原则。

A. 不开庭审理　　B. 不允许代理人参加

C. 不公开审理　　D. 不允许证人参加

52. 在法院的主持下，甲乙双方就纠纷的解决达成了调解协议，法院依法制作了调解书，但在送达前甲方反悔，这时法院应该（　　）。

A. 及时判决　　B. 强制执行

C. 留置送达　　D. 重新调解

53. 甲地注册的建设单位与乙地注册的施工企业在丙地签订了建设工程施工合同。合同约定，项目所在地为丁地，若发生纠纷，向丙地法院起诉。则该合同确定诉讼管辖的标准为（　　）。

A. 原告住所地　　B. 被告住所地

C. 合同签订地　　D. 合同履行地

54. 债务人向债权人表示同意支付欠款，该行为将引起诉讼时效的（　　）。

A. 中止　　B. 中断

C. 延长　　D. 消灭

55. 对人民法院作出的一审民事判决不服，提起上诉的期限为判决书送达之日起（　　）日。

A. 5　　B. 7

C. 10　　D. 15

56. 仲裁机构作出的裁决生效后，一方不执行的，另一方可向（　　）申请强制执行。

A. 人民法院　　B. 司法行政机关

C. 仲裁机构　　D. 公安机关

57. 关于仲裁调解的说法，正确的是（　　）。

A. 仲裁庭必须先行调解

B. 调解不成的不能径行作出裁决书

C. 仲裁调解书与裁决书具有同等的法律效力

D. 经仲裁庭调解双方当事人达成协议的，仲裁庭不能制作裁决书

58. 仲裁过程中，申请人甲与被申请人乙双方有意和解，下列符合我国法律规定的做法是（　　）。

A. 甲与乙不能自行达成和解协议

B. 甲乙达成和解也不能撤回仲裁申请

C. 甲撤回仲裁申请后又反悔的，不得再就同一事项申请仲裁

D. 甲乙达成的和解协议不具有强制执行效力

59. 甲、乙、丙三人组成仲裁庭，甲为首席仲裁员。甲认为应支持申请人的主张，乙、丙认为不应支持申请人的主张，则关于仲裁裁决的说法，正确的是（　　）。

A. 应按乙、丙的意见作出仲裁裁决

B. 乙、丙应服从并按甲的意见作出仲裁裁决

C. 应将甲、乙、丙各自的意见全部列出提交仲裁委员会作出决定

D. 应按甲的意见作出仲裁裁决，同时必须在笔录中如实记载乙、丙的意见

60. 根据我国《民事诉讼法》，当事人不服地方人民法院第一审判决的，有权在判决书送达之日起（　　）日内向上一级人民法院提起上诉。

A. 3　　B. 5　　C. 10　　D. 15

二、多项选择题（共20题，每题2分。每题的备选项中，有2个或2个以上符合题意，至少有1个错项。错选，本题不得分；少选，所选的每个选项得0.5分）

61. 属于行政处罚种类的是（　　）。

A. 没收违法所得，没收非法财物　　B. 责令停产停业

C. 拘役　　D. 行政拘留

E. 吊销许可证

62. 注册建造师享有的权利有（　　）。

A. 使用注册建造师名称

B. 遵守法律、法规和有关规定

C. 在本人执业活动中形成的文件上签字并加盖执业印章

D. 保管和使用本人注册证书、执业印章

E. 接受继续教育

63. 下列抵押财产中，抵押权自登记时设立的有（　　）。

A. 建筑物　　B. 建设用地使用权

C. 生产设备、原材料　　D. 海域使用权

E. 在建的船舶

64. 监理机构在实施工程监理时，其主要的监理依据有（　　）。

A. ISO质量管理体系　　B. 工程建设国家强制性标准

C. 工程设计文件　　D. 施工企业管理制度

E. 建设工程施工合同

65. 根据《招标投标法实施条例》，国有资金占控股或者主导地位的依法必须进行招标的项目，可以邀请招标的有（　　）。

A. 技术复杂，只有少量潜在投标人可供选择的项目

B. 国务院发展改革部门确定的国家重点项目

C. 受自然环境限制，只有少量潜在投标人可供选择的项目

D. 采用公开招标方式的费用占项目合同金额的比例过大的项目

E. 省、自治区、直辖市人民政府确定的地方重点项目

66. 施工作业人员应遵守的从业义务有（　　）。

A. 使用劳动防护用品

B. 接受安全生产培训

C. 发现事故隐患立即报告

D. 发生危及人身安全的事故时先进行抢救

E. 为自己购买从业保险

67. 根据《房屋建筑工程和市政基础设施工程实行见证取样和送检的规定》，下列各项中，属于必须实施见证取样和送检的试块、试件和材料的有（　　）。

A. 填充墙的混凝土小型砌块

B. 混凝土中使用的掺加剂

C. 用于承重结构的钢筋及连接接头试件

D. 地下、屋面、厕浴间使用的防水材料

E. 用于拌制混凝土和砌筑砂浆的水泥

68. 根据《建设工程安全生产管理条例》，施工企业的项目负责人在安全生产方面的主要职责有（　　）。

A. 对建设工程项目的安全施工负责　　B. 落实安全生产责任制

C. 制定安全生产规章制度和操作规程　　D. 确保安全生产费用的有效使用

E. 根据工程特点组织制定安全施工措施

69. 取得安全生产许可证必须具备的条件有（　　）。

A. 特种作业人员经考核合格　　B. 职工参加了工伤保险

C. 通过了职业安全卫生管理体系认证　　D. 依法进行了安全评价

E. 已办理安全监督手续

70. 根据《建设工程质量管理条例》，质量保修书必须明确的内容有（　　）。

A. 保修范围　　B. 保修期限

C. 质量保证金返还方式　　D. 质量保证金预留比例和期限

E. 保修责任

71. 根据《仲裁法》，仲裁裁决可能被撤销的情形有（　　）。

A. 裁决的事项超出仲裁协议约定的范围

B. 依据伪造的证据作出的裁决

C. 双方当事人均对裁决不服

D. 重大案件适用了独任庭审理

E. 没有仲裁协议

72. 根据《环境噪声污染防治法》，关于对产生环境噪声污染的企业事业单位监管的说法，正确的有（　　）。

A. 产生环境噪声污染的企业事业单位，拆除或者闲置环境噪声污染防治设施的，必须事先报批

B. 在噪声敏感建筑物集中区域内造成严重环境噪声污染的企业事业单位，限期治理

C. 产生环境噪声污染的单位，应当采取措施进行治理，并按照国家规定缴纳超标准排污费

D. 征收的超标准排污费可以用于污染的防治

E. 限期治理由省级人民政府按国务院规定的权限决定

73. 某工程采暖制冷系统出现严重问题给业主造成损失，经查，其主要原因是施工企业使用的采暖制冷系统不符合施工图设计文件要求。根据《民用建筑节能条例》，该施工企业应当承担的法律责任有（　　）。

A. 由建设主管部门责令改正，处以罚款

B. 逾期不改正的，处以罚款

C. 责令停业整顿，降低资质等级

D. 情节严重的，吊销资质证书

E. 依法承担刑事责任

74. 借款合同中，借款人的义务主要有（　　）。

A. 提供担保　　B. 提供借款

C. 提供真实情况　　D. 不得预扣利息

E. 按照约定用途使用借款

75. 必须实施见证取样和送检的试块、试件和材料有（　　）。

A. 用于承重结构的混凝土试块

B. 用于承重墙体的砌筑砂浆试块

C. 用于承重结构的钢筋及连接接头试件

D. 所有的水泥材料

E. 地下、屋面、厕浴间使用的防水材料

76. 建设工程竣工前，当事人对工程质量发生争议，经鉴定工程质量合格的，关于竣工日期的说法，正确的有（　　）。

A. 应当以鉴定合格日期为竣工日期

B. 应当以合同约定的竣工日期作为竣工日期

C. 应当以申请鉴定日期为竣工日期

D. 应当以提交竣工验收报告的日期为竣工日期

E. 鉴定期间为顺延工期的期间

77. 民事违约责任的承担形式有（　　）。

A. 赔偿损失　　B. 采取补救措施

C. 定金制裁　　D. 精神损害赔偿

E. 赔礼道歉

78. 建设单位就专业分包工程存在的施工质量缺陷提起民事诉讼，根据《民事诉讼法》及相关司法解释，建设单位可以将（　　）列为共同被告。

A. 招标代理机构　　B. 总承包企业

C. 分包企业　　D. 实际施工人

E. 建设行政主管部门

79. 某县人民法院审理其管辖范围内的行政诉讼案件，应当依据和参照的规范性法律文件包括（　　）。

A. 法律、行政法规

B. 各地的地方性法规

C. 案件所在地的省、自治区、直辖市人民政府规章

D. 案件所在地的省、自治区、直辖市所在地的市人民政府规章

E. 案件所在县人民政府公开发布的规定

80. 关于仲裁调解的说法，正确的有（　　）。

A. 仲裁调解不成的，当事人应当及时起诉

B. 仲裁调解必须在裁决作出前进行

C. 仲裁调解书与裁决书的执行效力是相同的

D. 仲裁调解书一经作出即发生法律效力

E. 仲裁与调解相结合是中国仲裁制度的特点

考前冲刺试卷（一）参考答案及解析

一、单项选择题

1. A;	2. C;	3. B;	4. A;	5. C;
6. A;	7. A;	8. D;	9. A;	10. D;
11. A;	12. D;	13. C;	14. B;	15. C;
16. A;	17. B;	18. C;	19. D;	20. D;
21. A;	22. D;	23. C;	24. B;	25. C;
26. C;	27. D;	28. A;	29. B;	30. D;
31. C;	32. A;	33. C;	34. C;	35. A;
36. A;	37. C;	38. C;	39. B;	40. D;
41. A;	42. A;	43. B;	44. B;	45. C;
46. D;	47. B;	48. C;	49. D;	50. D;
51. C;	52. A;	53. C;	54. B;	55. D;
56. A;	57. C;	58. D;	59. A;	60. D。

【解析】

1. A。本题考核的是施工总承包和分包单位的安全生产责任。《建设工程安全生产管理条例》规定，总承包单位依法将建设工程分包给其他单位的，分包合同中应当明确各自的安全生产方面的权利、义务。总承包单位和分包单位对分包工程的安全生产承担连带责任。《建筑法》规定，分包单位向总承包单位负责，服从总承包单位对施工现场的安全生产管理。

2. C。本题考核的是部门规章的制定主体。国务院各部、委员会、中国人民银行、审计署和具有行政管理职能的直属机构，可以根据法律和国务院的行政法规、决定、命令，在本部门的权限范围内制定规章。

3. B。本题考核的是法人应当具备的条件。法人应当具备的条件有：(1) 依法成立。(2) 应当有自己的名称、组织机构、住所、财产或者经费。(3) 能够独立承担民事责任。(4) 有法定代表人。

4. A。本题考核的是订立劳动合同应当注意的事项。《劳动合同法》规定，建立劳动关系，应当订立书面劳动合同。已建立劳动关系，未同时订立书面劳动合同的，应当自用工之日起1个月内订立书面劳动合同。

5. C。本题考核的是质押财产的范围。质押分为动产质押和权利质押。动产质押是指债务人或者第三人将其动产移交债权人占有，将该动产作为债权的担保。法律、行政法规禁止转让的动产不得出质。质权自出质人交付质押财产时设立。权利质押一般是将权利凭证交付质押人的担保。可以质押的权利包括：(1) 汇票、本票、支票；(2) 债券、存款单；(3) 仓单、提单；(4) 可以转让的基金份额、股权；(5) 可以转让的注册商标专用权、专利权、著作权等知识产权中的财产权；(6) 现有的以及将有的应收账款；(7) 法律、行政法规规定可以出质的其他财产权利。

6. A。本题考核的是劳动争议仲裁委员会的组成。劳动争议仲裁委员会由劳动行政部门代表、同级工会代表、用人单位方面的代表组成。劳动争议仲裁委员会主任由劳动行政部门代表担任。

7. A。本题考核的是代理法律关系。建设工程代理法律关系与其他代理关系一样，存在着两个法律关系：一是代理人与被代理人之间的委托关系；二是被代理人与第三人的合同关系。

8. D。本题考核的是建设工程发包制度。总承包合同应当采用书面形式，因此 A 选项错误。《建筑法》规定，禁止将建设工程肢解发包，因此 B 选项错误。《建筑法》规定，建筑工程依法实行招标发包，对不适用于招标发包的可以直接发包，因此 C 选项错误。

9. A。本题考核的是法的效力认定。行政法规之间对同一事项的新的一般规定与旧的特别规定不一致，不能确定如何适用时，由国务院裁决。

10. D。本题考核的是安全生产许可证违法行为应承担的主要法律责任。“未取得安全生产许可证擅自从事施工活动”应承担的罚款额度区间是 10 万元以上 50 万元以下；“转让安全生产许可证、冒用安全生产许可证”应承担的罚款额度区间是 10 万元以上 50 万元以下；“安全生产许可证有效期满未办理延期手续继续从事施工活动”应承担的罚款额度区间是 5 万元以上 10 万元以下。由此可见在四个选项中罚款额度区间最小的是 D 项。

11. A。本题考核的是不动产物权。B 选项的正确表述为：不动产物权的转让未经登记不发生效力。C 选项的正确表述为：不动产物权的转让自记载于不动产登记簿时发生效力。未办理物权登记的，不影响合同效力，故 D 选项错误。

12. D。本题考核的是确定中标人的相关规定。招标人可以授权评标委员会直接确定中标人，因此 A 选项错误。排名第一的中标候选人放弃中标的，招标人可以按照评标委员会提出的中标候选人名单排序依次确定其他中标候选人为中标人，也可以重新招标。因此 B 选项错误。确定中标人选，招标人不得就投标价格与投标人进行谈判，C 选项错误。

13. C。本题考核的是招标文件的相关规定。招标人不得规定最低投标限价，因此 A 选项错误。潜在投标人或者其他利害关系人对招标文件有异议的，应当在投标截止时间 10 日前提出，因此 B 选项错误。D 选项错在“10 日”，正确应当是 15 日。

14. B。本题考核的是建筑施工特种作业。《安全生产许可证条例》规定，企业取得安全生产许可证，应当具备的安全生产条件之一是，特种作业人员经有关业务主管部门考核合格，取得特种作业操作资格证书。《建筑施工特种作业人员管理规定》规定，建筑施工特种作业包括：（1）建筑电工；（2）建筑架子工；（3）建筑起重信号司索工；（4）建筑起重机械司机；（5）建筑起重机械安装拆卸工；（6）高处作业吊篮安装拆卸工；（7）经省级以上人民政府建设主管部门认定的其他特种作业。

15. C。本题考核的是施工管理人员违法行为应承担的法律责任。《安全生产法》规定，生产经营单位的主要负责人未履行本法规定的安全生产管理职责的，责令限期改正；处 2 万元以上 5 万元以下的罚款；逾期未改正的，处 5 万元以上 10 万元以下的罚款，责令生产经营单位停产停业整顿。生产经营单位的主要负责人有前款违法行为，导致发生生产安全事故的，给予撤职处分；构成犯罪的，依照刑法有关规定追究刑事责任。生产经营单位的主要负责人依照前款规定受刑事处罚或者撤职处分的，自刑罚执行完毕或者受处分之日起，5 年内不得担任任何生产经营单位的主要负责人；对重大、特别重大生产安全事故负有责任的，终身不得担任本行业生产经营单位的主要负责人。

16. A。本题考核的是施工生产安全事故报告的基本要求。《安全生产法》规定，生产经营单位发生生产安全事故后，事故现场有关人员应当立即报告本单位负责人。

17. B。本题考核的是生产安全事故报告。根据《安全生产法》的规定，生产经营单位发生生产安全事故后，事故现场有关人员应当立即报告本单位负责人。对于实行施工总承包的建设工程，根据《建设工程安全生产管理条例》的规定，实行施工总承包的建设工程，由总承包单位负责上报事故。

18. C。本题考核的是投标文件的编制时间。依法必须进行招标的项目，自招标文件开始发出之日起至投标人提交投标文件截止之日止，最短不得少于20日。

19. D。本题考核的是债权与物权的概念。物权是指权利人依法对特定的物享有直接支配和排他的权利。债权是因合同、侵权行为、无因管理、不当得利以及法律的其他规定，权利人请求特定义务人为或者不为一定行为的权利。本题中甲施工企业和乙材料供应商行使的权利均属于权利人请求特定义务人为或者不为一定行为的权利，因此选项D正确。

20. D。本题考核的是建设单位向施工单位提供资料的责任。建设单位应当向施工单位提供施工现场及毗邻区域内供水、排水、供电、供气、供热、通信、广播电视等地下管线资料，气象和水文观测资料，相邻建筑物和构筑物、地下工程的有关资料，并保证资料的真实、准确、完整。

21. A。本题考核的是工程建设标准。行业标准是推荐性标准，故选项B错误。行业标准在相应的国家标准实施后，应当及时修订或废止，故选项C错误。选项D的正确表述是：国家标准的复审一般在实施后5年进行一次。

22. D。本题考核的是专项施工方案的编制。对下列达到一定规模的危险性较大的分部分项工程编制专项施工方案，并附具安全验算结果，经施工单位技术负责人、总监理工程师签字后实施，由专职安全生产管理人员进行现场监督：(1) 基坑支护与降水工程；(2) 土方开挖工程；(3) 模板工程；(4) 起重吊装工程；(5) 脚手架工程；(6) 拆除、爆破工程；(7) 国务院建设行政主管部门或者其他有关部门规定的其他危险性较大的工程。

23. C。本题考核的是安全生产许可证有效期满后的延期。安全生产许可证有效期满需要延期的，企业应当于期满前3个月向原安全生产许可证颁发管理机关办理延期手续。

24. B。本题考核的是建设单位的质量责任和义务。《建设工程质量管理条例》规定，涉及建筑主体和承重结构变动的装修工程，建设单位应当在施工前委托原设计单位或者具有相应资质等级的设计单位提出设计方案；没有设计方案的，不得施工。

25. C。本题考核的是总分包单位的质量责任。《建设工程质量管理条例》规定，总承包单位依法将建设工程分包给其他单位的，分包单位应当按照分包合同的约定对其分包工程的质量向总承包单位负责，总承包单位与分包单位对分包工程的质量承担连带责任。

26. C。本题考核的是合同的成立。《民法典》规定，当事人采用合同书形式订立合同的，自当事人均签名、盖章或者按指印时合同成立。在签名、盖章或者按指印之前，当事人一方已经履行主要义务，对方接受时，该合同成立。

27. D。本题考核的是工程监理的职责和权限。未经监理工程师签字，建筑材料、建筑构（配）件和设备不得在工程上使用或者安装，施工单位不得进行下一道工序的施工。未经总监理工程师签字，建设单位不拨付工程款，不进行竣工验收。

28. A。本题考核的是专项应急预案的内容。专项应急预案应当规定应急指挥机构与职责、处置程序和措施等内容。

29. B。本题考核的是施工许可证的适用范围。本题可采用排除法解答，根据《建筑工程施工许可管理办法》的规定，工程投资额在30万元以下或者建筑面积在300平方米以下的建筑工程，可以不申请办理施工许可证，由此可将A选项排除。根据《建筑法》的规定，抢险救灾及其他临时性房屋建筑和农民自建低层住宅的建筑活动不需要办理施工许可证，由此可将C、D选项排除。

30. D。本题考核的是劳动争议的范围。劳动争议的范围主要是：（1）因确认劳动关系发生的争议；（2）因订立、履行、变更、解除和终止劳动合同发生的争议；（3）因除名、辞退和辞职、离职发生的争议；（4）因工作时间、休息休假、社会保险、福利、培训以及劳动保护发生的争议；（5）因劳动报酬、工伤医疗费、经济补偿或者赔偿金等发生的争议；（6）劳动者与用人单位在履行劳动合同过程中发生的纠纷；（7）劳动者与用人单位之间没有订立书面劳动合同，但已形成劳动关系后发生的纠纷；（8）劳动者退休后，与尚未参加社会保险统筹的原用人单位因追索养老金、医疗费、工伤保险待遇和其他社会保险而发生的纠纷；（9）法律、法规规定的其他劳动争议。

31. C。本题考核的是劳务派遣。劳务派遣单位应当与被派遣劳动者订立2年以上的固定期限劳动合同，按月支付劳动报酬。

32. A。本题考核的是劳动合同订立的规定。劳动合同仅约定试用期的，试用期不成立，该期限为劳动合同期限。

33. C。本题考核的是以完成一定工作任务为期限的劳动合同。以完成一定工作任务为期限的劳动合同，是指用人单位与劳动者约定以某项工作的完成为合同期限的劳动合同。

34. C。本题考核的是民事责任的承担方式。《民法典》规定，承担民事责任的方式主要有：（1）停止侵害；（2）排除妨碍；（3）消除危险；（4）返还财产；（5）恢复原状；（6）修理、重作、更换；（7）继续履行；（8）赔偿损失；（9）支付违约金；（10）消除影响、恢复名誉；（11）赔礼道歉。

35. A。本题考核的是国家所有的水下文物范围。《水下文物保护管理条例》规定，遗存于中国内水、领海内的一切起源于中国的、起源国不明的和起源于外国的文物，以及遗存于中国领海以外依照中国法律由中国管辖的其他海域内的起源于中国的和起源国不明的文物，属于国家所有，国家对其行使管辖权。

36. A。本题考核的是授予专利权的条件。授予专利权的发明和实用新型，应当具备的条件有新颖性、创造性和实用性。授予外观设计专利权应当具备的条件有新颖性、富有美感和适于工业应用。因此属于共性条件的是新颖性。

37. C。本题考核的是地役权。地役权自地役权合同生效时设立，故A选项错误。从性质上说，地役权是按照当事人的约定设立的用益物权，故B选项错误。供役地以及供役地上的土地承包经营权、建设用地使用权、宅基地使用权部分转让时，转让部分涉及地役权的，地役权对受让人具有约束力，故D选项错误。

38. C。本题考核的是施工现场环境保护违法行为应承担的法律责任。《环境保护法》规定，企业事业单位和其他生产经营者违法排放污染物，受到罚款处罚，被责令改正，拒不改正的，依法作出处罚决定的行政机关可以自责令改正之日的次日起，按照原处罚数额按日连续处罚。前款规定的罚款处罚，依照有关法律法规按照防治污染设施的运行成本、违法行为造成的直接损失或者违法所得等因素确定的规定执行。

39. B。本题考核的是劳动合同履行。用人单位应当严格执行劳动定额标准，不得强迫或者变相强迫劳动者加班，故 A 选项错误、B 选项正确。C 选项错在“劳动仲裁机构”，正确应为人民法院。用人单位发生合并或者分立等情况，原劳动合同继续有效，故 D 选项错误。

40. D。本题考核的是在历史文化名城名镇名村保护范围内从事建设活动的相关规定。《历史文化名城名镇名村保护条例》规定，在历史文化名城、名镇、名村保护范围内进行下列活动，应当保护其传统格局、历史风貌和历史建筑；制订保护方案，并依照有关法律、法规的规定办理相关手续：（1）改变园林绿地、河湖水系等自然状态的活动；（2）在核心保护范围内进行影视摄制、举办大型群众性活动；（3）其他影响传统格局、历史风貌或者历史建筑的活动。

41. A。本题考核的是安全生产许可证的政府监管。安全生产许可证颁发管理机关发现企业不再具备安全生产条件的，应当暂扣或者吊销安全生产许可证。

42. A。本题考核的是安全生产许可证的政府监管。住房城乡建设主管部门在审核发放施工许可证时，应当对已经确定的建筑施工企业是否有安全生产许可证进行审查，对没有取得安全生产许可证的，不得颁发施工许可证，故选项 A 有误。

43. B。本题考核的是工程未经竣工验收擅自使用的处理。《最高人民法院关于审理建设工程施工合同纠纷案件适用法律问题的解释（一）》规定，建设工程未经竣工验收，发包人擅自使用后，又以使用部分质量不符合约定为由主张权利的，不予支持；但是承包人应当在建设工程的合理使用寿命内对地基基础工程和主体结构质量承担民事责任。

44. B。本题考核的是侵权纠纷。侵权纠纷，是指因侵害民事权益而产生的纠纷。在建设工程领域也易发生侵权纠纷，如施工单位在施工中未采取相应防范措施造成对他方损害而产生的侵权纠纷，未经许可使用他方的专利、工法等而造成的知识产权侵权纠纷等。

45. C。本题考核的是定金。当事人可以依照《民法典》约定一方向对方给付定金作为债权的担保。债务人履行债务后，定金应当抵作价款或者收回。给付定金的一方不履行约定的债务或者履行债务不符合约定，致使不能实现合同目的的，无权要求返还定金；收受定金的一方不履行约定的债务或者履行债务不符合约定，致使不能实现合同目的的，应当双倍返还定金。

46. D。本题考核的是各种担保的特点。质押是指债务人或者第三人将其动产或权利移交债权人占有，将该动产或权利作为债权的担保。债务人不履行债务时，债权人有权依照法律规定以该动产或权利折价或者以拍卖、变卖该动产或权利的价款优先受偿。质押转移对抵押物的占有，出质人要将质物交由质权人保管。建筑物占用范围内的建设用地土地使用权不可以单独抵押。质押合同自权利凭证交付之日起生效。

47. B。本题考核的是保证人。保证，是指保证人和债权人约定，当债务人不履行债务时，保证人按照约定履行债务或者承担责任的行为。具有代为清偿债务能力的法人、其他组织或者公民，可以作保证人。银行出具的保证通常称为保函，其他保证人出具的书面保证一般称为保证书。

48. C。本题考核的是定金合同的生效。定金合同从实际交付定金之日起生效。

49. D。本题考核的是调解的形式。《人民调解法》规定，人民调解是指人民调解委员会通过说服、疏导等方式，促使当事人在平等协商基础上自愿达成调解协议，解决民间纠纷的活动。

50. D。本题考核的是仲裁的特点。仲裁具有以下基本特点：自愿性；专业性；独立性；保密性；快捷性；执行的强制性和域外执行力。仲裁的快捷性体现在：仲裁实行一裁终局制度，仲裁裁决一经作出即发生法律效力。仲裁裁决不能上诉，这使得当事人之间的纠纷能够迅速得以解决。

51. C。本题考核的是仲裁的特点。仲裁的保密性体现在以不公开审理为原则。

52. A。本题考核的是仲裁调解书的效力。对于生效的仲裁裁决书和调解书，一方不履行的，另外一方当事人有权向人民法院申请强制执行。

53. C。本题考核的是民事诉讼的地域管辖。协议管辖，是指合同当事人在纠纷发生前后，在法律允许的范围内，以书面形式约定案件的管辖法院。《民事诉讼法》规定，合同或者其他财产权益纠纷的当事人可以书面协议选择被告住所地、合同履行地、合同签订地、原告住所地、标的物所在地等与争议有实际联系的地点的人民法院管辖，但不得违反本法对级别管辖和专属管辖的规定。"与争议有实际联系的地点"还包括侵犯物权或者知识产权等财产权益的行为发生地等。

54. B。本题考核的是诉讼时效中断情形。《民法典》规定，有下列情形之一的，诉讼时效中断，从中断、有关程序终结时起，诉讼时效期间重新起算：（1）权利人向义务人提出履行请求；（2）义务人同意履行义务；（3）权利人提起诉讼或者申请仲裁；（4）与提起诉讼或者申请仲裁具有同等效力的其他情形。

55. D。本题考核的是上诉期间。《民事诉讼法》规定，当事人不服地方人民法院第一审判决的，有权在判决书送达之日起 15 日内向上一级人民法院提起上诉；不服地方人民法院第一审裁定的，有权在裁定书送达之日起 10 日内向上一级人民法院提起上诉。

56. A。本题考核的是仲裁裁决的执行效力。仲裁裁决作出后，当事人应当履行裁决。一方当事人不履行的，另一方当事人可以依照我国《民事诉讼法》的规定，向人民法院申请执行。

57. C。本题考核的是仲裁调解。当事人自愿调解的，仲裁庭应当调解。仲裁的调解达成协议，仲裁庭应当制作调解书或者根据协议的结果制作裁决书。调解书与裁决书具有同等法律效力，调解书经当事人签收后即发生法律效力。

58. D。本题考核的是申请仲裁后和解。当事人申请仲裁后，可以自行和解。达成和解协议的，可以请求仲裁庭根据和解协议作出裁决书，也可以撤回仲裁申请。当事人达成和解协议，撤回仲裁申请后反悔的，可以根据仲裁协议申请仲裁。和解达成的协议不具有强制执行的效力。

59. A。本题考核的是仲裁裁决的作出。仲裁裁决是由仲裁庭作出的具有强制执行效力的法律文书。独任仲裁庭审理的案件由独任仲裁员作出仲裁裁决，合议仲裁庭审理的案件由 3 名仲裁员集体作出仲裁裁决。裁决也可以按照多数仲裁员的意见作出，少数仲裁员的不同意见可以记入笔录或者附在裁决书后，但该少数意见不构成裁决书的组成部分。仲裁庭无法形成多数意见时，按照首席仲裁员的意见作出。

60. D。本题考核的是上诉期间。当事人不服地方人民法院第一审判决的，有权在判决书送达之日起 15 日内向上一级人民法院提起上诉；不服地方人民法院第一审裁定的，有权在裁定书送达之日起 10 日内向上一级人民法院提起上诉。

二、多项选择题

61. A、B、D、E；　　62. A、C、D、E；　　63. A、B、D；

64. B、C、E；
65. A、C、D；
66. A、B、C；
67. B、C、D、E；
68. A、B、D、E；
69. A、B；
70. A、B、E；
71. A、B、E；
72. A、B、C；
73. A、D；
74. A、C、E；
75. A、B、C、E；
76. A、E；
77. A、B、C；
78. B、C、D；
79. A、C、D；
80. B、C、E。

【解析】

61. A、B、D、E。本题考核的是行政处罚的种类。《行政处罚法》规定，行政处罚的种类：（1）警告、通报批评；（2）罚款、没收违法所得、没收非法财物；（3）暂扣许可证件、降低资质等级、吊销许可证件；（4）限制开展生产经营活动、责令停产停业、责令关闭、限制从业；（5）行政拘留；（6）法律、行政法规规定的其他行政处罚。

62. A、C、D、E。本题考核的是建造师的基本权利。《注册建造师管理规定》规定，注册建造师享有下列权利：（1）使用注册建造师名称；（2）在规定范围内从事执业活动；（3）在本人执业活动中形成的文件上签字并加盖执业印章；（4）保管和使用本人注册证书、执业印章；（5）对本人执业活动进行解释和辩护；（6）接受继续教育；（7）获得相应的劳动报酬；（8）对侵犯本人权利的行为进行申述。

63. A、B、D。《民法典》规定，债务人或者第三人有权处分的下列财产可以抵押：（1）建筑物和其他土地附着物；（2）建设用地使用权；（3）海域使用权；（4）生产设备、原材料、半成品、产品；（5）正在建造的建筑物、船舶、航空器；（6）交通运输工具；（7）法律、行政法规未禁止抵押的其他财产。对于以上第（1）项至第（3）项规定的财产或者第（5）项规定的正在建造的建筑物抵押的，应当办理抵押登记。抵押权自登记时设立。

64. B、C、E。本题考核的是监理工作的主要依据。监理工作的主要依据是：（1）法律、法规，如《建筑法》《民法典》《建设工程质量管理条例》等；（2）有关技术标准，如《工程建设标准强制性条文》以及建设工程承包合同中确认采用的推荐性标准等；（3）设计文件，施工图设计等设计文件既是施工的依据，也是监理单位对施工活动进行监督管理的依据；（4）建设工程承包合同，监理单位据此监督施工单位是否全面履行合同约定的义务。

65. A、C、D。本题考核的是邀请招标的情形。《招标投标法实施条例》规定，国有资金占控股或者主导地位的依法必须进行招标的项目，应当公开招标；但有下列情形之一的，可以邀请招标：（1）技术复杂、有特殊要求或者受自然环境限制，只有少量潜在投标人可供选择；（2）采用公开招标方式的费用占项目合同金额的比例过大。

66. A、B、C。本题考核的是施工作业人员应当履行的安全生产义务。按照《建筑法》《安全生产法》《建设工程安全生产管理条例》等法律、行政法规的规定，施工作业人员主要应当履行如下安全生产义务：（1）守法遵章和正确使用安全防护用具等的义务。《安全生产法》规定，从业人员在作业过程中，应当遵守本单位的安全生产规章制度和操作规程，服从管理，正确佩戴和使用劳动防护用品。（2）接受安全生产教育培训的义务。《安全生产法》规定，从业人员应当接受安全生产教育和培训，掌握本职工作所需的安全生产知识，提高安全生产技能，增强事故预防和应急处理能力。（3）施工安全事故隐患报告的义务。《安全生产法》规定，从业人员发现事故隐患或者其他不安全因素，应当立即向现场安全生产管理人员或者本单位负责人报告；接到报告的人员应当及时予以处理。

67. B、C、D、E。本题考核的是见证取样和送检的范围。下列试块、试件和材料必须实施见证取样和送检：（1）用于承重结构的混凝土试块；（2）用于承重墙体的砌筑砂浆试块；（3）用于承重结构的钢筋及连接接头试件；（4）用于承重墙的砖和混凝土小型砌块；（5）用于拌制混凝土和砌筑砂浆的水泥；（6）用于承重结构的混凝土中使用的掺加剂；（7）地下、屋面、厕浴间使用的防水材料；（8）国家规定必须实行见证取样和送检的其他试块、试件和材料。

68. A、B、D、E。本题考核的是施工项目负责人的安全生产责任。《建设工程安全生产管理条例》规定，施工单位的项目负责人应当由取得相应执业资格的人员担任，对建设工程项目的安全施工负责，落实安全生产责任制度、安全生产规章制度和操作规程，确保安全生产费用的有效使用，并根据工程的特点组织制定安全施工措施，消除安全事故隐患，及时、如实报告生产安全事故。

69. A、B。本题考核的是申请领取安全生产许可证的条件。《建筑施工企业安全生产许可证管理规定》规定，建筑施工企业取得安全生产许可证，应当具备12项安全生产条件：（1）建立、健全安全生产责任制，制定完备的安全生产规章制度和操作规程；（2）保证本单位安全生产条件所需资金的投入；（3）设置安全生产管理机构，按照国家有关规定配备专职安全生产管理人员；（4）主要负责人、项目负责人、专职安全生产管理人员经建设主管部门或者其他有关部门考核合格；（5）特种作业人员经有关业务主管部门考核合格，取得特种作业操作资格证书；（6）管理人员和作业人员每年至少进行1次安全生产教育培训并考核合格；（7）依法参加工伤保险，依法为施工现场从事危险作业的人员办理意外伤害保险，为从业人员交纳保险费；（8）施工现场的办公、生活区及作业场所和安全防护用具、机械设备、施工机具及配件符合有关安全生产法律、法规、标准和规程的要求；（9）有职业危害防治措施，并为作业人员配备符合国家标准或者行业标准的安全防护用具和安全防护服装；（10）有对危险性较大的分部分项工程及施工现场易发生重大事故的部位、环节的预防、监控措施和应急预案；（11）有生产安全事故应急救援预案、应急救援组织或者应急救援人员，配备必要的应急救援器材、设备；（12）法律、法规规定的其他条件。

70. A、B、E。本题考核的是建设工程质量保修书的内容。质量保修书中应当明确建设工程的保修范围、保修期限和保修责任等。

71. A、B、E。本题考核的是根据仲裁裁决的撤销情形。《仲裁法》《民事诉讼法》规定，被申请人提出证据证明裁决有下列情形之一的，经人民法院组成合议庭审查核实，裁定不予执行：（1）当事人在合同中没有仲裁条款或者事后没有达成书面仲裁协议的；（2）裁决的事项不属于仲裁协议的范围或者仲裁机构无权仲裁的；（3）仲裁庭的组成或者仲裁的程序违反法定程序的；（4）裁决所根据的证据是伪造的；（5）对方当事人向仲裁机构隐瞒了足以影响公正裁决的证据的；（6）仲裁员在仲裁该案时有索贿受贿、徇私舞弊、枉法裁决行为的。当事人提出证据证明裁决有上述情形之一的，可以向仲裁委员会所在地的中级人民法院申请撤销裁决。

72. A、B、C。本题考核的是对产生环境噪声污染企业事业单位的规定。根据《环境噪声污染防治法》的规定，产生环境噪声污染的企业事业单位，拆除或者闲置环境噪声污染防治设施的，必须事先报经所在地的县级以上地方人民政府环境保护行政主管部门批准。产生环境噪声污染的单位，应当采取措施进行治理，并按照国家规定缴纳超标准排污费。

征收的超标准排污费必须用于污染的防治，不得挪作他用。限期治理由县级以上人民政府按照国务院规定的权限决定，因此 D、E 选项错误。

73. A、D。本题考核的是施工节能违法行为应承担的法律责任。《民用建筑节能条例》规定，施工单位有下列行为之一的，由县级以上地方人民政府建设主管部门责令改正，处 10 万元以上 20 万元以下的罚款；情节严重的，由颁发资质证书的部门责令停业整顿，降低资质等级或者吊销资质证书；造成损失的，依法承担赔偿责任：（1）未对进入施工现场的墙体材料、保温材料、门窗、采暖制冷系统和照明设备进行查验的；（2）使用不符合施工图设计文件要求的墙体材料、保温材料、门窗、采暖制冷系统和照明设备的；（3）使用列入禁止使用目录的技术、工艺、材料和设备的。

74. A、C、E。本题考核的是借款人的义务。借款合同中借款人的义务包括：提供担保、提供真实情况、按照约定收取借款、按照约定用途使用借款、按期归还本金和利息。

75. A、B、C、E。本题考核的是见证取样和送检的范围。下列试块、试件和材料必须实施见证取样和送检：（1）用于承重结构的混凝土试块；（2）用于承重墙体的砌筑砂浆试块；（3）用于承重结构的钢筋及连接接头试件；（4）用于承重墙的砖和混凝土小型砌块；（5）用于拌制混凝土和砌筑砂浆的水泥；（6）用于承重结构的混凝土中使用的掺加剂；（7）地下、屋面、厕浴间使用的防水材料；（8）国家规定必须实行见证取样和送检的其他试块、试件和材料。

76. A、E。本题考核的是建设工程竣工日期。《最高人民法院关于审理建设工程施工合同纠纷案件适用法律问题的解释（一）》规定，建设工程竣工前，当事人对工程质量发生争议，工程质量经鉴定合格的，鉴定期间为顺延工期期间。从这个规定我们看到，应该以提交竣工验收报告之日为实际竣工日期。当事人对建设工程实际竣工日期有争议的，按照以下情形分别处理：（1）建设工程经竣工验收合格的，以竣工验收合格之日为竣工日期；（2）承包人已经提交竣工验收报告，发包人拖延验收的，以承包人提交验收报告之日为竣工日期；（3）建设工程未经竣工验收，发包人擅自使用的，以转移占有建设工程之日为竣工日期。

77. A、B、C。本题考核的是民事违约责任的承担。《民法典》规定，当事人一方不履行合同义务或者履行合同义务不符合约定的，应当承担继续履行、采取补救措施或者赔偿损失等违约责任。

78. B、C、D。本题考核的是民事诉讼的当事人。《最高人民法院关于审理建设工程施工合同纠纷案件适用法律问题的解释（一）》规定，因建设工程质量发生争议的，发包人可以以总承包人、分包人和实际施工人为共同被告提起诉讼。

79. A、C、D。本题考核的是人民法院审理行政诉讼案件，以法律和行政法规、地方性法规为依据。地方性法规适用于本行政区域内发生的行政案件；审理民族自治地方的行政案件，并以该民族自治地方的自治条例和单行条例为依据。人民法院审理行政案件，参照规章。

80. B、C、E。本题考核的是仲裁调解。仲裁庭在作出裁决前，可以先行调解。当事人自愿调解的，仲裁庭应当调解。调解不成的，应当及时作出裁决。调解达成协议的，仲裁庭应当制作调解书或者根据协议的结果制作裁决书。调解书与裁决书具有同等法律效力。调解书经双方当事人签收后，即发生法律效力。在调解书签收前当事人反悔的，仲裁庭应当及时作出裁决。仲裁与调解相结合是中国仲裁制度的特点。

全国二级建造师执业资格考试

《建设工程法规及相关知识》

考前冲刺试卷（二）及解析

《建设工程法规及相关知识》考前冲刺试卷（二）

一、单项选择题（共60题，每题1分。每题的备选项中，只有1个最符合题意）

1. 关于项目经理的说法，正确的是（　　）。

A. 施工项目可以设有项目经理

B. 项目经理的权利来自于企业法人的授权

C. 项目经理具有相对独立的法人资格

D. 由项目经理签字的材料款项未及时支付，材料供应商应以项目经理为被告进行起诉

2. 根据《立法法》，地方性法规、规章之间不一致时，由有关机关依照规定的权限作出裁决，关于裁决权限的说法，正确的是（　　）。

A. 同一机关制定的新的一般规定与旧的特别规定不一致时，由制定机关的上级机关裁决

B. 地方性法规与部门规章之间对同一事项的规定不一致，不能确定如何适用时，应当提请全国人民代表大会常务委员会裁决

C. 部门规章与地方政府规章之间对同一事项的规定不一致时，由部门规章的制定机关进行裁决

D. 根据授权制定的法规与法律规定不一致，不能确定如何适用时，由全国人民代表大会常务委员会裁决

3. 施工企业在施工中未采取相应防范措施，造成第三人人身伤害的，其应当承担（　　）之债。

A. 合同　　B. 不当得利　　C. 无因管理　　D. 侵权

4. 总承包单位甲公司经建设单位同意，将幕墙工程分包给乙公司施工。后该分包工程出现了施工质量问题，建设单位要求乙赔偿。下列责任赔偿的说法中，能够成立的是（　　）。

A. 乙与建设单位无直接合同关系，建设单位应要求甲赔偿

B. 若甲已全部赔偿建设单位损失，则建设单位无权再向乙要求赔偿

C. 该质量问题是乙造成的，与甲无关

D. 对该质量问题乙与甲负有同等责任，乙仅承担赔偿额的50%

5. 定作合同对于支付报酬的期限没有约定或者约定不明，又不能达成补充协议，按照合同有关条款或者交易习惯也不能确定的，定作人应当在（　　）支付报酬。

A. 合同生效后　　B. 完成工作成果50%时

C. 完成全部工作成果前　　D. 交付工作成果时

6. 关于专利权期限的说法，正确的是（　　）。

A. 发明专利权和实用新型专利权的期限为20年

B. 外观设计专利权的期限为15年

C. 如果专利申请文件是邮寄的，以国务院专利行政主管部门收到之日为申请日

D. 专利权的有效期自授予之日起计算

7. 在同一法律体系中，根据一定的标准和原则制定的同类法律规范的总称是（　　）。

A. 法律形式　　B. 法律规章　　C. 法律部门　　D. 法律制度

8. 关于租赁合同的说法，正确的是（　　）。

A. 租赁期限超过6个月的，可以采用书面形式

B. 租赁合同应当采用书面形式，当事人未采用的，视为租赁合同未生效

C. 租赁期限超过20年的，超过部分无效

D. 租赁物在承租人按照租赁合同占有期限内发生所有权变动的，租赁合同解除

9. 在财产保险合同的有效期内，保险标的的危险程度显著增加的，被保险人应当按照合同约定及时通知保险人，保险人（　　）。

A. 不能增加保险费，可以解除保险合同

B. 不能解除保险合同，可以增加保险费

C. 不能增加保险费，也不能解除保险合同

D. 可以增加保险费，也可以解除保险合同

10. 关于安装工程一切险保险期限的说法，正确的是（　　）。

A. 安装期保险期限的起始或终止可以超出保险单明细表中列明的保险生效日或终止日

B. 安装工程一切险对旧机器设备不负考核期的保险责任，但需承担其维修期的保险责任

C. 安装工程一切险的保险责任自保险工程在工地动工或用于保险工程的材料、设备运抵工地之时起始

D. 安装工程一切险的保险期内一般应包括一个试车考核期，试车考核期的长短可以超出安装工程保险单明细表中列明的试车和考核期限

11. 某建筑公司对已经提交的投标文件进行修改，可以在（　　）修改投标文件，并书面通知招标人。

A. 投标有效期内　　B. 评标之前

C. 投标文件截止时间后　　D. 提交投标文件截止时间前

12.《必须招标的工程项目规定》所属的法的形式是（　　）。

A. 法律　　B. 行政法规

C. 部门规章　　D. 地方性法规

13. 根据《招标投标法》，投标人补充、修改或者撤回已提交的投标文件，并书面通知招标人的时间期限应在（　　）。

A. 提交投标文件的截止时间前　　B. 评标截止时间前

C. 评标开始前　　D. 投标有效期内

14. 根据《生产安全事故应急预案管理办法》，下列内容中，属于专项应急预案应当规定的内容是（　　）。

A. 处置程序和措施　　B. 应急预案体系

C. 事故风险描述　　D. 预警及信息报告

15. 下列行为中，属于投标人与招标人串通投标行为的是（　　）。

A. 投标人为了争取中标而降低报价

B. 投标人之间通过竞价内定中标人，再参加投标

C. 某投标人为其他投标人陪标

D. 开标前招标人将其他投标人投标信息告知某投标人

16. 甲将其房屋卖给乙，并就房屋买卖订立书面合同，但未进行房屋产权变更登记，房屋也未实际交付。关于该买卖合同效力和房屋所有权的说法，正确的是（　　）。

A. 买卖合同无效，房屋所有权不发生变动

B. 买卖合同有效，房屋所有权归乙所有，不能对抗善意第三人

C. 买卖合同效力待定，房屋所有权不发生变动

D. 买卖合同有效，房屋所有权不发生变动

17. 2021 年 2 月 1 日，某建设单位与某施工企业签订了施工合同，约定开工日期为 5 月 1 日。2 月 10 日该施工企业与保险公司签订了建筑工程一切险保险合同。为保证工期，施工企业于 4 月 20 日将建筑材料运至工地。后因设备原因，工程实际开工日期为 5 月 10 日。该建筑工程一切险的保险生效日为（　　）。

A. 2021 年 2 月 10 日　　B. 2021 年 4 月 20 日

C. 2021 年 5 月 1 日　　D. 2021 年 5 月 10 日

18. 根据《建设工程安全生产管理条例》，关于出租单位出租未经安全性能检测的施工机具及配件的行政责任的说法，正确的是（　　）。

A. 责令停业整顿，并处 5 万以上 10 万以下的罚款

B. 责令限期改正，并处合同价款 1 倍以上 3 倍以下的罚款

C. 责令停业整顿，降低资质等级

D. 责令限期改正，情节严重的，吊销资质证书

19. 分包工程发生质量问题时，关于总分包单位质量责任的说法，正确的是（　　）。

A. 其他受害人可以向分包单位请求赔偿，也可以向总承包单位请求赔偿

B. 建设单位必须先向总承包单位请求赔偿，不足部分再向分包单位请求赔偿

C. 建设单位应当在分包合同价款限额内向分包单位请求赔偿

D. 其他受害人必须先向分包单位请求赔偿，不足部分向总包单位请求赔偿

20. 因合同、侵权行为、无因管理、不当得利以及法律的其他规定，权利人请求特定义务人为或者不为一定行为的权利是（　　）。

A. 物权　　B. 特许物权

C. 抗辩权　　D. 债权

21. 对建设用地范围内房屋及附属物的征收，是（　　）取得所有权的方式之一。

A. 国家　　B. 建设单位

C. 施工总承包方　　D. 个人

22. 根据《环境噪声污染防治法》，关于建设项目环境噪声污染防治的说法，正确的是（　　）。

A. 建设项目可能产生环境噪声污染的，施工企业必须提出环境影响报告书

B. 环境影响报告书应当报环境保护行政主管部门批准

C. 环境影响报告书中应当有施工企业的意见

D. 环境影响报告书，应当征得该建设项目所在地单位和居民的同意

23. 关于质量保证金预留的说法，正确的是（　　）。

A. 缺陷责任期内，非国库集中支付的政府投资项目，保证金必须预留在财政部门

B. 缺陷责任期内，如发包方被撤销，保证金随交付使用资产一并移交给当地建设行政主管部门统一管理

C. 社会投资项目采用预留保证金方式的，发、承包双方必须将保证金交由第三方金融机构托管

D. 缺陷责任期内，实行国库集中支付的政府投资项目，保证金的管理应按照国库集中支付的有关规定执行

24. 根据《建筑施工企业安全生产许可证管理规定》，已经取得安全生产许可证的施工企业发生重大安全事故所产生的法律后果是（　　）。

A. 撤销安全生产许可证　　B. 吊销安全生产许可证

C. 责令停止生产，并处罚款　　D. 暂扣安全生产许可证并限期整改

25. 根据《城镇污水排入排水管网许可管理办法》，关于城镇污水排入排水管网许可的说法，正确的是（　　）。

A. 城镇排污许可根据排放的污染物浓度收费

B. 因施工作业需要排水的，排水许可证有效期不得超过施工期限

C. 排水户可根据需要向城镇排水设施加压排放污水

D. 施工作业时，施工单位应当申请领取排水许可证

26. 某工程夜间施工产生的噪声严重影响相邻小区居民的休息，小区居民与该工程施工企业谈判，要求其停止夜间施工，并给予赔偿。该施工企业与小区居民之间债发生的根据是（　　）。

A. 不当得利　　B. 无因管理　　C. 侵权　　D. 合同

27. 根据《关于做好工程建设领域专业技术人员职业资格“挂证”等违法违规行为专项整治工作的补充通知》，下列实际工作单位与注册单位一致，但社会保险缴纳单位与注册单位不一致的人员，原则上不认定为“挂证”的是（　　）。

A. 某国有企业改制，按该企业政策内退，但仍由该企业缴纳社会保险的职工

B. 在某造价咨询公司注册并实际工作，但由某商贸公司缴纳社会保险的军队转业人员

C. 某城建大学所属设计院聘用的该校在职教师

D. 在某监理公司注册并实际工作，但由某劳务公司缴纳社会保险的因征地拆迁暂无居所的人员

28. 根据《绿色施工导则》，关于施工总平面布置的说法，正确的是（　　）。

A. 施工现场围墙可以采用连续封闭的轻钢结构预制装配式活动围挡

B. 生活区与生产区尽量分开布置

C. 施工现场搅拌站应当尽量靠近在建工程建筑物

D. 施工现场内的永久性道路应当形成环形通路

29. 在招标投标中，关于履约保证金的说法，正确的是（　　）。

A. 招标文件中不得要求中标人提交履约保证金

B. 履约保证金是为了保证中标人按照合同约定履行义务，完成中标项目而设立的

C. 履约保证金的金额没有法律规定的限制，招标人可要求中标人提交任意金额的履约保证金

D. 不鼓励施工企业以银行保函形式向建设单位提供履约担保

30. 下列法律文书中，不具有强制执行效力的是（　　）。

A. 由国家行政机关作出的调解书

B. 由仲裁机构作出的仲裁调解书

C. 经法院司法确认的人民调解委员会作出的调解协议书

D. 由人民法院对民事纠纷案件作出的调解书

31. 关于我国仲裁基本制度的说法，正确的是（　　）。

A. 当事人对仲裁裁决不服的，可以提起诉讼

B. 当事人没有仲裁协议而申请仲裁的，仲裁委员会应当受理

C. 当事人达成有效仲裁协议，一方向人民法院起诉，另一方出示仲裁协议的，人民法院不予受理

D. 仲裁协议不能排除法院对案件的司法管辖权

32. 下列不良行为中，属于施工企业资质不良行为的是（　　）。

A. 以他人名义投标或者以其他方式弄虚作假，骗取中标的

B. 不按照与招标人订立的合同履行义务，情节严重的

C. 将承包的工程转包或者违法分包的

D. 允许其他单位或个人以本单位名义承揽工程的

33. 当事人对债权请求权提出的诉讼时效抗辩中，不能得到法院支持的请求权有（　　）。

A. 身体受到伤害的赔偿请求权　　B. 兑付国债本息请求权

C. 寄存财物被丢失的赔偿请求权　　D. 支付工程款请求权

34. 关于企业申请资质条件中"净资产"的说法，正确的是（　　）。

A. 是指企业拥有的资产

B. 是指企业的注册资本金

C. 即所有者权益

D. 应当以企业申请资质前 3 年度财务报表中净资产的平均额为准

35. 下列仲裁协议约定的内容中，属于有效条款的是（　　）。

A. 仲裁协议约定两个仲裁机构，且当事人不能就仲裁机构选择达成一致

B. 当事人约定争议可以向仲裁机构申请仲裁也可以向人民法院起诉

C. 劳动合同约定发生劳动争议向北京仲裁委员会申请仲裁

D. 双方因履行合同发生纠纷向北京仲裁委员会申请仲裁

36. 关于仲裁开庭和审理的说法，正确的是（　　）。

A. 仲裁开庭审理必须经当事人达成一致

B. 当事人可以协议仲裁不开庭审理

C. 仲裁审理案件应当公开进行

D. 仲裁庭不能作出缺席裁决

37. 关于设计单位质量责任和义务的说法，正确的是（　　）。

A. 设计文件中选用的建筑材料、建筑构配件和设备，应当注明规格、型号、性能等技术指标

B. 不得任意压缩合理工期

C. 设计单位应当就审查合格的施工图设计文件向建设单位作出详细说明

D. 设计单位应当将施工图设计文件报有关部门审查

38. 关于施工企业承揽工程的说法，正确的是（　　）。

A. 施工企业可以允许其他企业使用自己的资质证书和营业执照

B. 施工企业在施工现场所设项目管理机构的项目负责人可以不是本单位人员

C. 施工企业由于不具备相应资质等级只能以其他企业名义承揽工程

D. 施工企业应当拒绝向其他企业转让资质证书

39. 根据《行政复议法》，下列事项中，属于不可申请行政复议的情形是（　　）。

A. 对建设行政主管部门责令施工企业停止施工的决定不服的

B. 对建设行政主管部门撤销施工企业资质证书的决定不服的

C. 对规划行政主管部门撤销建设工程规划许可证的决定不服的

D. 对建设行政主管部门就建设工程合同争议进行的调解结果不服的

40. 甲公司的业务员王某被开除后，为报复甲公司，用盖有甲公司公章的空白合同书与乙公司订立一份建材购销合同。乙公司并不知情，并按时将货物送至甲公司所在地。甲公司拒绝接收，引起纠纷。关于该案代理与合同效力的说法，正确的是（　　）。

A. 张某的行为为无权代理，合同无效

B. 张某的行为为表见代理，合同有效

C. 张某的行为为表见代理，合同无效

D. 张某的行为为委托代理，合同有效

41. 关于二级建造师注册的说法，正确的是（　　）。

A. 取得二级建造师执业资格证书后即可申请注册

B. 初始注册者，可自资格证书签发之日起 3 年内提出申请；未按期申请的，不予注册

C. 取得资格证书的人员，经过注册才能以注册建造师的名义执业

D. 注册申请应当向省、自治区、直辖市人民政府的人事部门提出

42. 关于二级建造师执业范围的说法，正确的是（　　）。

A. 注册建造师不得同时担任两个以上建设工程项目负责人，所有项目均为小型工程施工项目的除外

B. 注册建造师担任施工项目负责人期间，若发包方与注册建造师受聘企业已解除承包合同的，可以更换施工项目负责人

C. 注册建造师担任施工项目负责人，在其承建的建设工程项目竣工验收或移交项目手续办结前，经受聘企业同意的，可以变更注册至另一企业

D. 工程所在地省级建设主管部门和有关部门可以根据本地的实际情况设置跨地区承揽工程项目执业准入条件

43. 关于评标的说法，正确的是（　　）。

A. 评标委员会可以向招标人征询确定中标人的意向

B. 招标项目设有标底的，可以投标报价是否接近标底作为中标条件

C. 投标文件中有含义不明确的内容、明显文字或计算错误的，评标委员会可以要求投标人作出必要澄清、说明

D. 评标委员会成员拒绝在评标报告上签字的，视为不同意评标结果

44. 某工程施工招标项目估算价为 5000 万元，其投标保证金不得超过（　　）万元。

A. 80　　B. 100　　C. 150　　D. 200

45. 根据《招标投标法》，开标的主持者是（　　）。

A. 建设行政主管部门　　B. 招标人

C. 招标代理机构　　D. 投标人推选的代表

46. 根据《建筑起重机械安全监督管理规定》，应当报废的起重机械是（　　）。

A. 须大修才能达到安全技术标准的　　B. 无安全技术档案的

C. 无齐全有效的安全保护装置的　　D. 超过制造厂家规定的使用年限的

47. 涉及结构安全的材料，见证取样和送检的最低比例是有关技术标准规定的应取样数量的（　　）。

A. 30%　　B. 50%

C. 75%　　D. 80%

48. 检测结果利害关系人对检测结果发生争议的，由（　　）复检。

A. 原检测机构　　B. 上级检测机构

C. 双方共同认可的检测机构　　D. 建设行政主管部门指定的检测机构

49. 甲公司根据乙公司的选择，向丙公司购买了 1 台大型设备，出租给乙公司使用，乙公司使用该设备时，发现该设备不能正常运行，关于该融资租赁合同的说法正确的是（　　）。

A. 甲公司应当对乙公司承担违约责任

B. 若乙公司破产，该设备属于乙公司的破产财产

C. 乙公司可以基于设备质量瑕疵而直接向丙公司索赔

D. 租赁期限届满，乙公司享有该设备的所有权

50. 承揽工程不符合规定质量标准造成损失的，施工企业与使用本企业名义施工的单位承担（　　）。

A. 按份责任　　B. 补充责任

C. 公平责任　　D. 连带责任

51. 某项目由具备相应建筑业企业资质的建设单位自行施工。关于确定监理单位的说法，正确的是（　　）。

A. 应当自行委托监理单位　　B. 应当招标选择监理单位

C. 可不委托监理单位　　D. 应当由建设主管部门指定监理单位

52. 下列单位中，属于建设工程竣工验收主体的是（　　）。

A. 质量检测站　　B. 项目咨询单位

C. 监理单位　　D. 建设行政主管部门

53. 因设计变更导致建设工程的工程量或者质量标准发生变化，当事人对该部分工程价款不能协商一致的，可以参照（　　）建设行政主管部门发布的计价方法或者计价标准结算工程价款。

A. 签约时的签约地　　B. 签约时的项目所在地

C. 履约时的签约地　　D. 履约时的项目所在地

54. 某有独立请求权的第三人，因不能归责于本人的事由未参加诉讼，但有证据证明生效判决的部分内容错误，损害其民事权益，则该第三人行使撤销之诉的法定期间是（　　）个月。

A. 6　　B. 12

C. 18　　D. 24

55. 诉讼时效期间应当从（　　）起计算。

A. 当事人知道或应当知道权利被侵害时

B. 侵害行为停止时

C. 当事人权利被侵害并产生损害后果时

D. 当事人提起赔偿主张之日

56. 各级人民检察院对审判监督程序以外的其他审判程序中审判人员的违法行为，(   )。

A. 必须向同级人民法院提出检察建议

B. 有权向同级人民法院提出检察建议

C. 必须向上一级人民法院提出检察建议

D. 有权向上一级人民法院提出检察建议

57. 下列有关仲裁的事项中，不属于《仲裁法》规定仲裁协议应当具有的内容是(   )。

A. 仲裁事项　　B. 选定的仲裁委员会

C. 仲裁裁决的效力　　D. 请求仲裁的意思表示

58. 根据《最高人民法院关于适用〈中华人民共和国仲裁法〉若干问题的解释》，当事人申请执行仲裁裁决的案件，由(   )管辖。

A. 仲裁机构所在地中级人民法院

B. 仲裁机构所在地高级人民法院

C. 被执行人住所地或者被执行财产所在地中级人民法院

D. 被执行人住所地或者被执行财产所在地高级人民法院

59. 根据《建筑施工企业安全生产许可证管理规定》，下列施工企业的违法行为中，属于应当撤销安全生产许可证的是(   )。

A. 冒用安全生产许可证的

B. 安全生产许可证未办理延期手续继续从事施工活动的

C. 使用伪造的安全生产许可证的

D. 以贿赂手段取得安全生产许可证

60. 某工地施工扬尘严重，市环保局接到群众举报并进行查实后，依法对施工企业作出停工整改并处以3万元罚款的行政处罚。施工企业认为处罚金额过高，可以向(   )申请行政复议。

A. 市环保局　　B. 市人民政府

C. 省建设厅　　D. 省人民政府

二、多项选择题（共20题，每题2分。每题的备选项中，有2个或2个以上符合题意，至少有1个错项。错选，本题不得分；少选，所选的每个选项得0.5分）

61. 关于建筑业企业资质法定条件的说法，正确的有(   )。

A. 必须自行拥有一定数量的大中型机械设备

B. 企业净资产以企业申请资质前3年净资产的平均值为准考核

C. 有符合规定的净资产

D. 除各类别最低等级资质外，取消关于注册建造师等人员的指标考核

E. 有符合规定的已完成工程业绩

62. 根据《标准化法》，下列标准中，不能制定为强制性标准的有(   )。

A. 行业标准　　B. 地方标准

C. 团体标准　　D. 企业标准

E. 国家标准

63. 根据《建筑工程施工许可管理办法》，保证工程质量和安全的具体措施有（　　）。

A. 施工企业编制的施工组织设计中有根据建筑工程特点制定的相应质量、安全技术措施

B. 专业性较强的工程项目编制了专项质量、安全施工组织设计

C. 有审查合格的施工图设计文件

D. 施工场地拆迁进度符合施工要求

E. 按照规定办理了工程质量、安全监督手续

64. 关于投标人资格审查的说法，正确的有（　　）。

A. 资格审查分为资格预审、资格中审和资格后审

B. 招标人采用资格预审的应当发布资格预审公告

C. 资格预审结束后，评标委员会应当及时向资格预审申请人发出资格预审结果通知书

D. 国有资金占控股或主导地位的依法必须招标的项目，招标人应当组建资格审查委员会

E. 资格后审在开标后由招标人按照招标文件的标准和方法对投标人资格进行审查

65. 关于仲裁开庭与裁决的说法，正确的有（　　）。

A. 当事人协议不开庭的，仲裁庭可以根据仲裁申请书、答辩书以及其他材料作出裁决

B. 仲裁裁决是由仲裁庭作出的具有强制执行效力的法律文书

C. 被申请人在开庭审理时未经仲裁庭许可中途退庭的，仲裁庭不可缺席审理并作出裁决

D. 仲裁裁决在所有《承认和执行外国仲裁裁决公约》缔约国或地区均可得到承认和执行

E. 申请仲裁裁决强制执行时效的中断适用法律有关诉讼时效中断的规定

66. 根据《社会保险法》，失业人员从失业保险基金中领取失业保险金应当符合的条件有（　　）。

A. 本人应征服兵役的

B. 已经进行失业登记，并有求职要求的

C. 非因本人意愿中断就业的

D. 失业前用人单位和本人已经缴纳失业保险费满 1 年的

E. 本人已经缴纳个人所得税的

67. 关于行政许可设定权限的说法，正确的有（　　）。

A. 地方性法规一般情况不得设定行政许可

B. 省、自治区、直辖市人民政府规章不得设定行政许可

C. 部门规章可以设定临时性行政许可

D. 国务院可以采用发布决定的方式设定行政许可

E. 地方性法规不得设定企业或者其他组织的设立登记及其前置性行政许可

68. 根据《招标投标法实施条例》，属于工程建设项目的有（　　）。

A. 构筑物的拆除　　B. 建筑物的室内展品移动陈列柜

C. 建筑物的扩建　　D. 建筑物减隔震装置的安装

E. 工程所需要的监理服务

69. 下列情形中，视为投标人相互串通投标的有（　　）。

A. 不同投标人的投标文件相互混装

B. 属于同一集团、协会、商会等组织成员的投标人按照该组织要求协同投标

C. 招标人授意投标人撤换、修改投标文件

D. 单位负责人为同一人或者存在控股、管理关系的不同单位参加同一招标项目不同标段的投标

E. 不同投标人委托同一单位办理投标

70. 根据《建设工程安全生产管理条例》，下列分部分项工程中，属于达到一定规模的危险性较大的需要编制专项施工方案并附具安全验算结果的有（　　）。

A. 基坑支护与降水工程　　B. 模板工程

C. 脚手架工程　　D. 装饰装修工程

E. 拆除、爆破工程

71. 根据《建设工程质量管理条例》的规定，下列工程中，法定最低保修期限为 2 年的（　　）。

A. 房屋建筑的主体结构工程　　B. 装修工程

C. 给排水管道工程　　D. 屋面防水工程

E. 设备安装工程

72. 下列责任中，属于违约责任的承担方式的有（　　）。

A. 罚金　　B. 定金

C. 罚款　　D. 消除危险

E. 违约金

73. 根据《劳动合同法》，用人单位在与劳动者签订合同时采取的正当行为有（　　）。

A. 扣押居民身份证　　B. 扣押职业资格证

C. 要求提供担保　　D. 约定专业技术培训服务违约金

E. 签订竞业限制协议书

74. 用人单位可以解除劳动合同，但是应当提前 30 日以书面形式通知劳动者本人或者额外支付劳动者 1 个月工资的有（　　）。

A. 劳动者患病或者非因工负伤，在规定的医疗期满后不能从事原工作，也不能从事由用人单位另行安排工作的

B. 劳动者不能胜任工作，经过培训或者调整工作岗位，仍不能胜任工作的

C. 严重违反用人单位规章制度的

D. 劳动合同订立时所依据的客观情况发生重大变化，致使劳动合同无法履行，经当事人协商不能就变更劳动合同内容达成协议的

E. 严重失职，营私舞弊，对用人单位造成重大损害的

75. 施工作业人员享有的主要安全生产权利有（　　）。

A. 收益权　　B. 建议权

C. 检举权　　D. 获得工伤保险赔偿权

E. 紧急避险权

76. 根据《建设工程质量管理条例》，工程监理单位不得与被监理工程的（　　）有隶

属关系或者其他利害关系。

A. 建筑材料供应单位　　B. 设计单位

C. 建设单位　　D. 施工承包单位

E. 设备供应单位

77. 施工单位项目负责人的安全生产责任主要包括（　　）。

A. 编制安全生产规章制度和操作规程　　B. 确保安全生产费用的投入

C. 组织制定安全施工措施　　D. 消除安全事故隐患

E. 及时、如实上报安全事故

78. 根据事故具体情况，事故调查组成员由有关人民政府、安全生产监督管理部门和负有安全生产监督管理职责的有关部门以及（　　）派人参加。

A. 监察机关　　B. 公安机关

C. 人民检察院　　D. 人民法院

E. 工会

79. 具体行政行为在行政复议期间不停止执行，但（　　）可以停止执行。

A. 申请人申请停止执行的　　B. 申请人提供担保的

C. 被申请人认为需要停止执行的　　D. 被申请人被撤销的

E. 行政复议机关认为需要停止执行的

80. 当事人对法院管辖权有异议的，应当在（　　）提出。

A. 第一次开庭时　　B. 法庭辩论终结前

C. 提交答辩状期间　　D. 被告收到起诉状副本之日起 15 日内

E. 第一审判决作出前

考前冲刺试卷（二）参考答案及解析

一、单项选择题

1. B；	2. D；	3. D；	4. B；	5. D；
6. B；	7. C；	8. C；	9. D；	10. C；
11. D；	12. C；	13. A；	14. A；	15. D；
16. D；	17. B；	18. A；	19. A；	20. D；
21. A；	22. B；	23. D；	24. D；	25. B；
26. C；	27. C；	28. A；	29. B；	30. A；
31. C；	32. D；	33. B；	34. C；	35. D；
36. B；	37. A；	38. D；	39. D；	40. B；
41. C；	42. B；	43. C；	44. A；	45. B；
46. D；	47. A；	48. C；	49. C；	50. D；
51. C；	52. C；	53. B；	54. A；	55. A；
56. B；	57. C；	58. C；	59. D；	60. B。

【解析】

1. B。本题考核的是项目经理。在每个施工项目上必须有一个经企业法人授权的项目经理，A 选项的表述不够严谨不选。项目经理部不具备法人资格，而是施工企业根据建设工程施工项目而组建的非常设的下属机构，故 C 选项错误。D 选项的正确表述是：由项目经理签字的材料款项未及时支付，材料供应商应当以施工企业为被告提起诉讼。

2. D。本题考核的是需要由有关机关裁决适用的特殊情况。A 选项的正确表述是：同一机关制定的新的一般规定与旧的特别规定不一致时，由制定机关裁决。地方性法规与部门规章之间对同一事项的规定不一致，不能确定如何适用时，由国务院提出意见，国务院认为应当适用地方性法规的，应当决定在该地方适用地方性法规的规定；认为应当适用部门规章的，应当提请全国人民代表大会常务委员会裁决，故 B 选项错误。部门规章与地方政府规章之间对同一事项的规定不一致时，由国务院裁决，故 C 选项错误。

3. D。本题考核的是债的发生根据。建设工程债产生的根据有合同、侵权、无因管理和不当得利。其中，侵权是指公民或法人没有法律依据而侵害他人的财产权利或人身权利的行为。侵权行为一经发生，即在侵权行为人和被侵权人之间形成债的关系。侵权行为产生的债被称为侵权之债。

4. B。本题考核的是总承包单位的责任。《建筑法》规定，建筑工程总承包单位按照总承包合同的约定对建设单位负责；分包单位按照分包合同的约定对总承包单位负责。总承包单位和分包单位就分包工程对建设单位承担连带责任。

5. D。本题考核的是定作人支付报酬的义务。定作人应当按照约定的期限支付报酬。对支付报酬的期限没有约定或者约定不明确的，可以协议补充；不能达成补充协议的，按照合同有关条款或者交易习惯确定。对于不能达成补充协议，也不能按照合同有关条款或者交易习惯确定的，定作人应当在承揽人交付工作成果时支付；工作成果部分交付的，定作人应当相应支付。

6. B。本题考核的是专利权期限。发明专利权的期限为20年，实用新型专利权的期限为10年，外观设计专利权的期限为15年，均自申请日起计算。故A、D选项错误，B选项正确。如果申请文件是邮寄的，以寄出的邮戳日为申请日，故C选项错误。

7. C。本题考核的是法律部门的概念。部门法又称法律部门，是根据一定标准、原则所制定的同类法律规范的总称。

8. C。本题考核的是租赁合同。A选项的正确表述为：租赁期限6个月以上的，应当采用书面形式。B选项的正确表述为：租赁合同应当采用书面形式，当事人未采用的，无法确定租赁期限的，视为不定期租赁。租赁物在承租人按照租赁合同占有期限内发生所有权变动的，不影响租赁合同的效力，故D选项错误。

9. D。本题考核的是财产保险合同。在合同的有效期内，保险标的的危险程度显著增加的，被保险人应当按照合同约定及时通知保险人，保险人可以按照合同约定增加保险费或者解除合同。

10. C。本题考核的是安装工程一切险的保险期限。在任何情况下，安装期保险期限的起始或终止不得超出保险单明细表中列明的保险生效日或终止日，因此A选项错误。B选项的正确表述为：安装工程一切险对于旧机器设备不负考核期的保险责任，也不承担其维修期的保险责任。安装工程一切险的保险期内，一般应包括一个试车考核期，试车考核期的长短不得超出安装工程保险单明细表中列明的试车和考核期限，因此D选项错误。

11. D。本题考核的是投标文件的修改。投标人在招标文件要求投标文件的截止时间前，可以补充、修改或者撤回已提交的投标文件，并书面通知招标人。补充、修改的内容为投标文件的组成部分。

12. C。本题考核的是部门规章。国务院各部、委员会、中国人民银行、审计署和具有行政管理职能的直属机构，可以根据法律和国务院的行政法规、决定、命令，在本部门的权限范围内，制定规章。部门规章规定的事项应当属于执行法律或者国务院的行政法规、决定、命令的事项，其名称可以是"规定""办法"和"实施细则"等。《必须招标的工程项目规定》属于部门规章。

13. A。本题考核的是投标文件的修改与撤回。《招标投标法》规定，投标人在招标文件要求提交投标文件的截止时间前，可以补充、修改或者撤回已提交的投标文件，并书面通知招标人。

14. A。本题考核的是专项应急预案的内容。专项应急预案应当规定应急指挥机构与职责、处置程序和措施等内容。

15. D。本题考核的是招标人与投标人串通投标的情形。《招标投标法实施条例》规定，禁止招标人与投标人串通投标。有下列情形之一的，属于招标人与投标人串通投标：（1）招标人在开标前开启投标文件并将有关信息泄露给其他投标人；（2）招标人直接或者间接向投标人泄露标底、评标委员会成员等信息；（3）招标人明示或者暗示投标人压低或者抬高投标报价；（4）招标人授意投标人撤换、修改投标文件；（5）招标人明示或者暗示投标人为特定投标人中标提供方便；（6）招标人与投标人为谋求特定投标人中标而采取的其他串通行为。

16. D。本题考核的是买卖合同的成立以及不动产的设立。买卖合同是诺成合同，诺成合同自当事人双方意思表示一致时即可成立，不以一方交付标的物为合同的成立要件。当事人交付标的物属于履行合同，与合同的成立无关。因此首先可以判断出本题中的买卖合同是有效的。不动产物权的设立应当依照法律规定登记，自记载于不动产登记簿时发生效力。经依法登记，发生效力；未经登记，不发生效力。因此该房屋所有权未发生变动。

17. B。本题考核的是建筑工程一切险的保险生效日。建筑工程一切险的保险责任自保险工程在工地动工或用于保险工程的材料、设备运抵工地之时起始，至工程所有人对部分或全部工程签发完工验收证书或验收合格，或工程所有人实际占用或使用或接收该部分或全部工程之时终止，以先发生者为准。

18. A。本题考核的是出租单位违法行为应承担的法律责任。《建设工程安全生产管理条例》规定，出租单位出租未经安全性能检测或者经检测不合格的机械设备和施工机具及配件的，责令停业整顿，并处5万元以上10万元以下的罚款；造成损失的，依法承担赔偿责任。

19. A。本题考核的是总分包单位的连带质量责任。总承包单位与分包单位对分包工程的质量依法承担连带责任，即分包工程发生质量问题时，建设单位或其他受害人既可以向分包单位请求赔偿，也可以向总承包单位请求赔偿；进行赔偿的一方，有权依据分包合同的约定，对不属于自己责任的那部分赔偿向对方追偿。

20. D。本题考核的是债权的概念。《民法典》规定，债权是因合同、侵权行为、无因管理、不当得利以及法律的其他规定，权利人请求特定义务人为或者不为一定行为的权利。

21. A。本题考核的是房屋征收。所有权在法律上也受到一定限制，最主要的限制是为了公共利益的需要，依照法律规定的权限和程序可以征收集体所有的土地和单位、个人的房屋及其他不动产。因此，房屋征收是物权变动的一种特殊情形，是国家取得房屋所有权的一种方式。

22. B。本题考核的是建设项目环境噪声污染的防治。《环境噪声污染防治法》规定，建设项目可能产生环境噪声污染的，建设单位必须提出环境影响报告书，规定环境噪声污染的防治措施，并按照国家规定的程序报环境保护行政主管部门批准。环境影响报告书中，应当有该建设项目所在地单位和居民的意见。

23. D。本题考核的是质量保证金预留。缺陷责任期内，实行国库集中支付的政府投资项目，保证金的管理应按国库集中支付的有关规定执行。其他政府投资项目，保证金可以预留在财政部门或发包方。因此A选项错误，D选项正确。缺陷责任期内，如发包方被撤销，保证金随交付使用资产一并移交使用单位管理，由使用单位代行发包人职责。因此B选项错误。社会投资项目采用预留保证金方式的，发、承包双方可以约定将保证金交由第三方金融机构托管。因此C选项错误。

24. D。本题考核的是安全生产许可证违法行为应承担的法律责任。《建筑施工企业安全生产许可证管理规定》规定，取得安全生产许可证的建筑施工企业，发生重大安全事故的，暂扣安全生产许可证并限期整改。

25. B。本题考核的是城镇污水排入排水管网许可。城镇排水主管部门实施排水许可不得收费，故A选项错误。排水户不得擅自向城镇排水设施加压排放污水，故C选项错误。D选项，应将“施工单位”改为“建设单位”。

26. C。本题考核的是债的发生根据。施工噪声或者废水、废弃物排放等扰民，对工地附近的居民构成侵权。此时，居民是债权人，施工单位或者建设单位是债务人。

27. C。本题考核的是"挂证"行为的认定。《住房和城乡建设部办公厅关于做好工程建设领域专业技术人员职业资格"挂证"等违法违规行为专项整治工作的补充通知》规定，对实际工作单位与注册单位一致，但社会保险缴纳单位与注册单位不一致的人员，以下6类情形，原则上不认定为"挂证"行为：（1）达到法定退休年龄正式退休和依法提前退休的；（2）因事业单位改制等原因保留事业单位身份，实际工作单位为所在事业单位下属企业，社会保险由该事业单位缴纳的；（3）属于大专院校所属勘察设计、工程监理、工程造价单位聘请的本校在职教师或科研人员，社会保险由所在院校缴纳的；（4）属于军队自主择业人员的；（5）因企业改制、征地拆迁等买断社会保险的；（6）有法律法规、国家政策依据的其他情形。

28. A。本题考核的是施工总平面布置。生活区与生产区应分开布置，并设置标准的分隔设施，故B选项错误。施工现场搅拌站、仓库、加工厂、作业棚、材料堆场等布置应尽量靠近现有交通线路或即将修建的正式或临时交通线路，故C选项错误。施工现场道路按照永久道路和临时道路相结合的原则布置，施工现场内形成环形通路，故D选项错误。

29. B。本题考核的是履约保证金。《招标投标法》规定，招标文件要求中标人提交履约保证金的，中标人应当提供。施工合同履约保证金，是为了保证施工合同的顺利履行而要求承包人提供的担保。施工合同履约保证金多为提供第三人的信用担保（保证），一般是由银行或者担保公司向招标人出具履约保函或者保证书。

30. A。本题考核的是调解文书的法律效力。行政调解属于诉讼外调解。行政调解达成的协议也不具有强制约束力。

31. C。本题考核的是仲裁的基本制度。仲裁有下列三项基本制度：（1）协议仲裁制度。《仲裁法》规定，没有仲裁协议，一方申请仲裁的，仲裁委员会不予受理。（2）排除法院管辖制度。仲裁和诉讼是两种并行的争议解决方式，当事人只能选用其中的一种。《仲裁法》规定，"当事人达成仲裁协议，一方向人民法院起诉的，人民法院不予受理，但仲裁协议无效的除外。"因此，有效的仲裁协议可以排除法院对案件的司法管辖权，只有在没有仲裁协议或者仲裁协议无效的情况下，法院才可以对当事人的纠纷予以受理。（3）一裁终局制度。仲裁实行一裁终局的制度。裁决作出后，当事人就同一纠纷再申请仲裁或者向人民法院起诉的，仲裁委员会或者人民法院不予受理。

32. D。本题考核的是施工企业资质不良行为认定标准。施工企业资质不良行为认定标准：（1）未取得资质证书承揽工程的，或超越本单位资质等级承揽工程的；（2）以欺骗手段取得资质证书承揽工程的；（3）允许其他单位或个人以本单位名义承揽工程的；（4）未在规定期限内办理资质变更手续的；（5）涂改、伪造、出借、转让《建筑业企业资质证书》的；（6）按照国家规定需要持证上岗的技术工种的作业人员未经培训、考核，未取得证书上岗，情节严重的。

33. B。本题考核的是不适用于诉讼时效的情形。当事人可以对债权请求权提出诉讼时效抗辩，但对下列债权请求权提出诉讼时效抗辩的，法院不予支持：（1）支付存款本金及利息请求权；（2）兑付国债、金融债券以及向不特定对象发行的企业债券本息请求权；（3）基于投资关系产生的缴付出资请求权；（4）其他依法不适用诉讼时效规定的债权请求权。

34. C。本题考核的是施工企业资质的法定条件。净资产是属于企业所有并可以自由支配的资产，即所有者权益。

35. D。本题考核的是仲裁协议的效力。《最高人民法院关于适用〈中华人民共和国仲裁法〉若干问题的解释》规定，仲裁协议约定两个以上仲裁机构的，当事人可以协议选择其中的一个仲裁机构申请仲裁；当事人不能就仲裁机构选择达成一致的，仲裁协议无效。有的当事人在合同中约定发生争议可以提交仲裁，也可以提交诉讼，根据这种约定就无法判定当事人有明确的仲裁意愿。因此，这样的仲裁协议无效。根据《仲裁法》的规定，该法的调整范围仅限于民商事仲裁，即“平等主体的公民、法人和其他组织之间发生的合同纠纷和其他财产权纠纷”；劳动争议仲裁等不受《仲裁法》的调整，依法应当由行政机关处理的行政争议等不能仲裁。仲裁以当事人的自愿为前提，即是否将纠纷提交仲裁，向哪个仲裁委员会申请仲裁，仲裁庭如何组成，仲裁员的选择，以及仲裁的审理方式、开庭形式等，都是在当事人自愿的基础上，由当事人协商确定的。

36. B。本题考核的是仲裁的开庭和审理。仲裁审理的方式分为开庭审理和书面审理两种。仲裁应当开庭审理作出裁决，这是仲裁审理的主要方式。但是，当事人协议不开庭的，仲裁庭可以根据仲裁申请书、答辩书以及其他材料作出裁决，即书面审理方式。为了保护当事人的商业秘密和商业信誉，仲裁不公开进行，当事人协议公开的，可以公开进行，但涉及国家秘密的除外。仲裁庭可以作出缺席裁决。

37. A。本题考核的是设计单位的质量责任和义务。设计单位在设计文件中选用的建筑材料、建筑构配件和设备，应当注明规格、型号、性能等技术指标，其质量要求必须符合国家规定的标准。B、D 选项属于建设单位的责任。C 选项中，设计交底的对象应为施工单位。

38. D。本题考核的是禁止以他企业或他企业以本企业名义承揽工程的规定。《建筑法》规定，禁止建筑施工企业超越本企业资质等级许可的业务范围或者以任何形式用其他建筑施工企业的名义承揽工程。禁止建筑施工企业以任何形式允许其他单位或者个人使用本企业的资质证书、营业执照，以本企业的名义承揽工程。在分包工程中还要防止出现以他企业名义或他企业以本企业名义承揽工程的违法行为。《房屋建筑和市政基础设施工程施工分包管理办法》规定，分包工程发包人没有将其承包的工程进行分包，在施工现场所设项目管理机构的项目负责人、技术负责人、项目核算负责人、质量管理人员、安全管理人员不是工程承包人本单位人员的，视同允许他人以本企业名义承揽工程。

39. D。本题考核的是不能提起行政复议的事项。下列事项应按规定的纠纷处理方式解决，不能提起行政复议：（1）不服行政机关作出的行政处分或者其他人事处理决定的，应当依照有关法律、行政法规的规定提起申诉；（2）不服行政机关对民事纠纷作出的调解或者其他处理，应当依法申请仲裁或者向法院提起诉讼。

40. B。本题考核的是表见代理。《民法典》规定，行为人没有代理权、超越代理权或者代理权终止后以被代理人名义订立合同，相对人有理由相信行为人有代理权的，该代理行为有效。

41. C。本题考核的是二级建造师的注册。取得资格证书的人员，经过注册方能以注册建造师的名义执业。申请初始注册时应当具备以下条件：（1）经考核认定或考试合格取得资格证书；（2）受聘于一个相关单位；（3）达到继续教育要求；（4）没有《注册建造师管理规定》中规定不予注册的情形。故 A 选项错误。初始注册者，可自资格证书签发之日起 3 年内提出申请，逾期未申请者须符合本专业继续教育的要求后方可申请初始注册，故 B 选项错误。D 选项错在“人事部门”，正确应为建设主管部门。

42. B。本题考核的是二级建造师的执业范围。注册建造师担任施工项目负责人期间原则上不得更换。如发生下列情形之一的，应当办理书面交接手续后更换施工项目负责人：(1) 发包方与注册建造师受聘企业已解除承包合同的；(2) 发包方同意更换项目负责人的；(3) 因不可抗力等特殊情况必须更换项目负责人的。注册建造师担任施工项目负责人，在其承建的建设工程项目竣工验收或移交项目手续办结前，除以上规定的情形外，不得变更注册至另一企业。注册建造师不得同时担任两个及以上建设工程施工项目负责人。发生下列情形之一的除外：(1) 同一工程相邻分段发包或分期施工的；(2) 合同约定的工程验收合格的；(3) 因非承包方原因致使工程项目停工超过 120 天（含），经建设单位同意的。工程所在地各级建设主管部门和有关部门不得增设或者变相设置跨地区承揽工程项目执业准入条件。

43. C。本题考核的是评标。评标委员会应当按照招标文件确定的评标标准和方法，对投标文件进行评审和比较；设有标底的，应当参考标底。评标委员会成员不得私下接触投标人，不得收受投标人给予的财物或者其他好处，不得向招标人征询确定中标人的意向，不得接受任何单位或者个人明示或者暗示提出的倾向或者排斥特定投标人的要求，不得有其他不客观、不公正履行职务的行为。评标委员会成员拒绝在评标报告上签字又不书面说明其不同意见和理由的，视为同意评标结果。投标文件中有含义不明确的内容、明显文字或者计算错误，评标委员会认为需要投标人作出必要澄清、说明的，应当书面通知该投标人。

44. A。本题考核的是投标保证金的数额。《工程建设项目施工招标投标办法》规定，投标保证金不得超过项目估算价的 2%，但最高不得超过 80 万元人民币。

45. B。本题考核的是开标。《招标投标法》规定，开标应当在招标文件确定的提交投标文件截止时间的同一时间公开进行；开标地点应当为招标文件中预先确定的地点。开标由招标人主持，邀请所有投标人参加。

46. D。本题考核的是起重机械应予报废的情形。有下列情形之一的建筑起重机械，不得出租、使用：(1) 属国家明令淘汰或者禁止使用的；(2) 超过安全技术标准或者制造厂家规定的使用年限的；(3) 经检验达不到安全技术标准规定的；(4) 没有完整安全技术档案的；(5) 没有齐全有效的安全保护装置的。建筑起重机械有以上第 (1)、(2)、(3) 项情形之一的，出租单位或者自购建筑起重机械的使用单位应当予以报废，并向原备案机关办理注销手续。

47. A。本题考核的是见证取样和送检制度。《房屋建筑工程和市政基础设施工程实行见证取样和送检的规定》规定，涉及结构安全的试块、试件和材料见证取样和送检的比例不得低于有关技术标准中规定应取样数量的 30%。

48. C。本题考核的是工程质量检测的规定。质量检测业务由工程项目建设单位委托具有相应资质的检测机构进行检测。检测机构完成检测业务后，应当及时出具检测报告。如果检测结果利害关系人对检测结果发生争议的，由双方共同认可的检测机构复检，复检结果由提出复检方报当地建设主管部门备案。

49. C。本题考核的是融资租赁合同的法律特征。融资租赁是将融资与融物结合在一起的特殊交易方式。融资租赁合同涉及出租人、出卖人和承租人三方主体。通常的做法是，承租人要求出租人为其融资购买所需的租赁物，由出租人向出卖人支付价款，并由出卖人向承租人交付租赁物及承担瑕疵担保义务，而承租人仅向出租人支付租金而无需向出卖人承担义务。

50. D。本题考核的是承包单位违法行为应承担的法律责任。《建筑法》规定，建筑施工企业转让、出借资质证书或者以其他方式允许他人以本企业的名义承揽工程的，责令改正，没收违法所得，并处罚款，可以责令停业整顿，降低资质等级；情节严重的，吊销资质证书。对因该项承揽工程不符合规定的质量标准造成的损失，建筑施工企业与使用本企业名义的单位或者个人承担连带赔偿责任。

51. C。本题考核的是工程监理制度。《建设工程质量管理条例》规定，实行监理的建设工程，建设单位应当委托具有相应资质等级的工程监理单位进行监理，也可以委托具有工程监理相应资质等级并与被监理工程的施工承包单位没有隶属关系或者其他利害关系的该工程的设计单位进行监理。A、B、D 三个选项过于绝对。《建设工程质量管理条例》明确规定，下列建设工程必须实行监理：（1）国家重点建设工程；（2）大中型公用事业工程；（3）成片开发建设的住宅小区工程；（4）利用外国政府或者国际组织贷款、援助资金的工程；（5）国家规定必须实行监理的其他工程。

52. C。本题考核的是建设工程竣工验收的主体。对工程进行竣工检查和验收，是建设单位法定的权利和义务。在建设工程完工后，承包单位应当向建设单位提供完整的竣工资料和竣工验收报告，提请建设单位组织竣工验收。建设单位收到竣工验收报告后，应及时组织有设计、施工、工程监理等有关单位参加的竣工验收，检查整个工程项目是否已按照设计要求和合同约定全部建设完成，并符合竣工验收条件。

53. B。本题考核的是工程价款结算争议处理。《最高人民法院关于审理建设工程施工合同纠纷案件适用法律问题的解释（一）》规定，当事人对建设工程的计价标准或者计价方法有约定的，按照约定结算工程价款。因设计变更导致建设工程的工程量或质量标准发生变化，当事人对该部分工程价款不能协商一致的，可以参照签订建设工程施工合同时当地建设行政主管部门发布的计价方法或者计价标准结算工程价款。

54. A。本题考核的是民事诉讼的第三人。民事诉讼的第三人，因不能归责于本人的事由未参加诉讼，但有证据证明发生法律效力的判决、裁定、调解书的部分或者全部内容错误，损害其民事权益的，可以自知道或者应当知道其民事权益受到损害之日起 6 个月内，向作出该判决、裁定、调解书的人民法院提起诉讼。人民法院经审理，诉讼请求成立的，应当改变或者撤销原判决、裁定、调解书；诉讼请求不成立的，驳回诉讼请求。

55. A。本题考核的是诉讼时效期间的起算。诉讼时效期间自权利人知道或应当知道权利受到损害以及义务人之日起计算。

56. B。本题考核的是审判监督程序。各级人民检察院对审判监督程序以外的其他审判程序中审判人员的违法行为，有权向同级人民法院提出检察建议。

57. C。本题考核的是仲裁协议的内容。合法有效的仲裁协议应当具有下列法定内容：（1）请求仲裁的意思表示；（2）仲裁事项；（3）选定的仲裁委员会。

58. C。本题考核的是仲裁裁决的执行。当事人申请执行仲裁裁决案件，由被执行人所在地或者被执行财产所在地的中级人民法院管辖。

59. D。本题考核的是以不正当手段取得安全生产许可证应承担的法律责任。建筑施工企业以欺骗、贿赂等不正当手段取得安全生产许可证的，撤销安全生产许可证，3 年内不得再次申请安全生产许可证。

60. B。本题考核的是行政复议的申请部门。对于行政复议，应当按照《行政复议法》

的规定向有权受理的行政机关申请，如“对县级以上地方各级人民政府工作部门的具体行政行为不服的，由申请人选择，可以向该部门的本级人民政府申请行政复议，也可以向上一级主管部门申请行政复议”。

二、多项选择题

61. C、D、E；　62. A、B、C、D；　63. A、B、E；
64. B、D；　65. A、B、D、E；　66. B、C、D；
67. D、E；　68. A、C、E；　69. A、E；
70. A、B、C、E；　71. B、C、E　72. B、E；
73. D、E；　74. A、B、D；　75. B、C、D、E；
76. A、D、E；　77. C、D、E；　78. A、B、C、E；
79. C、E；　80. C、D。

【解析】

61. C、D、E。本题考核的是施工企业资质的法定条件。施工企业资质的法定条件包括：（1）有符合规定的净资产；（2）有符合规定的主要人员；（3）有符合规定的已完成工程业绩；（4）有符合规定的技术装备。

62. A、B、C、D。本题考核的是强制性标准。根据《标准化法》的规定，标准包括国家标准、行业标准、地方标准、团体标准和企业标准。国家标准分为强制性标准、推荐性标准。

63. A、B、E。本题考核的是保证工程质量和安全的具体措施。“有保证工程质量和安全的具体措施”包括：（1）施工企业编制的施工组织设计中有根据建筑工程特点制定的相应质量、安全技术措施。（2）建立工程质量安全责任制并落实到人。（3）专业性较强的工程项目编制了专项质量、安全施工组织设计，并按照规定办理了工程质量、安全监督手续。

64. B、D。本题考核的是投标人资格审查。资格审查分为资格预审和资格后审，因此 A 选项错误。C 选项应将“评标委员会”改为“招标人”。E 选项应将“招标人”改为“评标委员会”。

65. A、B、D、E。本题考核的是仲裁开庭与裁决。C 选项应将“不可”改为“可以”。

66. B、C、D。本题考核的是领取失业保险金应当符合的条件。失业人员符合下列条件的，从失业保险基金中领取失业保险金：（1）失业前用人单位和本人已经缴纳失业保险费满 1 年的；（2）非因本人意愿中断就业的；（3）已经进行失业登记，并有求职要求的。

67. D、E。本题考核的是行政许可设定权限。尚未制定法律、行政法规的，地方性法规可以设定行政许可，故 A 选项表述错误。尚未制定法律、行政法规和地方性法规的，因行政管理的需要，确需立即实施行政许可的，省、自治区、直辖市人民政府规章可以设定临时性的行政许可，故 B、C 选项的表述有误。

68. A、C、E。本题考核的是工程建设项目的范围。《招标投标法实施条例》规定，工程建设项目是指工程以及与工程建设有关的货物、服务。工程是指建设工程，包括建筑物和构筑物的新建、改建、扩建及其相关的装修、拆除、修缮等；与工程建设有关的货物，是指构成工程不可分割的组成部分，且为实现工程基本功能所必需的设备、材料等；与工程建设有关的服务，是指为完成工程所需的勘察、设计、监理等服务。

69. A、E。本题考核的是投标人相互串通投标的情形。有下列情形之一的，视为投标人相互串通投标：（1）不同投标人的投标文件由同一单位或者个人编制；（2）不同投标人委托同一单位或者个人办理投标事宜；（3）不同投标人的投标文件载明的项目管理成员为同一人；（4）不同投标人的投标文件异常一致或者投标报价呈规律性差异；（5）不同投标人的投标文件相互混装；（6）不同投标人的投标保证金从同一单位或者个人的账户转出。

70. A、B、C、E。本题考核的是编制安全专项施工方案的工程范围。《建设工程安全生产管理条例》规定，对下列达到一定规模的危险性较大的分部分项工程编制专项施工方案，并附具安全验算结果，经施工单位技术负责人、总监理工程师签字后实施，由专职安全生产管理人员进行现场监督：（1）基坑支护与降水工程；（2）土方开挖工程；（3）模板工程；（4）起重吊装工程；（5）脚手架工程；（6）拆除、爆破工程；（7）国务院建设行政主管部门或者其他有关部门规定的其他危险性较大的工程。

71. B、C、E。本题考核的是建设工程的最低保修期限。《建设工程质量管理条例》规定，在正常使用条件下，建设工程的最低保修期限为：（1）基础设施工程、房屋建筑的地基基础工程和主体结构工程，为设计文件规定的该工程的合理使用年限；（2）屋面防水工程、有防水要求的卫生间、房间和外墙面的防渗漏，为5年；（3）供热与供冷系统，为2个采暖期、供冷期；（4）电气管线、给排水管道、设备安装和装修工程，为2年。其他项目的保修期限由发包方与承包方约定。

72. B、E。本题考核的是承担违约责任的种类。合同当事人违反合同义务，承担违约责任的种类主要有：继续履行、采取补救措施、停止违约行为、赔偿损失、支付违约金或定金等。

73. D、E。本题考核的是订立劳动合同应当遵守的原则。《劳动合同法》规定，订立劳动合同，应当遵循合法、公平、平等自愿、协商一致、诚实信用的原则。用人单位招用劳动者，不得要求劳动者提供担保或者以其他名义向劳动者收取财物；不得扣押劳动者的居民身份证或者其他证件。

74. A、B、D。本题考核的是劳动合同的解除。《劳动合同法》规定，有下列情形之一的，用人单位提前30日以书面形式通知劳动者本人或者额外支付劳动者1个月工资后，可以解除劳动合同：（1）劳动者患病或者非因工负伤，在规定的医疗期满后不能从事原工作，也不能从事由用人单位另行安排的工作的；（2）劳动者不能胜任工作，经过培训或者调整工作岗位，仍不能胜任工作的；（3）劳动合同订立时所依据的客观情况发生重大变化，致使劳动合同无法履行，经用人单位与劳动者协商，未能就变更劳动合同内容达成协议的。

75. B、C、D、E。本题考核的是施工作业人员应当享有的安全生产权利。按照《建筑法》《安全生产法》《建设工程安全生产管理条例》等法律、行政法规的规定，施工作业人员主要享有如下的安全生产权利：（1）施工安全生产的知情权和建议权；（2）施工安全防护用品的获得权；（3）批评、检举、控告权及拒绝违章指挥权；（4）紧急避险权；（5）获得工伤保险和意外伤害保险赔偿的权利；（6）请求民事赔偿权。

76. A、D、E。本题考核的是监理单位对有隶属关系或其他利害关系的回避。《建筑法》《建设工程质量管理条例》均规定，工程监理单位与被监理工程的施工承包单位以及建筑材料、建筑构配件和设备供应单位有隶属关系或者其他利害关系的，不得承担该项建设工程的监理业务。

77. C、D、E。本题考核的是项目负责人的安全生产责任。项目负责人的安全生产责任主要是：（1）对建设工程项目的安全施工负责；（2）落实安全生产责任制度、安全生产规章制度和操作规程；（3）确保安全生产费用的有效使用；（4）根据工程的特点组织制定安全施工措施，消除安全事故隐患；（5）及时、如实报告生产安全事故情况。

78. A、B、C、E。本题考核的是生产安全事故调查组的组成。根据事故的具体情况，生产安全事故调查组由有关人民政府、安全生产监督管理部门、负有安全生产监督管理职责的有关部门、监察机关、公安机关以及工会派人组成，并应当邀请人民检察院派人参加。事故调查组可以聘请有关专家参与调查。

79. C、E。本题考核的是行政复议受理。在行政复议期间，行政机关不停止执行该具体行政行为，但有下列情形之一的，可以停止执行：（1）被申请人认为需要停止执行的；（2）行政复议机关认为需要停止执行的；（3）申请人申请停止执行，行政复议机关认为其要求合理，决定停止执行的；（4）法律规定停止执行的。

80. C、D。本题考核的是提起管辖权异议的时限。《民事诉讼法》规定，人民法院应当在立案之日起 5 日内将起诉状副本发送被告，被告在收到之日起 15 日内提出答辩状。《民事诉讼法》规定，人民法院受理案件后，当事人对管辖权有异议的，应当在提交答辩状期间提出。人民法院对当事人提出的异议，应当审查。

全国二级建造师执业资格考试

《建设工程法规及相关知识》

考前冲刺试卷（三）及解析

《建设工程法规及相关知识》考前冲刺试卷（三）

一、单项选择题（共60题，每题1分。每题的备选项中，只有1个最符合题意）

1. 在工程建设中，建设单位对在建工程的权利是（　　）。

A. 债权　　B. 所有权

C. 担保物权　　D. 用益物权

2. 甲在乙拥有使用权的土地上设立地役权并办理了登记，乙将自己的土地使用权转让给丙。关于各方权利的说法，正确的是（　　）。

A. 甲的地役权因办理登记而设立　　B. 乙转让土地使用权应经甲同意

C. 甲的地役权对丙具有约束力　　D. 土地所有权人设立地役权不必经乙同意

3. 下列债中，属于当事人之间按照约定产生的债是（　　）。

A. 侵权之债　　B. 合同之债

C. 不当得利之债　　D. 无因管理之债

4. 在施工过程中，施工企业与甲材料供应商订立材料买卖合同，但施工企业误将应支付给甲材料供应商的货款支付给了乙材料供应商。关于该货款处理的说法，正确的是（　　）。

A. 只能由法院确定归属

B. 乙材料供应商应当返还给甲材料供应商

C. 甲材料供应商可以依据买卖合同要求乙材料供应商返还

D. 施工企业可以要求乙材料供应商返还不当得利

5. 关于建设用地使用权设立空间的说法，正确的是（　　）。

A. 建设用地使用权只能在土地的地表设立

B. 建设用地使用权可以在土地的地表、地上或者地下分别设立

C. 建设用地使用权在土地的地表和地下设立的，应当共同设立

D. 建设用地使用权在土地的地上设立后，权利人自动获得该土地地下的使用权

6. 下列法律责任的承担方式中，属于行政处分的是（　　）。

A. 降级　　B. 罚款

C. 责令停产停业　　D. 取消投标资格

7. 根据《商标法》，注册商标有效期限为10年，自（　　）之日起计算。

A. 注册商标申请人寄出申请书　　B. 商标局收到申请书

C. 公告发布　　D. 核准注册

8. 保证合同是（　　）订立的合同。

A. 债权人与债务人　　B. 债务人与保证人

C. 债权人与保证人　　D. 债权人与债务人和保证人

9. 关于刑事责任的说法，错误的是（　　）。

A. 拘役是刑罚主刑的一种

B. 罚款是刑罚附加刑的一种

C. 刑罚的附加刑既可以合并适用，也可以独立适用

D. 死刑缓期两年执行是死刑的一种

10. 对于达到一定规模的危险性较大的分部分项工程的专项施工方案，应由（　　）组织专家论证、审查。

A. 施工企业　　B. 安全监督管理机构

C. 建设单位　　D. 监理单位

11. 根据《建设工程安全生产管理条例》，工程监理单位在实施监理过程中，发现存在安全事故隐患且情况严重的，应当（　　）。

A. 要求施工单位整改，并及时报告有关主管部门

B. 要求施工单位暂时停止施工，并及时报告建设单位

C. 要求施工单位整改，并及时报告建设单位

D. 要求施工单位暂时停止施工，并及时报告有关主管部门

12. 关于项目经理部及其行为法律后果的说法，不正确的是（　　）。

A. 不具备法人资格

B. 是施工企业为完成某项工程建设任务而设立的组织

C. 其行为的法律后果由项目经理部承担

D. 其行为的法律后果由企业法人承担

13. 根据《建设工程安全生产管理条例》，出租的机械设备应当有产品合格证、自检合格证明和（　　）。

A. 生产企业资质证明　　B. 生产企业营业执照

C. 生产许可证　　D. 第三方检测合格证明

14. 下列国家标准中，属于强制性国家标准的是（　　）。

A. 工程建设行业专用的试验方法　　B. 工程建设重要的通用的信息技术标准

C. 工程建设行业专用的术语、符号　　D. 工程建设勘察行业专用的质量要求

15. 关于定金的说法，正确的是（　　）。

A. 收受定金的一方不履行约定的债务的，应当原数额返还定金

B. 定金合同自合同订立之日起生效

C. 既约定违约金又约定定金的，一方违约时，对方可以选择适用违约金或者定金条款

D. 定金的数额由当事人约定，但不得超过主合同标的额的10%

16. 在招标投标过程中，投标人发生合并、分立、破产等重大变化的，应当（　　）。

A. 及时书面告知招标人　　B. 撤回投标

C. 提高投标保证金额　　D. 撤销投标

17. 某建设工程项目施工招标，甲公司和乙公司均参与投标，并都委托了丙单位办理投标事宜，甲、乙的行为属于（　　）。

A. 联合投标　　B. 合法投标

C. 独立投标　　D. 串通投标

18. 投标人或者其他利害关系人对依法必须进行招标的项目的评标结果有异议的，应当在（　　）提出。

A. 中标候选人公示期间　　B. 中标通知书发出之后

C. 合同谈判期间　　D. 评标报告提交之前

19. 投标人以行贿手段谋取中标的法律责任不包括（　　）。

A. 由招标行政主管部门责令改正并处罚金

B. 由工商行政管理机关吊销营业执照

C. 取消其 1 年至 2 年参加依法必须进行招标的项目的投标资格

D. 构成犯罪的，有关责任人和单位要承担相应的刑事责任

20. 关于建筑工程施工分包行为的说法，正确的是（　　）。

A. 个人可以承揽分包工程业务

B. 建设单位有权直接指定分包工程承包人

C. 建设单位推荐的分包单位，总承包单位无权拒绝

D. 承包人并未对该工程的施工活动进行组织管理的，视同转包

21. 某建设工程项目公开招标，甲公司借用乙公司资质证书承揽工程，获得中标，但甲承揽工程不符合质量标准给建设单位造成了损失。关于该合同关系的说法，正确的是（　　）。

A. 甲与乙属于联合体投标

B. 实际施工并造成损失的是甲，与乙无关

C. 投标人是乙，只能由乙承担赔偿责任

D. 甲、乙应承担连带赔偿责任

22. 下列建设工程不良行为中，属于施工企业资质不良行为的是（　　）。

A. 超越本单位资质等级承揽工程的　　B. 以他人名义承揽工程的

C. 施工中偷工减料的　　D. 将工程转包的

23. 关于民事诉讼基本特征的说法，正确的是（　　）。

A. 自愿性、独立性、保密性　　B. 公权性、强制性、程序性

C. 强制性、程序性、保密性　　D. 独立性、专业性、强制性

24. 马某与某施工企业订立了一份 2 年期限的劳动合同，合同约定了试用期，同时约定合同生效时间为 5 月 1 日，则试用期最晚应当截止于（　　）。

A. 11 月 1 日　　B. 8 月 1 日

C. 7 月 1 日　　D. 6 月 1 日

25. 根据《民法典》，应当采用书面形式的合同是（　　）。

A. 设备租赁合同　　B. 承揽合同

C. 货物买卖合同　　D. 建设工程合同

26. 关于开标的说法，正确的是（　　）。

A. 开标可以在招标文件确定的提交投标文件截止时间之后公开进行

B. 开标地点可以不在招标文件预先确定的地点，但招标人须在开标前 5 日书面通知所有获取招标文件的潜在投标人

C. 开标应当由招标代理机构主持，邀请所有投标人参加

D. 投标人少于 3 个的，不得开标

27. 关于《建设工程施工合同（示范文本）》GF—2017—0201 适用的说法，正确的是（　　）。

A. 当事人必须采用示范文本　　B. 采用示范文本是合同成立的前提

C. 不采用示范文本，合同无效　　D. 供当事人订立合同时参考

28. 根据《劳动合同法》，劳动者在试用期内的工资最低为劳动合同工资的（　　），并不得低于用人单位所在地的最低工资标准。

A. 60%　　B. 75%　　C. 80%　　D. 90%

29. 根据《绿色施工导则》，关于提高用水效率的说法，正确的是（　　）。

A. 施工现场喷洒路面不得使用市政自来水

B. 现场机具冲洗用水鼓励设立循环用水装置

C. 对混凝土搅拌站点等用水集中的区域和工艺点进行专项计量考核

D. 施工现场对生活用水和工程用水统一确定定额指标，综合计量管理

30. 根据《劳动合同法》，用人单位自用工之日起超过1个月不满1年未与劳动者订立书面劳动合同的，应当向劳动者每月支付（　　）倍的工资。

A. 1.5　　B. 2　　C. 3　　D. 4

31. 建设项目施工过程中发现地下古墓，立即报告当地文物行政部门。文物行政部门接到报告后，一般应在不超过（　　）小时赶赴工地现场。

A. 12　　B. 24　　C. 36　　D. 48

32. 建筑施工企业隐瞒有关情况或者提供虚假材料申请安全生产许可证的，应给予警告，并在（　　）年内不得申请安全生产许可证。

A. 1　　B. 2　　C. 3　　D. 5

33. 根据《民法典》，关于代理的说法，正确的是（　　）。

A. 代理人可以超越代理权实施代理行为

B. 代理人在授权范围内实施代理行为的法律后果由被代理人承担

C. 被代理人对代理人的一切行为承担民事责任

D. 代理是代理人以自己的名义实施民事法律行为

34. 下列人员中，不属于建筑施工企业特种作业人员的是（　　）。

A. 钢筋工　　B. 电工

C. 架子工　　D. 起重信号工

35. 下列从事生产活动的企业中，不属于必须取得安全生产许可证的是（　　）。

A. 建筑施工企业　　B. 烟花爆竹生产企业

C. 矿山企业　　D. 食品加工生产企业

36. 某施工总承包单位与分包单位在分包合同中约定：分包施工中出现任何安全事故，均由分包单位承担。该约定（　　）。

A. 因显失公平而无效　　B. 因违反法律、法规强制性规定而无效

C. 由于分包单位自愿签署而有效　　D. 仅对总承包单位和分包单位有效

37. 下列保险中，属于强制性保险的是（　　）。

A. 意外伤害保险　　B. 工伤保险

C. 建筑工程一切险　　D. 安装工程一切险

38. 项目负责人的安全生产责任不包括（　　）。

A. 对建设工程项目的安全施工负责

B. 签署危险性较大的工程安全专项施工方案

C. 确保安全生产费用的有效使用

D. 落实安全生产责任制度、安全生产规章制度和操作规程

39. 根据《建筑施工企业安全生产许可证管理规定》，下列选项中，属于建筑施工企业申请安全生产许可证时，应当向住房城乡建设主管部门提供的材料是（　　）。

A. 企业资质证书　　B. 营业执照

C. 设计报告　　D. 安全生产承诺书

40. 施工企业拒不执行公安机关消防机构作出的停止施工处罚决定的，将由（　　）负责强制执行。

A. 公安机关　　B. 人民法院

C. 建设行政主管部门　　D. 作出决定的公安机关消防机构

41. 施工企业的施工现场消防安全责任人应是（　　）。

A. 施工企业负责人　　B. 项目负责人

C. 专职安全员　　D. 专职消防安全员

42. 根据《建设工程质量保证金管理办法》，关于预留质量保证金的说法，正确的是（　　）。

A. 合同约定由承包人以银行保函替代预留保证金的，保函金额不得高于工程价款结算总额的5%

B. 社会投资项目采用预留保证金方式的，发、承包双方应当将保证金交由第三方金融机构托管

C. 采用工程质量保证担保、工程质量保险等保证方式的，发包人不得再预留保证金

D. 在工程项目竣工前，已经缴纳履约保证金的，发包人可以同时预留工程质量保证金

43. 某工程事故造成3人死亡，10人重伤，直接经济损失达2000万元。根据《生产安全事故报告和调查处理条例》，该事故等级为（　　）。

A. 特别重大事故　　B. 重大事故

C. 较大事故　　D. 一般事故

44. 根据《生产安全事故报告和调查处理条例》的有关规定，除道路交通事故、火灾事故外，自事故发生之日起（　　）日内，事故造成的伤亡人数发生变化的，应当及时补报。

A. 15　　B. 20

C. 30　　D. 40

45. 依法实施强制监理的工程项目，对施工组织设计中的安全技术措施或者专项施工方案是否符合工程建设强制性标准负有审查责任的是（　　）。

A. 发包人驻工地代表　　B. 设计单位

C. 项目技术负责人　　D. 工程监理单位

46. 根据《劳动合同法》，下列情形中，用人单位不得解除劳动者劳动合同的是（　　）。

A. 在试用期间被证明不符合录用条件的

B. 严重违反用人单位规章制度的

C. 在本单位连续工作满15年，且距法定退休年龄不足5年的

D. 因工负伤，不在规定的医疗期内的

47. 发生法律效力的民事判决、裁定，当事人可以向人民法院申请执行，该人民法院应当是（　　）。

A. 终审人民法院

B. 申请执行人住所地人民法院

C. 被执行的财产所在地基层人民法院

D. 与第一审人民法院同级的被执行的财产所在地人民法院

48. 甲施工企业与乙预制构件加工厂签订了承揽合同，合同约定由甲提供所需材料和图纸。关于该合同主体权利义务的说法，正确的是（　　）。

A. 没有约定报酬支付期限的，甲应当先行预付

B. 因甲提供的图纸不合理导致损失的，甲与乙承担连带责任

C. 未经甲许可，乙不得留存复制品或技术资料

D. 乙发现甲提供的材料不合格，遂自行更换为自己确认合格的材料

49. 关于工程合理使用年限的说法，正确的是（　　）。

A. 设计文件应当符合国家规定的设计深度要求，但不必注明工程合理使用年限

B. 工程合理使用年限是指工程的地基基础、主体结构能保证在正常情况下安全使用的年限

C. 工程合理使用年限是从工程实际转移占有之日起算

D. 工程合理使用年限与《民法典》中工程合理使用期限的内涵不一致

50. 甲租赁公司和乙施工企业签订了融资租赁合同，合同约定甲根据乙的要求向丙施工机械厂购买两台大型塔吊。关于该合同中当事人义务的说法，正确的是（　　）。

A. 甲向乙承担交付塔吊的义务

B. 丙向甲承担塔吊的瑕疵担保义务

C. 甲承担塔吊租赁期间的维修义务

D. 乙向甲履行交付租金的义务

51. 关于标底的说法，正确的是（　　）。

A. 招标人可以自行决定是否编制标底

B. 招标人可以根据实际情况确定招标项目标底的数量

C. 国有资金投资的建筑工程招标的，应当设有招标标底

D. 在保密的前提下，接受招标人委托编制标底的中介机构可以为该项目的投标人提供咨询

52. 根据《建筑起重机械安全监督管理规定》，关于建筑起重机械安装、拆卸单位的安全责任的说法，正确的是（　　）。

A. 使用单位和安装单位就安全生产承担连带责任

B. 安装完毕后，应当自检并出具自检合格证明

C. 建筑起重机械安装、拆卸工程专项施工方案应当由本单位安全负责人签字

D. 建筑起重机械安装、拆卸工程专项施工方案报审后，应当告知工程所在地安全监督管理部门

53. 根据《劳务派遣暂行规定》，被派遣劳动者在用工单位因工作遭受事故伤害，关于申请工伤认定的说法，正确的是（　　）。

A. 用工单位申请，劳务派遣单位协助

B. 被派遣劳动者申请，劳务派遣单位协助

C. 劳务派遣单位申请，用工单位协助

D. 被派遣劳动者申请，劳动行政部门协助

54. 根据《绿色施工导则》，临时用电照明设计以满足最低照度为原则，照度不应超过最低照度的（　　）。

A. 10%　　B. 15%

C. 20%　　D. 30%

55. 根据《企业安全生产费用提取和使用管理办法》，关于建设工程施工企业安全费用的说法，正确的是（　　）。

A. 各建设工程类别安全费用提取标准无差别

B. 施工企业以建筑安装工程造价为计提依据

C. 施工企业提取的安全费用不列入工程造价

D. 施工企业不得提高安全费用的提取标准

56. 某施工合同约定，工程通过竣工验收后 2 个月内，结清所有工程款。2019 年 9 月 1 日工程通过竣工验收，但直到 2019 年 9 月 20 日施工企业将工程移交建设单位，之后建设单位一直未支付工程余款。2020 年 5 月 1 日，施工企业将建设单位起诉至人民法院，要求其支付工程欠款及利息。则利息起算日为（　　）。

A. 2019 年 9 月 21 日　　B. 2019 年 11 月 21 日

C. 2019 年 11 月 2 日　　D. 2020 年 5 月 2 日

57. 关于中标和签订合同的说法，正确的是（　　）。

A. 确定中标人的权利属于招标人

B. 招标人应当授权评标委员会直接确定中标人

C. 招标人与中标人签订合同的标的、价款、质量等主要条款应当与招标文件一致，但履行期限可以另行协商确定

D. 中标人应当自中标通知书送达之日起 30 日内，按照招标文件与投标人订立书面合同

58. 根据《建设工程质量管理条例》，建设工程竣工后，组织建设工程竣工验收的主体是（　　）。

A. 建设行政主管部门　　B. 工程质量监督站

C. 建设单位　　D. 施工企业

59. 根据《建筑施工企业负责人及项目负责人施工现场带班暂行办法》，关于施工企业负责人施工现场带班制度的说法，正确的是（　　）。

A. 建筑施工企业负责人，是指企业的法定代表人、总经理，不包括主管质量安全和生产工作的副总工程师

B. 建筑施工企业负责人带班检查时，应认真做好检查记录，并分别在企业和工程项目存档备查

C. 建筑施工企业负责人要定期带班检查，每月检查时间不少于其工作日的 20%

D. 有分公司的企业集团负责人因故不能到现场的，可口头委托工程所在地的分公司负责人对施工现场进行带班检查

60. 关于建设工程合同纠纷和解的说法，正确的是（　　）。

A. 诉中和解达成协议的，即可结束全部或部分诉讼程序

B. 诉前和解成立后，当事人不得任意反悔要求撤销

C. 执行中和解达成协议的，即可结束执行程序，且不可恢复

D. 仲裁中和解达成协议的，视为撤回仲裁申请，且不可反悔

二、多项选择题（共20题，每题2分。每题的备选项中，有2个或2个以上符合题意，至少有1个错项。错选，本题不得分；少选，所选的每个选项得0.5分）

61. 关于所有权的说法，正确的有（　　）。

A. 所有权人对自己的不动产，依法享有占有、使用、收益和处分的权利

B. 法律规定专属于国家所有的不动产和动产，任何个人不能取得所有权

C. 收益权是所有权内容的核心

D. 所有权的行使，不得损害他人合法权益

E. 所有权人有权在自己的动产上设立用益物权和担保物权

62. 根据《招标投标法实施条例》，按照国家有关规定需要履行项目审批、核准手续的依法必须进行招标的项目，其（　　）应当报项目审批、核准部门审批、核准。

A. 招标范围　　B. 招标方式

C. 招标文件　　D. 招标组织形式

E. 招标代理机构

63. 根据《〈标准施工招标资格预审文件〉和〈标准施工招标文件〉暂行规定》，投标文件应当包括（　　）。

A. 招标管理机构　　B. 已标价工程量清单

C. 资格审查资料　　D. 拟转包项目情况表

E. 施工组织设计

64. 下列投标行为中，属于弄虚作假骗取中标的有（　　）。

A. 使用伪造、变造的许可证件　　B. 不同投标人的投标文件相互混装

C. 提供虚假的财务状况或者业绩　　D. 提供虚假的信用状况

E. 提供虚假的项目负责人劳动关系证明

65. 下列建设工程招标投标行为中，属于投标人不正当竞争行为的有（　　）。

A. 投标人相互串通投标　　B. 投标人与招标人串通投标

C. 招标人操纵中标　　D. 投标人以高于市场定价的报价竞标

E. 投标人以他人名义投标

66. 在工程监理单位人员的见证下，施工企业的现场试验人员对涉及结构安全的钢筋进行取样，并在钢筋试样或其包装上作标识、封志，该标识和封志应标明（　　）。

A. 工程地点　　B. 工程名称

C. 取样部位　　D. 样品名称

E. 取样日期

67. 一般保证的保证人在主合同纠纷未经审判或者仲裁，并就债务人财产依法强制执行仍不能履行债务前，无权拒绝向债权人承担保证责任的情形有（　　）。

A. 债务人下落不明，且无财产可供执行

B. 保证人口头表示放弃一般保证人的权利

C. 人民法院已经受理债务人破产案件

D. 债权人有证据证明债务人的财产不足以履行全部债务

E. 债权人有证据证明债务人丧失履行债务能力

68. 建设工程以赔偿损失方式承担违约责任的构成要件包括（　　）。

A. 造成损失后果　　B. 违反职业道德规范

C. 具有违约行为　　　　　　　　　　D. 违约行为与财产等损失之间有因果关系

E. 违反建筑企业内部文件

69. 根据《住房城乡建设部办公厅等关于开展工程建设领域专业技术人员职业资格“挂证”等违法违规行为专项整治的通知》，下列关于“挂证”的说法，正确的有（　　）。

A. 建造师注册证书不可以租借使用

B. 建造师注册单位与实际工作单位不一致的属于“挂证”

C. 人力资源服务机构可以提供建造师租借信息服务

D. 违规使用“挂证”人员的单位，将被予以通报，记入不良行为记录，并列入建筑市场主体“黑名单”

E. 人力资源服务机构因工作需要扣押建造师注册证书属于“挂证”

70. 根据《建设工程质量保证金管理办法》，关于缺陷责任期的说法，正确的有（　　）。

A. 缺陷责任期由发、承包双方在合同中约定

B. 缺陷责任期从工程通过竣工验收之日起计

C. 缺陷责任期中的缺陷包括建设工程质量不符合承包合同的约定

D. 缺陷责任期届满，承包人对工程质量不再承担责任

E. 由于发包人原因导致工程无法按规定期限进行竣工验收的，缺陷责任期从实际通过竣工验收之日起计

71. 关于调解文书法律效力的说法，正确的有（　　）。

A. 法院调解书经双方当事人签收后，具有强制执行的法律效力

B. 人民调解委员会的调解协议具有法律约束力

C. 人民调解委员会的调解协议具有强制执行的法律效力

D. 仲裁调解书经人民法院司法确认后，即发生法律约束力

E. 基层人民政府的调解协议具有法律约束力

72. 根据《建筑施工企业安全生产许可证管理规定》，关于安全生产许可证的说法，正确的有（　　）。

A. 施工企业未取得安全生产许可证的，不得从事建筑施工活动

B. 施工企业变更法定代表人的，不必办理安全生产许可证变更手续

C. 未发生死亡事故的，安全生产许可证有效期届满时自动延期

D. 对没有取得安全生产许可证的施工企业所承包的项目，不得颁发施工许可证

E. 施工企业取得安全生产许可证后，不得降低安全生产条件

73. 根据《最高人民法院关于审理建设工程施工合同纠纷案件适用法律问题的解释（一）》，关于当事人对建设工程实际竣工日期有争议时竣工日期确定的说法，正确的有（　　）。

A. 建设工程经竣工验收合格的，以竣工验收合格之日为竣工日期

B. 承包人已经提交竣工验收报告，发包人拖延验收的，以承包人提交验收报告之日为竣工日期

C. 建设工程未经竣工验收，发包人擅自使用的，以转移占有建设工程之日为竣工日期

D. 建设工程整改后竣工验收合格的，以提交竣工验收申请报告的日期为竣工日期

E. 建设工程未经竣工验收，发包人擅自使用的，以工程完工日期为竣工日期

74. 根据《生产安全事故应急预案管理办法》，生产经营单位应急预案应当及时修订相关预案的情形有（　　）。

A. 应急指挥机构及其职责发生调整的
B. 面临的事故风险发生重大变化的
C. 单位经营情况发生变化的
D. 重要应急资源发生重大变化的
E. 在应急演练和事故应急救援中发现重大问题需要修订的

75. 刑罚中附加刑的种类有（　　）。

A. 罚款
B. 管制
C. 拘役
D. 剥夺政治权利
E. 没收财产

76. 安全生产许可证颁发管理机关或者其上级行政机关可以撤销已经颁发的安全生产许可证的情形有（　　）。

A. 安全生产许可证颁发管理机关工作人员滥用职权颁发安全生产许可证的
B. 超越法定职权颁发安全生产许可证的
C. 违反法定程序颁发安全生产许可证的
D. 对不具备安全生产条件的建筑施工企业颁发安全生产许可证的
E. 取得安全生产许可证的建筑施工企业发生较大安全事故的

77. 根据《建设工程安全生产管理条例》，建设单位的安全生产责任有（　　）。

A. 需要进行爆破作业的，办理申请批准手续
B. 提出防范生产安全事故的指导意见和措施建议
C. 不得要求施工企业购买不符合安全施工的用具设备
D. 对安全技术措施或者专项施工方案进行审查
E. 申领施工许可证应当提供有关安全施工措施的资料

78. 根据《工伤保险条例》，建筑施工企业职工有下列情况可以认定为工伤的有（　　）。

A. 出差途中，由于工作原因遭遇车祸受伤
B. 在施工现场斗殴受伤
C. 施工期间醉酒坠落致残
D. 在施工现场因工作原因受到事故伤害
E. 在办公场所内因劳资纠纷自杀

79. 根据《民事诉讼法》，起诉必须符合的条件有（　　）。

A. 原告是与本案有直接利害关系的公民、法人和其他组织
B. 有明确的被告
C. 有具体的诉讼请求和理由
D. 事实清楚，证据确实充分
E. 属于人民法院受理民事诉讼的范围和受诉人民法院管辖

80. 根据《仲裁法》，当事人有证据证明仲裁裁决存在（　　）情形的，可以向人民法院申请撤销该仲裁裁决。

A. 没有仲裁协议
B. 双方当事人均不满意仲裁结果
C. 没有对另一方当事人形成强制作用
D. 仲裁员隐瞒了应该回避的事由
E. 裁决事项超出仲裁委员会权限

考前冲刺试卷（三）参考答案及解析

一、单项选择题

1. B；	2. C；	3. B；	4. D；	5. B；
6. A；	7. D；	8. C；	9. B；	10. A；
11. B；	12. C；	13. C；	14. B；	15. C；
16. A；	17. D；	18. A；	19. A；	20. D；
21. D；	22. A；	23. B；	24. C；	25. D；
26. D；	27. D；	28. C；	29. C；	30. B；
31. B；	32. A；	33. B；	34. A；	35. D；
36. B；	37. B；	38. B；	39. B；	40. D；
41. B；	42. C；	43. C；	44. C；	45. D；
46. C；	47. D；	48. C；	49. B；	50. D；
51. A；	52. B；	53. C；	54. C；	55. B；
56. C；	57. A；	58. C；	59. B；	60. B。

【解析】

1. B。本题考核的是所有权。所有权是所有人依法对自己财产（不动产或动产）所享有的占有、使用、收益和处分的权利。

2. C。本题考核的是地役权。本题中，甲在乙拥有使用权的土地上设立地役权，该不动产应为供役地。供役地以及供役地上的土地承包经营权、建设用地使用权、宅基地使用权部分转让时，转让部分涉及地役权的，地役权对受让人具有约束力。

3. B。本题考核的是合同之债。当事人之间因产生了合同法律关系，也就是产生了权利义务关系，便设立了债的关系。而合同是平等主体的自然人、法人、其他组织之间设立、变更、终止民事权利义务关系的协议，由当事人按照约定、协商一致产生。

4. D。本题考核的是不当得利。不当得利是指没有法律依据，有损于他人利益而自身取得利益的行为。由于不当得利造成他人利益的损害，因此在得利者与受害者之间形成债的关系。得利者应当将所得的不当利益返还给受损失的人。本题中施工单位为利益受损人。

5. B。本题考核的是建设用地使用权设立空间。建设用地使用权可以在土地的地表、地上或者地下分别设立。

6. A。本题考核的是行政处分的种类。行政处分种类有：警告、记过、记大过、降级、撤职、开除。

7. D。本题考核的是注册商标的有效期。注册商标的有效期为 10 年，自核准注册之日起计算。

8. C。本题考核的是保证合同的当事人。保证合同是为保障债权的实现，保证人和债权人约定，当债务人不履行到期债务或者发生当事人约定的情形时，保证人履行债务或者承担责任的合同。

9. B。本题考核的是刑事责任。B 选项的正确表述为：罚金是刑罚附加刑的一种。

10. A。本题考核的是安全专项施工方案的编制。《建设工程安全生产管理条例》规定，对下列达到一定规模的危险性较大的分部分项工程编制专项施工方案，并附具安全验算结果，经施工单位技术负责人、总监理工程师签字后实施，由专职安全生产管理人员进行现场监督：（1）基坑支护与降水工程；（2）土方开挖工程；（3）模板工程；（4）起重吊装工程；（5）脚手架工程；（6）拆除、爆破工程；（7）国务院建设行政主管部门或者其他有关部门规定的其他危险性较大的工程。对以上所列工程中涉及深基坑、地下暗挖工程、高大模板工程的专项施工方案，施工单位还应当组织专家进行论证、审查。

11. B。本题考核的是工程监理单位的安全责任。《建设工程安全生产管理条例》规定，工程监理单位在实施监理过程中，发现存在安全事故隐患的，应当要求施工单位整改；情况严重的，应当要求施工单位暂时停止施工，并及时报告建设单位。施工单位拒不整改或者不停止施工的，工程监理单位应当及时向有关主管部门报告。

12. C。本题考核的是项目经理部及其行为法律后果。项目经理部不具备独立的法人资格，其行为的法律后果应由企业法人承担。因此 A、D 选项正确，C 选项错误。项目经理部是施工企业为了完成某项建设工程施工任务而设立的组织，B 选项正确。

13. C。本题考核的是出租机械设备和施工机具及配件单位的安全责任。《建设工程安全生产管理条例》规定，出租的机械设备和施工机具及配件，应当具有生产（制造）许可证、产品合格证。出租单位应当对出租的机械设备和施工机具及配件的安全性能进行检测，在签订租赁协议时，应当出具检测合格证明。禁止出租检测不合格的机械设备和施工机具及配件。

14. B。本题考核的是强制性国家标准。下列标准属于强制性国家标准：（1）工程建设勘察、规划、设计、施工（包括安装）及验收等通用的综合标准和重要的通用的质量标准；（2）工程建设通用的有关安全、卫生和环境保护的标准；（3）工程建设重要的通用的术语、符号、代号、量与单位、建筑模数和制图方法标准；（4）工程建设重要的通用的试验、检验和评定方法等标准；（5）工程建设重要的通用的信息技术标准；（6）国家需要控制的其他工程建设通用的标准。

15. C。本题考核的是定金。收受定金的一方不履行约定的债务的，应当双倍返还定金，故 A 选项错误。定金合同从实际交付定金之日起生效，故 B 选项错误。D 选项错在“10%”，正确为“20%”。

16. A。本题考核的是投标人的变更。投标人发生合并、分立、破产等重大变化的，应当及时书面告知招标人。

17. D。本题考核的是投标人相互串通投标的情形。有下列情形之一的，视为投标人相互串通投标：（1）不同投标人的投标文件由同一单位或者个人编制；（2）不同投标人委托同一单位或者个人办理投标事宜；（3）不同投标人的投标文件载明的项目管理成员为同一人；（4）不同投标人的投标文件异常一致或者投标报价呈规律性差异；（5）不同投标人的投标文件相互混装；（6）不同投标人的投标保证金从同一单位或者个人的账户转出。

18. A。本题考核的是评标结果异议的提出。投标人或者其他利害关系人对依法必须进行招标的项目的评标结果有异议的，应当在中标候选人公示期间提出。

19. A。本题考核的是投标人违法行为应承担的法律责任。投标人相互串通投标或者与招标人串通投标的，投标人以向招标人或者评标委员会成员行贿的手段谋取中标的，中标无效，处中标项目金额5‰以上10‰以下的罚款，对单位直接负责的主管人员和其他直接责任人员处单位罚款数额5%以上10%以下的罚款；有违法所得的，并处没收违法所得；情节严重的，取消其1年至2年内参加依法必须进行招标的项目的投标资格并予以公告，直至由工商行政管理机关吊销营业执照；构成犯罪的，依法追究刑事责任。给他人造成损失的，依法承担赔偿责任。

20. D。本题考核的是建筑工程施工分包。《房屋建筑和市政基础设施工程施工分包管理办法》规定，严禁个人承揽分包工程业务。建设单位不得直接指定分包工程承包人。对于建设单位推荐的分包单位，总承包单位有权作出拒绝或者采用的选择。

21. D。本题考核的是施工企业资质违法行为应承担的法律责任。《建筑法》规定，建筑施工企业转让、出借资质证书或者以其他方式允许他人以本企业的名义承揽工程的，责令改正，没收违法所得，并处罚款，可以责令停业整顿，降低资质等级；情节严重的，吊销资质证书。对因该项承揽工程不符合规定的质量标准造成的损失，建筑施工企业与使用本企业名义的单位或者个人承担连带赔偿责任。

22. A。本题考核的是施工企业资质不良行为认定标准。施工企业资质不良行为认定标准包括：(1) 未取得资质证书承揽工程的，或超越本单位资质等级承揽工程的；(2) 以欺骗手段取得资质证书承揽工程的；(3) 允许其他单位或个人以本单位名义承揽工程的；(4) 未在规定期限内办理资质变更手续的；(5) 涂改、伪造、出借、转让《建筑业企业资质证书》的；(6) 按照国家规定需要持证上岗的技术工种的作业人员未经培训、考核，未取得证书上岗，情节严重的。

23. B。本题考核的是民事诉讼的基本特征。民事诉讼的基本特征是：公权性；程序性；强制性。

24. C。本题考核的是试用期。劳动合同期限3个月以上不满1年的，试用期不得超过1个月；劳动合同期限1年以上不满3年的，试用期不得超过2个月；3年以上固定期限和无固定期限的劳动合同，试用期不得超过6个月。根据题意，马某的试用期限不得超过2个月，因此其试用期最晚应当截止于7月1日。

25. D。本题考核的是合同的形式。《民法典》明确规定，建设工程合同应当采用书面形式。

26. D。本题考核的是开标。开标应当在招标文件确定的提交投标文件截止时间的同一时间公开进行；开标地点应当为招标文件中预先确定的地点，故A、B选项错误。开标由招标人主持，邀请所有投标人参加，故C选项错误。

27. D。本题考核的是合同示范文本的法律地位。合同示范文本对当事人订立合同起参考作用，但不要求当事人必须采用合同示范文本，即合同的成立与生效同当事人是否采用合同示范文本无直接关系。合同示范文本具有引导性、参考性，但无法律强制性，为非强制性使用文本。

28. C。本题考核的是试用期工资。劳动者在试用期的工资不得低于本单位相同岗位最低档工资或者劳动合同约定工资的80%，并不得低于用人单位所在地的最低工资标准。

29. C。本题考核的是提高用水效率的规定。《绿色施工导则》关于提高用水效率作出了如下规定：(1) 施工中采用先进的节水施工工艺。(2) 施工现场喷洒路面、绿化浇灌不宜使用市政自来水。现场搅拌用水、养护用水应采取有效的节水措施，严禁无措施浇水养护混凝土。(3) 施工现场供水管网应根据用水量设计布置，管径合理、管路简捷，采取有效措施减少管网和用水器具的漏损。(4) 现场机具、设备、车辆冲洗用水必须设立循环用水装置。施工现场办公区、生活区的生活用水采用节水系统和节水器具，提高节水器具配置比率。项目临时用水应使用节水型产品，安装计量装置，采取针对性的节水措施。(5) 施工现场建立可再利用水的收集处理系统，使水资源得到梯级循环利用。(6) 施工现场分别对生活用水与工程用水确定用水定额指标，并分别计量管理。(7) 大型工程的不同单项工程、不同标段、不同分包生活区，凡具备条件的应分别计量用水量。在签订不同标段分包或劳务合同时，将节水定额指标纳入合同条款，进行计量考核。(8) 对混凝土搅拌站点等用水集中的区域和工艺点进行专项计量考核。

30. B。本题考核的是劳动合同及劳动关系中违法行为应承担的法律责任。《劳动合同法》规定，用人单位自用工之日起超过 1 个月不满 1 年未与劳动者订立书面劳动合同的，应当向劳动者每月支付 2 倍的工资。

31. B。本题考核的是施工发现文物的报告。《文物保护法》规定，在进行建设工程或者在农业生产中，任何单位或者个人发现文物，应当保护现场，立即报告当地文物行政部门，文物行政部门接到报告后，如无特殊情况，应当在 24 小时内赶赴现场，并在 7 日内提出处理意见。

32. A。本题考核的是以不正当手段取得安全生产许可证应承担的法律责任。《建筑施工企业安全生产许可证管理规定》规定，建筑施工企业隐瞒有关情况或者提供虚假材料申请安全生产许可证的，不予受理或者不予颁发安全生产许可证，并给予警告，1 年内不得申请安全生产许可证。

33. B。本题考核的是代理。代理人在代理权限内，以被代理人的名义同第三人进行的具有法律意义的行为，在法律上产生与被代理人自己的行为同样的后果。因而，被代理人对代理人的代理行为承担民事责任。代理人必须在代理权限范围内实施代理行为，不得越权代理。代理行为必须是具有法律意义的行为，如果是代理人请朋友吃饭、聚会等，不能产生权利义务关系，就不是代理行为，被代理人无须承担代理责任。

34. A。本题考核的是建筑施工企业的特种作业人员。建筑施工企业特种作业人员是指建筑电工、建筑架子工、建筑起重信号司索工、建筑起重机械司机、建筑起重机械安装拆卸工、高处作业吊篮安装拆卸工等。

35. D。本题考核的是施工安全生产许可证制度。《安全生产许可证条例》规定，国家对矿山企业、建筑施工企业和危险化学品、烟花爆竹、民用爆破器材生产企业实行安全生产许可制度。企业未取得安全生产许可证的，不得从事生产活动。

36. B。本题考核的是无效条款。法律、行政法规中包含强制性规定和任意性规定。强制性规定排除了合同当事人的意思自由，即当事人在合同中不得协议排除法律、行政法规的强制性规定，否则将构成无效合同。按照《建筑法》的规定，总承包单位和分包单位就分包工程对建设单位承担连带责任，这属于法律的强制性规定。

37. B。本题考核的是强制性保险。《建筑法》规定，建筑施工企业应当依法为职工参加工伤保险缴纳工伤保险费。鼓励企业为从事危险作业的职工办理意外伤害保险，支付保险费。据此，工伤保险是强制性保险。意外伤害保险则属于法定的鼓励性保险。

38. B。本题考核的是项目负责人的安全生产责任。项目负责人的安全生产责任主要是：(1) 对建设工程项目的安全施工负责；(2) 落实安全生产责任制度、安全生产规章制度和操作规程；(3) 确保安全生产费用的有效使用；(4) 根据工程的特点组织制定安全施工措施，消除安全事故隐患；（5）及时、如实报告生产安全事故情况。

39. B。本题考核的是建筑施工企业申请安全生产许可证时应提供的材料。建筑施工企业申请安全生产许可证时，应当向住房城乡建设主管部门提供下列材料：（1）建筑施工企业安全生产许可证申请表；（2）企业法人营业执照；（3）与申请安全生产许可证应当具备的安全生产条件相关的文件、材料。

40. D。本题考核的是施工现场消防安全违法行为应承担的法律责任。施工企业逾期不执行公安机关消防机构做出的停产停业、停止使用、停止施工决定的，由作出决定的公安机关消防机构强制执行。

41. B。本题考核的是施工现场消防安全职责。施工单位的主要负责人是本单位的消防安全责任人，项目负责人则应是本项目施工现场的消防安全责任人。

42. C。本题考核的是质量保证金的相关规定。A 选项错在“5%”，正确应为 3%。B 选项的正确表述为：社会投资项目采用预留保证金方式的，发、承包双方可以约定将保证金交由第三方金融机构托管。D 选项错在“可以同时预留”正确应为不得同时预留。

43. C。本题考核的是生产安全事故的等级划分。根据生产安全事故的等级划分标准，较大事故是指造成 3 人以上 10 人以下死亡，或者 10 人以上 50 人以下重伤，或者 1000 万元以上 5000 万元以下直接经济损失的事故。

44. C。本题考核的是生产安全事故补报的要求。《生产安全事故报告和调查处理条例》规定，事故报告后出现新情况的，应当及时补报。自事故发生之日起 30 日内，事故造成的伤亡人数发生变化的，应当及时补报。道路交通事故、火灾事故自发生之日起 7 日内，事故造成的伤亡人数发生变化的，应当及时补报。

45. D。本题考核的是工程监理单位的安全责任。《建设工程安全生产管理条例》规定，工程监理单位应当审查施工组织设计中的安全技术措施或者专项施工方案是否符合工程建设强制性标准。

46. C。本题考核的是用人单位不得解除劳动合同的情形。《劳动合同法》第 42 条规定，劳动者有下列情形之一的，用人单位不得依照该法第 40 条、第 41 条的规定解除劳动合同：（1）从事接触职业病危害作业的劳动者未进行离岗前职业健康检查，或者疑似职业病病人在诊断或者医学观察期间的；（2）在本单位患职业病或者因工负伤并被确认丧失或者部分丧失劳动能力的；（3）患病或者非因工负伤，在规定的医疗期内的；（4）女职工在孕期、产期、哺乳期的；（5）在本单位连续工作满 15 年，且距法定退休年龄不足 5 年的；（6）法律、行政法规规定的其他情形。

47. D。本题考核的是执行案件的管辖。发生法律效力的民事判决、裁定，以及刑事判决、裁定中的财产部分，由第一审人民法院或者与第一审人民法院同级的被执行的财产所在地人民法院执行。

48. C。本题考核的是承揽合同当事人的权利义务。本题中，甲为定作人，乙为承揽人。（1）未经定作人许可，不得留存复制品或者技术资料，因此 C 选项正确。（2）定作人应当按照约定的期限支付报酬。对支付报酬的期限没有约定或者约定不明确的，对于不能达成补充协议，也不能按照合同有关条款或者交易习惯确定的，定作人应当在承揽人交付工作成果时支付；工作成果部分交付的，定作人应当相应支付，故 A 选项错误。（3）承揽人发现定作人提供的图纸或者技术要求不合理的，应当及时通知定作人。承揽人发现定作人提供的图纸或者技术要求不合理的，在通知定作人后，因定作人怠于答复等原因造成承揽人损失的，定作人应当赔偿损失，故B选项错误。（4）承揽人不得擅自更换定作人提供的材料，不得更换不需要修理的零部件，故D选项错误。

49. B。本题考核的是工程合理使用年限。A选项正确的表述为：设计文件应当符合国家规定的设计深度要求，注明工程合理使用年限。工程合理使用年限是指从工程竣工验收合格之日起，工程的地基基础、主体结构能保证在正常情况下安全使用的年限。因此B选项正确，C选项错误。D选项将“不”字删除就是正确的。

50. D。本题考核的是融资租赁合同主体的义务。融资租赁合同涉及出租人、出卖人和承租人三方主体。承租人要求出租人为其融资购买所需的租赁物，由出租人向出卖人支付价款，并由出卖人向承租人交付租赁物及承担瑕疵担保义务，而承租人仅向出租人支付租金而无需向出卖人承担义务。

51. A。本题考核的是标底。标底只能有一个，故B选项错误。国有资金投资的建筑工程招标的，应当设有最高投标限价；非国有资金投资的建筑工程招标的，可以设有最高投标限价或者招标标底，故C选项错误。接受招标人委托编制标底的中介机构不得为该项目的投标人提供咨询，故D选项错误。

52. B。本题考核的是建筑起重机械安装、拆卸单位的安全责任。建筑起重机械使用单位和安装单位应当在签订的建筑起重机械安装、拆卸合同中明确双方的安全生产责任，故A选项错误。C选项错在“由本单位安全负责人签字”，正确应为由本单位技术负责人签字。D选项错在“工程所在地安全监督管理部门”，正确应为工程所在地县级以上地方人民政府建设主管部门。

53. C。本题考核的是被派遣劳动者的工伤认定。《劳务派遣暂行规定》规定，用工单位应当按照劳动合同法第62条规定，向被派遣劳动者提供与工作岗位相关的福利待遇，不得歧视被派遣劳动者。被派遣劳动者在用工单位因工作遭受事故伤害的，劳务派遣单位应当依法申请工伤认定，用工单位应当协助工伤认定的调查核实工作。

54. C。本题考核的是施工用电及照明。根据《绿色施工导则》的规定，临时用电照明设计以满足最低照度为原则，照度不应超过最低照度的20%。

55. B。本题考核的是建设工程施工企业的安全费用。各建设工程类别安全费用提取标准是有差别的，因此A选项错误。建设工程施工企业提取的安全费用列入工程造价，在竞标时，不得删减，列入标外管理，因此C选项错误。企业根据安全生产实际需要，可适当提高安全费用提取标准，因此D选项错误。

56. C。本题考核的是欠付工程款利息支付的起算日。利息从应付工程价款之日计付。当事人对付款时间没有约定或者约定不明的，下列时间视为应付款时间：（1）建设工程已实际交付的，为交付之日；（2）建设工程没有交付的，为提交竣工结算文件之日；（3）建设工程未交付，工程价款也未结算的，为当事人起诉之日。

57. A。本题考核的是中标和签订合同。B选项应将“应当”改为“可以”。招标人和中标人应当依照《招标投标法》和《招标投标法实施条例》的规定签订书面合同，合同的标的、价款、质量、履行期限等主要条款应当与招标文件和中标人的投标文件的内容一致。故C选项错误。D选项应将“送达”改为“发出”。

58. C。本题考核的是组织建设工程竣工验收的主体。《建设工程质量管理条例》规定，建设单位收到建设工程竣工报告后，应当组织设计、施工、工程监理等有关单位进行竣工验收。

59. B。本题考核的是施工单位负责人施工现场带班制度。建筑施工企业负责人，是指企业的法定代表人、总经理、主管质量安全和生产工作的副总经理、总工程师和副总工程师，故A选项错误。C选项应将“20%”改为“25%”。D选项应将“口头”改为“书面”。

60. B。本题考核的是和解的效力。诉讼阶段的和解没有法律效力。当事人和解后，可以请求法院调解，制作调解书，经当事人签名盖章产生法律效力，从而结束全部或部分诉讼程序，故A选项错误。《民事诉讼法》规定，在执行中，双方当事人自行和解达成协议的，执行员应当将协议内容记入笔录，由双方当事人签名或者盖章。一方当事人不履行和解协议的，人民法院可以根据对方当事人的申请，恢复对原生效法律文书的执行。故C选项错误。当事人达成和解协议，撤回仲裁申请后又反悔的，可以根据原仲裁协议重新申请仲裁，故D选项错误。

二、多项选择题

61. A、B、D、E；	62. A、B、D；	63. B、C、E；
64. A、C、D、E；	65. A、B、E；	66. B、C、D、E；
67. A、C、D、E；	68. A、C、D；	69. A、B、D；
70. A、B、C；	71. A、B、E；	72. A、D、E；
73. A、B、C；	74. A、B、D、E；	75. D、E；
76. A、B、C、D；	77. A、C、E；	78. A、D；
79. A、B、C、E；	80. A、D、E。	

【解析】

61. A、B、D、E。本题考核的是所有权。处分权是所有人的最基本的权利，是所有权内容的核心，故C选项错误。

62. A、B、D。本题考核的是招标项目履行项目审批手续的相关规定。《招标投标法实施条例》规定，按照国家有关规定需要履行项目审批、核准手续的依法必须进行招标的项目，其招标范围、招标方式、招标组织形式应当报项目审批、核准部门审批、核准。

63. B、C、E。本题考核的是投标文件的内容。《〈标准施工招标资格预审文件〉和〈标准施工招标文件〉暂行规定》中规定，投标文件应包括下列内容：（1）投标函及投标函附录；（2）法定代表人身份证明或附有法定代表人身份证明的授权委托书；（3）联合体协议书；（4）投标保证金；（5）已标价工程量清单；（6）施工组织设计；（7）项目管理机构；（8）拟分包项目情况表；（9）资格审查资料；（10）投标人须知前附表规定的其他材料。

64. A、C、D、E。本题考核的是弄虚作假的行为类型。投标人有下列情形之一的，属于《招标投标法》第33条规定的以其他方式弄虚作假的行为：（1）使用伪造、变造的许可证件；（2）提供虚假的财务状况或者业绩；（3）提供虚假的项目负责人或者主要技术人员简历、劳动关系证明；（4）提供虚假的信用状况；（5）其他弄虚作假的行为。

65. A、B、E。本题考核的是投标人不正当竞争行为的种类。投标人的不正当竞争行为包括：投标人相互串通投标、投标人与招标人串通投标、以行贿手段谋取中标、以低于成本的报价竞标、以其他方式弄虚作假骗取中标等。

66. B、C、D、E。本题考核的是施工检测的见证取样和送检。在施工过程中，见证人员应按照见证取样和送检计划，对施工现场的取样和送检进行见证。取样人员应在试样或其包装上作出标识、封志。标识和封志应标明工程名称、取样部位、取样日期、样品名称和样品数量，并由见证人员和取样人员签字。见证人员和取样人员应对试样的代表性和真实性负责。

67. A、C、D、E。本题考核的是保证责任的承担。一般保证的保证人在主合同纠纷未经审判或者仲裁，并就债务人财产依法强制执行仍不能履行债务前，有权拒绝向债权人承担保证责任，但是有下列情形之一的除外：（1）债务人下落不明，且无财产可供执行；（2）人民法院已经受理债务人破产案件；（3）债权人有证据证明债务人的财产不足以履行全部债务或者丧失履行债务能力；（4）保证人书面表示放弃本款规定的权利。

68. A、C、D。本题考核的是承担赔偿损失责任的构成要件。承担赔偿损失责任的构成要件是：（1）具有违约行为；（2）造成损失后果；（3）违约行为与财产等损失之间有因果关系；（4）违约人有过错，或者虽无过错，但法律规定应当赔偿。

69. A、B、D。本题考核的是"挂证"等违法违规行为。《住房城乡建设部办公厅等关于开展工程建领域专业技术人员职业资格"挂证"等违法违规行为专项整治的通知》规定，严肃查处持证人注册单位与实际工作单位不符、买卖租借（专业）资格（注册）证书等"挂证"违法违规行为，以及提供虚假就业信息、以职业介绍为名提供"挂证"信息服务等违法违规行为。地方各级住房城乡建设、人力资源社会保障、交通运输、水利、通信部门对违规使用"挂证"人员的单位应予以通报，记入不良行为记录，并列入建筑市场主体"黑名单"，向社会公布。

70. A、B、C。本题考核的是缺陷责任期。D 选项错在"不再"二字。选项 E 的正确表述为：由于承包人原因导致工程无法按规定期限进行竣（交）工验收的，缺陷责任期从实际通过竣（交）工验收之日起计。

71. A、B、E。本题考核的是调解文书的法律效力。经人民调解委员会调解达成的调解协议具有法律约束力，当事人应当按照约定履行，因此 C 选项错误。D 选项应将"人民法院司法确认"改为"双方当事人签收"。

72. A、D、E。本题考核的是安全生产许可证的相关知识。建筑施工企业变更名称、地址、法定代表人等，应当在变更后 10 日内，到原安全生产许可证颁发管理机关办理安全生产许可证变更手续，因此 B 选项错误。未发生死亡事故的，安全生产许可证有效期届满时，经原安全生产许可证颁发管理机关同意，不再审查，安全生产许可证有效期延期 3 年。由此可见 C 选项的表述不够准确，不选。

73. A、B、C。本题考核的是竣工日期争议的处理。《最高人民法院关于审理建设工程施工合同纠纷案件适用法律问题的解释（一）》规定，当事人对建设工程实际竣工日期有争议的，按照以下情形分别处理：（1）建设工程经竣工验收合格的，以竣工验收合格之日为竣工日期；（2）承包人已经提交竣工验收报告，发包人拖延验收的，以承包人提交验收报告之日为竣工日期；（3）建设工程未经竣工验收，发包人擅自使用的，以转移占有建设工程之日为竣工日期。

74. A、B、D、E。本题考核的是施工生产安全事故应急预案的修订。《生产安全事故应急条例》规定，有下列情形之一的，生产安全事故应急救援预案制定单位应当及时修订相关预案：（1）制定预案所依据的法律、法规、规章、标准发生重大变化的；（2）应急指挥机构及其职责发生调整；（3）安全生产面临的风险发生重大变化；（4）重要应急资源发生重大变化的；（5）在预案演练或者应急救援中发现需要修订预案的重大问题；（6）其他应当修订的其他情形。

75. D、E。本题考核的是附加刑的种类。附加刑包括：（1）罚金；（2）剥夺政治权利；（3）没收财产；（4）驱逐出境。

76. A、B、C、D。本题考核的是资质许可机关撤销建筑业企业资质的情形。有下列情形之一的，资质许可机关应当撤销建筑业企业资质：（1）资质许可机关工作人员滥用职权、玩忽职守准予资质许可的；（2）超越法定职权准予资质许可的；（3）违反法定程序准予资质许可的；（4）对不符合资质标准条件的申请企业准予资质许可的；（5）依法可以撤销资质许可的其他情形。

77. A、C、E。本题考核的是建设单位的安全生产责任。B选项属于设计单位的安全责任；D选项属于监理单位的安全责任。

78. A、D。本题考核的是工伤的认定情形。职工有下列情形之一的，应当认定为工伤：（1）在工作时间和工作场所内，因工作原因受到事故伤害的；（2）工作时间前后在工作场所内，从事与工作有关的预备性或者收尾性工作受到事故伤害的；（3）在工作时间和工作场所内，因履行工作职责受到暴力等意外伤害的；（4）患职业病的；（5）因工外出期间，由于工作原因受到伤害或者发生事故下落不明的；（6）在上下班途中，受到非本人主要责任的交通事故或者城市轨道交通、客运轮渡、火车事故伤害的；（7）法律、行政法规规定应当认定为工伤的其他情形。职工符合以上的规定，但是有下列情形之一的，不得认定为工伤或者视同工伤：（1）故意犯罪的；（2）醉酒或者吸毒的；（3）自残或者自杀的。

79. A、B、C、E。本题考核的是起诉的条件。根据《民事诉讼法》的规定，起诉必须符合下列条件：（1）原告是与本案有直接利害关系的公民、法人和其他组织；（2）有明确的被告；（3）有具体的诉讼请求、事实和理由；（4）属于人民法院受理民事诉讼的范围和受诉人民法院管辖。

80. A、D、E。本题考核的是申请撤销仲裁裁决的法定事由。当事人提出证据证明裁决有下列情形之一的，可以向仲裁委员会所在地的中级人民法院申请撤销裁决：（1）当事人在合同中没有仲裁条款或者事后没有达成书面仲裁协议的；（2）裁决的事项不属于仲裁协议的范围或者仲裁机构无权仲裁的；（3）仲裁庭的组成或者仲裁的程序违反法定程序的；（4）裁决所依据的证据是伪造的；（5）对方当事人向仲裁机构隐瞒了足以影响公正裁决的证据的；仲裁员在仲裁该案时有索贿受贿、徇私舞弊、枉法裁决行为的。